AI 神助攻！
程式設計新境界
GitHub Copilot
開發 Python 如虎添翼

前言

現在正是踏入程式設計世界的絕佳時機，您可能好奇原因何在？讓我用一個生活中的例子來闡釋此觀點。

我對自製麵包充滿熱情。相比於傳統手工揉麵，使用攪拌機不僅讓我能夠更頻繁且更一致地製作出美味的麵包，有些人可能認為這樣做有點偷懶，然而對我來說，這不只提升了效率，也讓我增加更多親手做麵包的意願。相信您也有過類似的體驗，某些工具或裝置讓您能跳過繁瑣的步驟，專注於更重要或更有趣的內容。

然而，在學習程式設計的旅途中，我們過去缺少了像攪拌機這樣的輔助工具。初學者不得不費力記住大量瑣碎的知識點。但現在發生了重大改變！從 2023 年春季開始，我們迎來了創新且有效的學習工具。在 AI 的神助攻之下，學習程式設計無疑是本世紀至今最令人激動的進步之一。更確切地說，這本書透過 GitHub Copilot 工具，幫助您以更輕鬆、更迅速的方式掌握 Python 程式設計，解決實際問題。

GitHub Copilot 作為一款由大型語言模型（LLMs）衍生的程式設計助手，能從巨量現有程式碼庫中抽取所需精華，一旦您學會如何利用它，就能顯著提升效率和成功率。

但您可能會問，靠 AI 是否還能算學習程式設計呢？初步的研究結果非常鼓舞人心 — 那些藉助 Copilot 學習的學生，在之後不靠 Copilot 獨立完成任務時，其表現仍然優於那些未曾使用 Copilot 的學生。

與傳統的入門程式設計課程相比，使用 Copilot 協助寫程式需要您專注於不同的技能，特別是問題分解和除錯技巧（如果您對這些技能還不太熟悉也無需擔心，本書都會講到）。這些技能對於現職的程式設計師來說同樣重要。在傳統的入門課程中，學生往往需要將精力灌注在學習語法的細節上，而無法有效掌握這些高階技能。

Leo 和 Dan 是資訊教育和研究領域的專家；他們對本書的學習進程做了精心規劃，這一切都建立在我們對程式設計教學和學習深入理解的基礎上。我對他們透過這本書，向程式設計教學的下一個浪潮邁出的步伐表示興奮。

因此，無論您是程式設計的新手，還是曾經嘗試過學習但遇過困難，我們相信利用 Copilot 作為學習工具將為您帶來一次革命性的體驗。這不僅會讓您能夠更深入且更專業地投入到程式開發中，更將開啟您作為一名程式設計師的全新旅程！

Beth Simon 博士

目錄

第 3 章 設計函式

第 4 章 學習閱讀 Python 程式碼 (1)

第 5 章 學習閱讀 Python 程式碼 (2)

第 6 章 測試與提示工程

第 7 章 問題分解

第 8 章 除錯 – 使用 Copilot Chat 與 debugger

第 9 章 製作自動化工具

第 10 章 遊戲設計

第 11 章 未來的方向

作者介紹

Daniel Zingaro 感謝妻子 Doyali 體諒，為本書犧牲許多相處時間。

Leo Porter 感謝妻子 Lori 與兩位寶貝 Sam 與 Avery 的支持。

Leo Porter（李奧・波特）博士現任職於美國加州大學聖地牙哥分校計算機科學與工程系，擔任教學教授。他在同儕教學對計算課程影響的研究、利用響應器（clicker）資料預測學生學業成就，以及基本資料結構觀念開發方面成就卓著。他是 coursera 上廣受歡迎的「Object-Oriented Java Programming: Data Structures and Beyond」課程的合作教授，該課程吸引了超過 30 萬名學生。此外，他還教授 edX MicrosMasters 的「Python for Data Science」課程，吸引超過 20 萬名學生。他曾獲得六項最佳論文獎、SIGCSE 五十周年紀念研討會歷史上十佳論文獎、沃倫學院的卓越教學獎，以及加州大學聖地牙哥分校學術參議院的卓越教學獎。他是 ACM 的傑出成員，曾在 ACM SIGCSE 董事會服務。

Daniel Zingaro（丹尼爾・辛加羅）博士是加拿大多倫多大學副教學教授，過去 15 年來致力於 Python 入門程式設計教學。他撰寫了許多文章，深入探討入門計算機科學的教與學的方法。他與 No Starch Press 合作出版過一本 Python 書與一本演算法的書，這些作品已被翻譯成多國語言。他也因教學和研究領域的卓越貢獻，獲頒多項傑出獎項，包括 50-Year Test of Time award 和一些最佳論文獎。

原文書技術編輯

Peter Morgan（彼得・摩根）是位於倫敦 Deep Learning Partnership 的創始人（網址：www.deeplp.com）。他不僅擁有物理學的高等學位，還有工商管理碩士學位。他在過去的十年中活躍於人工智慧領域，而在此之前，也曾在 Cisco Systems 和 IBM 等公司服務十年，擔任解決方案架構師的角色。他編寫過多份關於人工智慧、物理學和量子計算的報告、論文和書籍文章，並向全球初創公司和大型企業提供 LLMOps（編註：LLMOps 包含從模型訓練、部署、監控到性能優化等）與量子計算的諮詢服務。

作者致謝

撰寫一本技術不斷變化的書籍對我們來說是個考驗。每天的寫作都從閱讀新文章、不同意見的文章以及大型語言模型（LLMs）的新功能開始。早期的計劃有些被取消或修訂，而新的功能又為我們後來的章節提供了很好的構想。感謝 Manning 出版團隊在整個過程中展現出的靈活性和協助。編註：在中文版製作過程中，GitHub Copilot 功能也更新了，因此本書也因應做了調整。

特別感謝本書的專任編輯 Rebecca Johnson，感謝她的專業知識、智慧和支援。Rebecca 提供了詳盡的反饋、建設性的評論和創造性的建議，這些都顯著提高了我們工作的質量。Rebecca 給予了支持和鼓勵，以及管控書籍進度。感謝你，Rebecca——你做的事超出我們的預期。

我們還要感謝技術編輯 Peter Morgan 和技術校對 Mark Thomas。他們兩人都為這本書提供了寶貴的貢獻。

感謝所有的評論者：Aishvarya Verma, Andrew Freed, Andy Wiesendanger, Beth Simon, Brent Honadel, Cairo Cananea, Frank Thomas-Hockey, Ganesh Falak, Ganesh Swaminathan, Georgerobert Freeman, Hariskumar Panakmal, Hendrica van Emde Boas, Ildar Akhmetov, Jean-Baptiste Bang Nteme, Kalai C. E. Nathan, Max Fowler, Maya Lea-Langton, Mikael Dautrey, Monica Popa, Natasha Chong, Ozren Harlovic, Pedro Antonio Ibarra Facio, Radhakrishna Anil, Snehal Bobade, Srihari Sridharan, Tan Wee, Tony Holdroyd, Wei Luo, Wondi Wolde，你們的建議讓這本書變得更好。

感謝同事們對這項工作的支持，與對未來程式設計課程的期望，這些都為我們帶來很多的啟發。特別感謝 Brett Becker, Michelle Craig, Paul Denny, Bill Griswold, Philip Guo 和 Gerald Soosai Raj。

導讀

電腦軟體在現代社會扮演不可或缺的角色，徹底改變了各個行業的工作模式。在製造業中，軟體不僅用於監控生產流程和物流管理，更是機器人日益增長的實際作業中不可或缺的一環。無論是廣告業、政界還是健身行業，都深受大數據的洗禮，並經常依賴軟體來分析和理解這些數據。而更廣泛的娛樂產業，從遊戲到電影製作，以及正當流行的生成式 AI（生圖、生影片、生文章…），軟體的應用無處不在。

因此，現在比過去有更多的人渴望學會程式設計。這指的不僅是大學資訊科學、資訊工程以及資料科學專業的學生們，還包括了那些需要編寫程式分析自己資料的科學家，希望能自動化處理一些重複且乏味工作的辦公室職員。

雖然，使用 Python 語言寫程式已經比以前要簡單許多，但仍舊挑戰重重。這個挑戰的存在，從入門程式設計課程的高失敗率中可見一斑。我們目睹了那些充滿智慧的學生，在我們的課程中一次又一次地遭遇挫折，一部分的學生成功跨過鴻溝，也有一部分選擇放棄。

但若我們能以一種更好的方式與電腦溝通呢？如果這種方式不需要先掌握所有繁瑣的語法規範呢？得益於像 GitHub Copilot 這樣的 AI 助手，它能夠聰明地提供程式碼建議（正如 ChatGPT 能根據提示詞生成文章一樣），這樣的時代突然之間就降臨了。本書旨在為所有希望在 AI 時代學習程式設計的人提供指引，非常期待能在您學習的道路上一同前進。

AI 助手正重新定義程式設計的實踐方式

無論是出現在科技文章的標題或是一些軟體工程專家對 Copilot 或 ChatGPT 的見解，您或許已經注意到，有人認為 AI 助手太厲害了，將導致所有程式設計職位消失；也有人認為 AI 助手產生的反效果反而會浪費更多的時間。這些觀點極端到讓人很容易對任一論點提出質疑。

AI 助手透過學習現有的龐大程式碼庫來提升能力，但若是出現新技術被開發出來，人類仍然需要撰寫大量程式碼，而無法完全依靠 AI。例如，仍處於初期階段的量子電腦，幾乎不存在足夠讓 AI 學習的程式碼。因此，至少在可預見的未來，人類程式設計師仍然不可缺少。同時，基於我們與 Copilot 的互動經驗，見證過它的強大功能。我們兩人都有數十年的軟體開發經驗，Copilot 常常能在我們寫完程式之前，更迅速地預測我們後面想寫什麼。忽略這樣一個強大的工具，就像木匠拒絕使用電動工具一樣不合時宜。

對我們這種資訊教育工作者來說，協助學生學習程式設計是很重要的工作。當 AI 助手建議的程式碼幾乎在語法上無懈可擊時，學生為何還需要每次從頭開始一行一行手刻程式，在語法規範中苦苦掙扎呢？當 AI 助手在解釋程式碼（尤其是回答新手問題時）表現得相當出色，學生又何需羞於向教授、助教、朋友或網絡論壇尋求幫忙呢？此外，AI 助手是從過去龐大的程式碼庫學習而來，幾乎每次都能解決常見問題時，那麼學生使用它來輔助寫程式不就理所當然嗎？

請留意！我們絕不是說寫程式變成一項輕鬆的工作，或者乾脆完全交由 AI 承擔。實際上，寫程式所需技能正在經歷一場轉變。問題分解、確定程式碼規範、閱讀程式碼、測試程式碼等技能，變得比以往任何時候都更加關鍵；相比之下，掌握特定函式庫語法的重要性則下降。我們將在本書各章進一步探討這些觀點，以培養您未來所需的關鍵技能。無論您是偶爾嘗試程式設計，或是正踏上程式設計的職業道路，這些技能都將證明其珍貴的價值。

目標讀者

本書主要面向幾類讀者：

第一類是那些曾經想學習程式設計卻沒能成功的人。不論當初起心動念的動機是什麼，後來也許是被程式語法擊倒，或是學過基礎卻什麼也寫不出來。

第二類是未來打算以程式設計為職業的學生族群。在學習基本的程式語法後，希望能快一點寫出有用的軟體，不想被冗長的傳統程式設計課程綁住。

第三類是已經在職場工作的程式設計師與軟體工程師。現在面臨的挑戰是 AI 世代交替，尤其是當企業引進 AI 工具後對效率的要求更高，如果不趕緊跟上恐怕會被取代。

讀者應具備的能力

本書雖然不需要讀者熟悉任何一種程式語言，但如果您曾經學過（也許已經遺忘，也許半途而廢），本書會是您重啟學習的動機。當然，閱讀本書需要您具備基本的軟體操作知識，包括熟悉安裝軟體、在不同資料夾之間複製檔案、在軟體中開啟檔案，以及從網路搜尋資源等。

讀完本書後，可掌握的技能

本書會引導您掌握運用 Copilot 撰寫 Python 程式的技能，不僅涵蓋驗證程式碼是否滿足需求，還包括當程式碼未能如預期執行時的應對策略。此外，我們還會介紹 Python 的基礎知識，幫您強化對程式碼的理解，學會如何閱讀和評估 Copilot 生成的程式碼是否朝著預期的方向進行。

然而，本書的宗旨並非教您從頭學習 Python 的所有語法。而是在為您打下新技能的堅實基礎。如果您希望學習更多 Python 語法，本書結束後可以利用其它資源進一步拓展知識。編註：對於剛入門的學習者來說，我們推薦《世界第一簡單的 Python「超」入門 - 零基礎 OK ！ ChatGPT 隨時當助教！》，助您在 Python 入門之旅的一臂之力。

我們還無法完全預見在 AI 助手的輔助下，程式設計師的職能會發生什麼樣的轉變，而且隨著 AI 技術的不斷進步，這種變化還將繼續深化。然而可以確定的是，要成為一位夠水準的程式設計師，您需要的遠遠超過本書所提供的。除了本書，您還需要對 Python 以及更多資訊領域的了解和掌握。

在使用 AI 助手時遇到的挑戰

我們預期您已經準備好深入這個正在快速成長和變化的技術。您在使用 Copilot 時看到的結果有可能與本書中描述的不完全一致。Copilot 每天都在進步和變化，對於這樣一個持續變動的技術，寫成書之後就無法實時跟進。更進一步來說，Copilot 回答的不確定性特色，表示當您多次要求它解決相同任務時，不見得每次都會得到相同的程式碼。有時，您可能會得到正確的程式碼，但如果重新提問也可能得到不同版本的程式碼，或出現有瑕疵的程式碼。

因此，即便您使用與本書完全相同的提示詞，從 Copilot 得到的回答也很可能與書上不同。正如同教您釣魚的方法，但每次釣上來的魚都可能不同，甚至可能出現蝦子。這其實都沒什麼關係，因為本書旨在幫助您學會判斷 Copilot 提供的程式碼答案是否正確，若不正確則應如何進行修正，所以即使得到的程式碼不同，也適用於本書的解決技巧。

為何我們要撰寫這本書

作為擁有十多年授課經歷及超過二十年程式設計經驗的我們，對學生的成功充滿了期待，這驅使我們投身於研究學生如何學習以及提升他們的學習成效。在我們的領域內，共同發表了近百篇文章，涉獵教學方法、學生觀點及評估方式，一切努力都旨在豐富學生的學習體驗。

在實踐最佳教學方法的同時，我們也見證了那些在學習上掙扎的學生。這些聰明且熱情的學生，卻在程式設計過程的某個階段遭遇挫折。程式設計是一個包含多步驟的過程，從理解問題、擬定解決方案，到將解決問題的過程轉化為電腦能理解的形式。因此，當我們開始接觸 AI 助手，尤其是 Copilot 時，立刻意識到它對學生們特別是在「將解決問題的過程轉化給電腦」環節上的革命性作用。我們希望看到學生們取得成功，也同樣希望見證本書讀者的成功。我們堅信，AI 助手能在此過程中提供關鍵的幫助。

警戒：不要陷入菁英主義

我們目睹過不同程式設計師之間以及他們對待各自領域的態度。舉個例子，人機互動（HCI）專家致力於研究如何改善軟體設計，讓它更適合人類操作。這聽起來非常重要，不是嗎？不幸的是，此領域多年來被一些電腦科學家輕視，認為 HCI 只不過是「應用心理學」。然而，當大企業證明，只要您願意開發關心用戶的技術，這些用戶也會更加珍惜它，更願意購買它，HCI 成為電腦科學中的主流也就不足為奇了。

這種菁英主義的態度並不侷限於特定的領域。我們甚至在程式設計師之間也觀察到了這一點。例如，我們聽到一些 C++ 的程式設計師輕蔑地表示：JavaScript 算不上真正的程式語言。但事實上，無論真正的程式語言是什麼，JavaScript 絕對符合標準！我們認為，這種擺姿態和自誇的行為，實際上只會將人們推出這個領域。

前面舉的兩個例子，是因為我們知道有些人對用 Copilot 寫程式的看法。他們認為學習程式設計當然必須學透語法規範，用 Copilot 走捷徑是投機取巧。對於那些未來想成為程式設計師的人來說，我們也認同在職業生涯的某個階段，學會從零開始是必要的，然而對於大部分人來說，特別是那些剛踏入程式設計領域的人，我們堅決認為傳統思維的入門點已不再適用。所以，如果有人因為您採用 Copilot 新技術而表現出不屑，就讓他被時代淘汰吧。

本書架構

這本書劃分為 11 個章節。我們建議您按順序閱讀，不要隨意跳閱，因為許多章節介紹的技巧在後續章節中都會持續用到。以下大略介紹各章重點：

- 第 1 章闡述 AI 助手是什麼，它是如何運作的，以及不可逆轉地改變了程式設計的生態。此外，本章還探討了使用 AI 助手時需要考慮的一些問題。
- 第 2 章指導您如何設置程式開發環境，包括需要安裝 Visual Studio Code 以便使用 GitHub Copilot（您的 AI 助手）與 Python（我們要用的程式語言）寫程式。設置完成後，我們會用 Copilot 在第一個程式中對美式足球運動資料做一點基礎分析，以學習 Copilot 的使用方法。
- 第 3 章將引導您了解函式，這不僅有助於組織程式碼，還能讓 Copilot 更容易寫出正確的程式碼。本章將透過多個實例展示如何利用 Copilot 提高生產力的函式設計循環。
- 第 4 章是學習閱讀 Python 程式碼的第一個章節。確實，Copilot 會為您撰寫程式碼，但您需要學習閱讀這些程式碼，以判斷它們是否符合期望。而且，Copilot 還能為您解說程式碼的用途。
- 第 5 章繼續學習如何閱讀 Python 程式碼。

- 第 6 章介紹與 Copilot 合作時需要精進的兩項核心技能：測試、提示工程。測試關注於確認程式碼能否正確執行，而提示工程則是調整提示詞，更有效地與 Copilot 溝通。
- 第 7 章著重於將大問題分解成 Copilot 易於處理的小任務。此技巧稱為 Top-Down Design。本章會利用此技巧設計一個包含多個函式的完整程式，來預測神秘書籍的作者。
- 第 8 章會深入討論程式碼的 bugs，包括如何找到和修正它們。您會學到如何逐行審查程式碼來精確定位問題所在，並讓 Copilot 協助解決錯誤。此外，也學習使用 debugger 工具設置中斷點追蹤程式執行。
- 第 9 章展示如何利用 Copilot 生成自動化小工具。我們會透過三個例子：清理電子郵件多餘符號、為數百個 PDF 報告加上封面頁、合併圖片庫中內容不重複的檔案，來看看如何將前面所學應用到自己的日常工作。
- 第 10 章教導利用 Copilot 開發電腦遊戲。本章將運用書中學到的技能來開發兩款遊戲：猜數字遊戲與雙人骰子遊戲。
- 第 11 章深入了解初露端倪的提示模式（prompt patters）領域，這能幫助您更充分地利用 AI 助手的潛力。此外，本章還總結了 AI 助手目前的限制並展望可能的發展。

本書程式碼

許多傳統程式設計的書籍都會提供每個範例的程式碼。但本書不同，因為 Copilot 的回答具有不確定性，即使用與書中完全相同的提示詞，從 Copilot 得到的答案也可能不同，因此我們決定不提供本書中的程式碼下載，希望您專注於從 Copilot 生成程式碼，而不是自己輸入或載入既有程式碼！不然，您又何必學 Copilot ！

話雖如此，第 7、9 章有些程式範例所需的檔案，還是可以從 Manning 出版社的網站下載：https://www.manning.com/books/learn-ai-assisted-python-programming。

書上出現的程式碼，為了區分哪些是由我們輸入，哪些是由 Copilot 生成的，因此將我們輸入的程式碼用粗體呈現，而由 Copilot 生成的程式碼則維持原本的細字，以方便讀者辨別。

電腦軟硬體需求

在電腦中需要安裝 Python、Visual Studio Code（VS Code）軟體，以及 GitHub Copilot 延伸模組。此外，還需要在 GitHub 註冊一個帳號，然後由 VS Code 中建立與 GitHub 連接，才能使用 GitHub Copilot 功能。

liveBook 討論論壇

原文書商 Manning 出版社提供本書讀者一個討論的園地，您可對整本書或特定章節段落發表評論。參考其他人提出的問題，以及從作者和其他用戶那裡獲得幫助，網址是 https://livebook.manning.com/book/learn-ai-assisted-python-programming/discussion。

本書補充資源

除了作者提供的第 7、9 章少量檔案之外，小編在製作過程中也留下一些實作檔案，一併供讀者下載。但畢竟 Copilot 每次生成的程式碼都可能不同，所以這些補充資源僅做為參考用，一切還是要以您實際與 Copilot 互動的結果為準。下載處請連到下面網址（留意英文字母大小寫），依指示回答通關問題，通過後即可下載：

https://www.flag.com.tw/bk/st/F4706

第 1 章

GitHub Copilot 簡介

本章內容

- AI 助手如何改變新一代程式設計的學習方式。
- 為何程式設計需要進入新的時代。
- AI 程式助手如何運作。
- GitHub Copilot 如何幫助程式設計者。
- AI 輔助程式設計可能的風險。

本書要介紹的 AI 助手是 GitHub Copilot，這是一款利用 AI 來協助軟體開發的強大工具。我們將展示 Copilot 如何協助您寫程式。無論您是否有程式設計的經驗，都建議不要忽略本章的重要性。

AI 時代的每個人都應該了解，在有了像 ChatGPT 和 GitHub Copilot 這一類 AI 工具之後，程式設計的方式發生改變，且程式設計師需要的技能也在轉變。不過，在此也提醒各位讀者，雖然 AI 工具已經「聰明」得讓人吃驚，但這些工具仍然可能提供不準確的資訊，我們必須謹記在心。

GitHub Copilot 確實可以達到協助撰寫程式碼的程度。在本書中，我們將學習如何直接用自然語言（本書大部分提示詞保留英文）向 Copilot 提出要求，並讓它生成 Python 程式碼給我們。

編註： 雖然 Copilot 也認得中文，但考慮一般程式設計時仍以英文為主，因此在對 Copilot 下達提示詞(prompt)時多數仍保留英文而不做翻譯。另外，由於微軟公司將 AI 技術融入旗下近乎所有產品(包括 Windows、Office、Power BI 等，當然也包括 GitHub)，且統一稱為 Copilot，因此要請讀者記得，本書講到的 Copilot 是指撰寫程式用的 GitHub Copilot。

Copilot 的方便之處在於能無縫融入工作流程。想想以前沒有 Copilot 這樣的工具時，程式設計師通常需要開兩個視窗：一個用於編寫程式碼，另一個則用於從 Google 查詢程式語法或現成的程式碼，或者上程式設計論壇討論解決特定問題的方法，然後將獲得的程式碼剪貼過來再做修改。這已經是程式設計師的職場必備技能，但工作效率顯然不可能有多好。據估計，程式設計師高達 35% 的時間花在搜尋程式碼上，而且找到的程式碼多數都非立即可用。然而時代在現在改變了，只要您懂得善用 Copilot，就能大幅改善效率。

1.1 本書用到的技術

在本書中，我們主要使用兩種技術：Python 和 GitHub Copilot。

Python 是入門簡單且容易看懂的程式語言，人們使用它來編寫各種程式，像是遊戲、互動式網站、資料視覺化、檔案運用、日常工作自動化等。當然還有其它程式語言也可以搭配 GitHub Copilot 使用，像是 Java、C++、Rust 等等，但在撰寫本書時，Copilot 對 Python 的支援特別出色，因此本書選擇以 Python 為例，但我們的目標並不是自己從頭到尾手刻 Python 程式碼，而是讓 Copilot 來寫。

電腦實際上並不知道如何執行 Python 程式，它能夠理解的唯一語言就是機器語言，只包括一連串 0 與 1 的機器碼。當電腦在執行 Python 程式時，會將 Python 程式碼轉譯為 bytecode，再透過 Python Virtual Machine（PVM，Python 虛擬機器）執行 bytecode，下指令給電腦執行。如圖 1.1 所示：

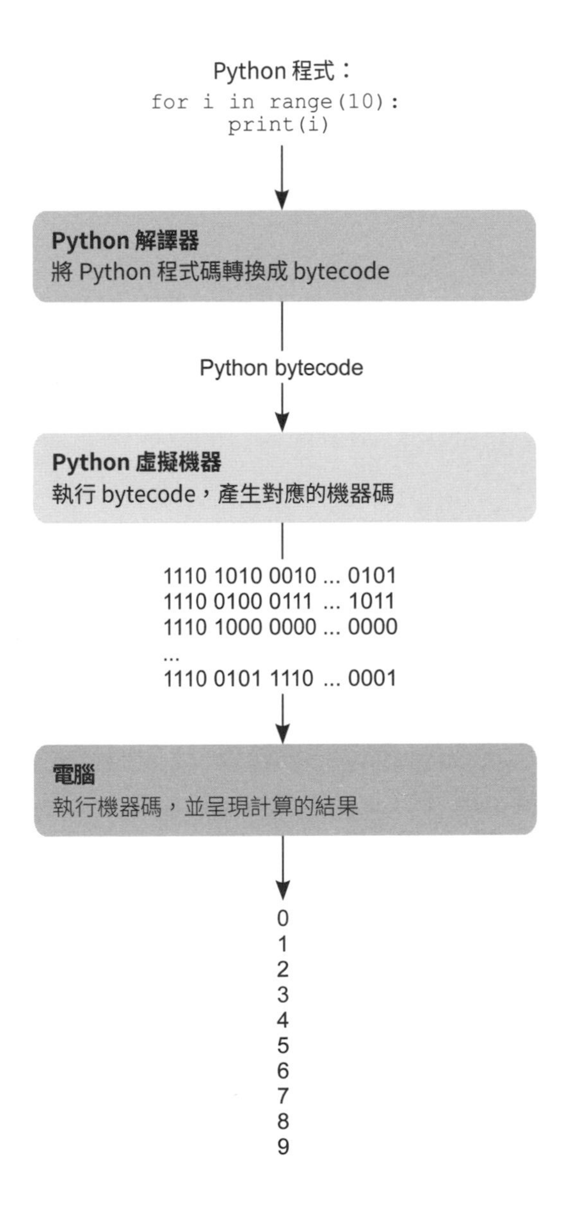

圖 1.1 Python 程式在輸出之前經過的步驟

1.1.1 GitHub Copilot 就是寫程式的 AI 助手

AI 助手本質上也是一種電腦程式，它對人類的語音或文字輸入作出類似人類的回應。GitHub Copilot 是一款特定功能的 AI 助手：它可以將自然語言描述轉化為電腦程式（當然，它還能做更多的事情）。市面上還有其它類似 Copilot 的 AI 助手，包括 CodeWhisperer、Tabnine 和 Ghostwriter。本書之所以選擇 Copilot 作為開發工具，是基於其產生的程式碼品質、穩定性以及我們的偏好。當然，如果您有更多的時間，我們也鼓勵您探索其它 AI 助手。

1.1.2 GitHub Copilot 背後運作方式

Copilot 就像是程式設計師與程式碼之間的中介。您不需要直接編寫 Python 程式碼，只需用文字描述想要實現的功能，就是所謂的**提示詞（prompt）**，然後 Copilot 就會生成相應的程式碼。

Copilot 背後的核心是一個大型語言模型（LLM）的先進電腦程式。大型語言模型儲存了有關單字（詞）之間關係的資訊，包括在某些情境中使用哪些單字是合理的，並利用這些資訊來預測最佳單字排列順序。

舉個例子，如果我問下面這句話的空位應該填入什麼單字：「The person opened the _____.」您可能會說可填入的單字很多，例如「door」、「box」或「conversation」皆可，但也有許多單字不適合，比如「the」、「it」或「open」，還是要看上下文而定。沒錯，LLM 也會考慮當前單字的上下文來產生下一個單字，並持續這樣做直到完成任務。

Copilot 就是利用這種技術，利用我們撰寫的提示詞前後文去產生一行一行的程式碼。不過這並不代表它真的懂程式，在您的學習過程中請牢記這一點：「只有我們知道生成的程式碼是否達到預期」。雖然它大多時候確實能生成正確的程式碼（只要您會用），但我們無論如何都應該保持正面的懷疑態度。圖 1.2 可以了解 Copilot 如何從提示詞轉變為程式碼：

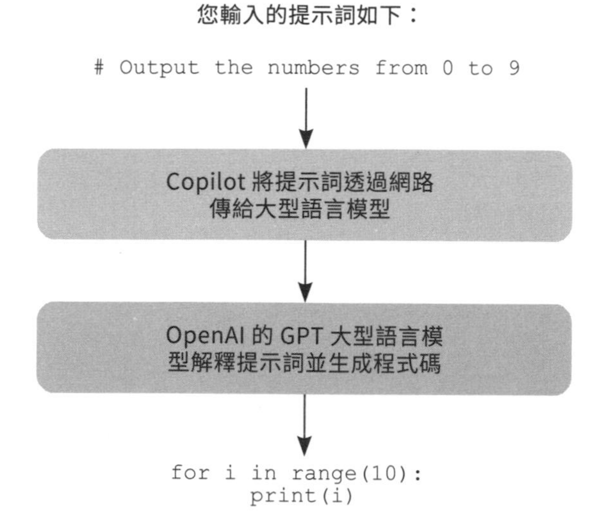

圖 1.2 Copilot 從提示詞（prompt）到生成程式碼的過程

您可能會想，既然 Copilot 這麼厲害，何不乾脆跳過產生 Python 這個步驟，直接生成機器碼不是更棒嗎（因為電腦可直接執行機器碼）？之所以需要這麼做的原因是 Copilot 可能會出錯，由於人類看得懂 Python 程式碼，所以有能力挑出可能的錯誤並修正。假如未來有一天，Copilot 產生的程式碼能達到完全正確的地步，那時當然就不需要中介的 Python 了，只是距離那一天還有很長的路要走。

1.2 GitHub Copilot 改變寫程式的方式

在過去學習程式設計時，學生要逐行編寫程式，且通常需要花費大量時間瞭解程式語法和結構，當他們竭盡所能寫出來時，那才叫做學會寫程式。大多數教程式設計的老師們（也包括作者）認為，上過課的學生都應該具備這種能力。但很可惜的是，許多人即使學過了也寫不出什麼東西！現在這些都會因 Copilot 而改變。

為了展示 Copilot 如何改變寫程式的方式，我們用下面這個學生作業為例，示範它能做到什麼：

「請編寫一個用於讀取每天降雨量的程式，若出現降雨量為負值則應排除，因為不可能發生。輸出的結果中要包括有效記錄天數、雨天數、期間的總降雨量，以及單日最大降雨量是哪天。並使用 9999 作為終止程式的哨兵值（sentinel value，或稱為信號值）。」

如果您過去曾經學過程式設計，對於類似的問題應該不陌生，而且很可能在解決問題時遇過困難。但，我將這段描述明確的提示詞交給 Copilot，它很快就回答了以下的 Python 程式碼（請謹記在心，即使給 AI 助手相同的提示詞，每次生成的程式碼不一定相同，而且也不見得都正確）。

Listing 1.1　Copilot 解決降雨問題的程式碼

```
rainfall = 0
total_rainfall = 0
num_rainy_days = 0
num_valid_days = 0
max_rainfall = 0
rainfall = int(input(
    "Enter the amount of rainfall for the day: "))
while rainfall != 9999:
    if rainfall < 0:
        print("Invalid rainfall amount. Please try again.")
        rainfall = int(input("Enter the amount of rainfall for the
day: "))
    else:
    num_valid_days += 1
    total_rainfall += rainfall
    if rainfall > 0:
        num_rainy_days += 1
    if rainfall > max_rainfall:
        max_rainfall = rainfall
    rainfall = int(input(
        "Enter the amount of rainfall for the day: "))
print("Number of valid days:", num_valid_days)
```

```
print("Number of rainy days:", num_rainy_days)
print("Total rainfall over the period:", total_rainfall)
print("Maximum amount of rain that fell on any one day:", max_
rainfall)
```

對於初學者來說，可能感受不到 Copilot 這段程式碼寫得有多好，但我們身為資訊系教授，對這段程式碼給予不錯的評價。

以前程式設計的學習者，可能需要學習一段時間之後才能達到這樣的程式水準，而 Copilot 卻能立即寫出來。當然，我們需要驗證 Copilot 生成程式碼的正確性，畢竟誰都可能出錯，AI 也一樣。然而，我們不再需要從第一行寫到最後一行了。像這樣與 Copilot 的成功互動，象徵程式教學與學習方式來到了歷史的轉捩點。

對於有興趣學習程式設計的人，不用一開始就埋進各種語法、流程控制之中苦苦掙扎。當然，我們在本書還是會學習到 Python 語言的基本概念，其目的是幫助我們看得懂程式，並與 Copilot 進行有效的互動，進而能更快速地編寫程式甚至開發軟體，這是因為 Copilot 從根本上改變了學習程式設計所需的技能。

1.3 GitHub Copilot 能幫我們做什麼其他事情？

每種程式語言都有其「語法（syntax）」，包含各種符號、關鍵字、函式、變數等等，懂得這些語法規範才能寫出正確的程式碼。而 Copilot 是接受自然語言的描述，並生成符合程式語法的程式碼。這確實是很棒的事，因為學習程式語法一直是入門者的一大挑戰，例如我該在這個位置使用哪種括號？是 [、(、還是 { 呢？這裡需要縮排嗎？如何擺放變數的位置：x 寫在 y 的左邊還是右邊？

類似這樣煩心又無趣的問題很多，當我們只想編寫程式來完成某件工作時，這反而成為絆腳石。而 Copilot 能讓初學者擺脫語法的泥沼，成為幫助更多人成功編寫程式的重要工具。

單單生成程式碼並不是 Copilot 能做的全部，它還可以做到以下這些事：

- **解釋程式碼：**當 Copilot 為我們生成 Python 程式碼之後，我們需要確定該程式碼是否符合需求。本書並不打算詳細教導每一行 Python 程式碼在做什麼（這是傳統學習程式設計的模式），而是教您如何「**閱讀**」Python 程式碼，瞭解其整體的功能，甚至還可以請 Copilot 解釋它自己生成的程式碼。
- **使程式碼更易於理解：**完成同一個任務的程式有好幾種寫法，有的寫法會更容易理解。Copilot 可以重組您的程式碼使其更容易看懂，未來也就更容易修改。
- **修正錯誤（bugs）：**bugs 是編寫程式留下的麻煩，可能導致程式出錯。比如說，某個 Python 程式執行時看起來都沒問題，但卻會在特定情況下出錯。要挑出這種 bugs 很花時間，不妨讓 Copilot 幫忙找出問題點。

1.4 使用 Github Copilot 的風險與挑戰

您也許正為踏入 Copilot 編寫程式碼的新方式感到興奮，但在此也需要討論使用 AI 助手會有哪些風險與挑戰。以下是一些關鍵的考量點：

- **著作權：**Copilot 是透過人類編寫的程式碼來學習，包括使用 GitHub 數百萬個儲存庫（程式碼庫）進行訓練。即使 Copilot 給我們的程式碼是將其他人的程式碼片段融合、轉換而成的，但仍可能存在著作權問題，因此 Copilot 生成程式碼的所有權歸屬，還是個未解決的問題。

目前 Copilot 提供的程式碼若是直接取自某個出處，則會出現提醒，如果是自學或自用當然沒問題，但若超出此範圍就務必小心。我如此含糊的說法是有意為之，因為法律要趕上這種新技術還沒那麼快，畢竟在法律上與道德上都還需要討論。

- **教育：**我們身為程式設計課程的老師，親眼見證了 Copilot 在學生作業上的表現。在一項研究中，Copilot 被要求解決 166 個常見的入門程式作業，它的表現如何呢？在首次嘗試中，它解決了近 50% 的問題，在給 Copilot 更多資訊之後提高到 80%，這引發了教育方式如何適應這類新工具的討論。是否允許學生使用 Copilot ？如果是，該以什麼方式使用？如何善用 Copilot 幫助學生學習？給學生的作業形式是否也需要改變？否則他們直接丟給 Copilot 就解決了？
- **程式碼品質：**我們必須謹慎，不要過度依賴 Copilot，尤其是在處理具有敏感性或需要高安全性的程式時。例如，用於醫療設備或有安全考量的用戶資料上的程式，都必須徹底瞭解每一行程式碼在做什麼。千萬不能驚歎於 Copilot 的神奇，而在未經審查的情況下就接受。

  本書是學習之用，考量的重點是幫助您建立使用 Copilot 的基礎，具備判斷生成的程式碼是否正確的能力，如果您需要將程式作大規模部署，就需要特別注意程式碼的品質。

- **程式碼安全性：**從 Copilot 得到的程式碼並不保證其安全性。舉個例子，若我們要處理用戶資料，僅僅使用 Copilot 提供的程式碼可能遠遠不夠，還需要執行安全性審查，並擁有足夠的專業知識確認程式碼是安全可用的。不過，本書教學的範例並不會應用到真實世界中，因此安全性不在本書考量範圍。
- **不具備專家身份：**真正的專家清楚認知自己理解與不懂的範圍，能夠精準表達對答案的把握程度，並對不足之處繼續學習，但 Copilot 與其它大型語言模型並不具備此種能力。當您向它提問時，它會就曾經接受過的訓練回答，甚至也可能捏造答案，將部分真實與部分無意義的內容，組合成看似頭頭是道卻有錯誤的答案。我們不應將 Copilot 當成專家，它的回答都仍需要核實。

- **偏見問題：**大型語言模型會重現其訓練資料中存在的偏見（bias）。比如，當你要求 Copilot 生成名字清單時，它主要會生成英文名。要求繪製圖表時，可能沒有考慮人類感官上的差異。要求編寫程式碼時，生成的風格可能與主流群體類似（大家寫的程式都一個模子刻出來的），畢竟 Copilot 就是從他們貢獻的大量程式碼訓練出來的。長此以往，軟體工程領域就會面臨多樣性不足的問題。

  要避免這種情況就需要有更多人加入，讓他們以自己的方式表達。要透過像 Copilot 這樣的工具應對此一挑戰，目前正處於研究階段，這對程式設計的未來非常關鍵。儘管如此，我們認為 Copilot 可以降低進入程式設計的門檻，有潛力提升行業的多樣性。

1.5 技能需求

雖然 Copilot 可以編寫、解釋並修改程式碼，但這並不表示我們的工作就此一帆風順。傳統程式設計所需技能（例如語法記很多）的重要性可能會下降，但其它與使用 AI 助手有關的技能就變得需求大增。Copilot 並非萬能，例如您不能對它提出「請製作一個電玩，而且要很有趣」這種模糊且規模龐大的任務，它鐵定會失敗。相反地，我們需要將大任務分解出 Copilot 能夠協助解決的小任務，那如何做到**問題分解（problem decomposition）**呢？事實上並不容易，而這正是學會善用 AI 助手的關鍵技能之一。

此外，**測試程式碼**的技能也會隨著使用 AI 助手而更加重要。對於人類編寫的程式碼，我們通常都會知道哪些地方容易出錯，例如處理特定範圍內的邊界值（最大值、最小值）或特殊值時，若未正確處理就有可能導致錯誤的結果，因此本能上就會特別注意這些地方。但 AI 編寫的程式碼，錯誤有可能出現在任何意想不到之處，因此必須更加慎重測試。

最後，有些是全新的必備技能，其中一個是**提示工程**（prompt engineering），也就是寫出**提示詞**（prompt）對 Copilot 提出要求，如此它才會知道要生成什麼用途的程式碼。要得到越正確的回答，提示詞就要越精確。不過，即使提示詞非常精確，Copilot 也仍然可能犯錯。因此，我們要先確認 Copilot 的回答是不是真的有錯（大多數是正確的），然後調整提示詞的描述，期望它能往正確的方向重新生成程式碼。根據我們的經驗，即使很細微的調整，都可能對生成的內容產生重要影響。

許多人在使用 AI 工具時有不好的經驗，而嘲笑這項技術反而讓他們花更多時間除錯。好工具不會用也是枉然，本書的目的就要教您以上談到的那些技能，幫助您有效地使用 Copilot，讓它生成正確的程式碼。

1.6 AI 程式助手（如 Copilot）帶來的顧慮

當前社會對於像 Copilot 這種 AI 程式助手仍存在一些疑慮。以下是一些常見問題以及我們的回答，反映出我們作為程式設計課程的教授和研究者目前的想法。

問：有了 Copilot 之後，會使得程式設計師的需求減少嗎？

答：可能不會。我們預計會改變的是這些職位的工作性質。例如，Copilot 能夠幫助完成許多初階的任務，但這不表示就能取代初階工程師的位置，而是隨著工具的發展，程式設計師能夠節省時間而去處理更多的工作。

問：Copilot 會扼殺人類創造力嗎？它是否只是不斷重複使用與回收人類已經編寫過的程式碼，而沒有引入新的元素或創意？

答：我們認為不會。Copilot 幫助人類在更高層次上工作，遠離底層的機器碼、組合語言或最後可能發展到也不需要高階的 Python 語言。資訊科學中的「抽象」概念是指我們與電腦底層的脫離程度，抽象的過程一直在進行，更好用的程式語言也持續出現，使我們能跳過過去已經解決的問題，專注於開發出功能更強的軟體以解決更廣泛的問題。

問：ChatGPT 和 GitHub Copilot 一樣嗎？

答：兩者是基於相同的技術。不同之處在於，ChatGPT 適用於廣泛的一般性知識，例如回答問題、寫作文，甚至在沃頓商學院的 MBA 試題中表現出色，而 Copilot 則專注在程式碼生成。

隨著這種技術的發展，教育需要改變：例如我們不應該允許人們靠著 ChatGPT 獲得 MBA。人們認為值得花時間去做的事情也可能隨之改變，例如作家們是否還需要寫書？如果是，以何種方式？人們會想要閱讀部分或全部由 AI 寫成的書嗎？這對包括金融業、醫療保健業和出版業在內的多種領域都會產生影響。

與此同時，無節制的炒作 AI，也使得真實與虛構難以區分。這個問題沒有人知道長久以往會發生什麼而變得更加複雜。有一句由未來學家與科技思想家 Roy Amara 提出的話（稱為 Amara 法則）：「人們往往高估新技術在短期內的影響，而低估其長遠影響。」因此，我們需要積極關注這個議題，以對新趨勢做出回應。

我們在下一章將引導您在電腦上使用 Copilot，開始學習編寫程式。

本章小結

- Copilot 是一款 AI 助手，能幫助您寫程式。
- Copilot 改變了人們與電腦的互動以及程式設計的方式。
- Copilot 讓寫程式的技能焦點發生變化（例如，減少對語法的關注，將注意力放在提示工程和測試）。
- Copilot 具有非確定性；它有時生成正確的程式碼，有時則不是。我們需要謹記在心。
- 程式碼的著作權、教育與職業訓練以及大型語言模型中的偏見問題，都還需要進一步的釐清。

MEMO

第 2 章

GitHub Copilot 入門

本章內容

- 在電腦上安裝 Python、Visual Stdio Code 和 Copilot 模組。
- 介紹 Copilot 設計過程。
- Copilot 在基本資料處理任務中的價值。

本章要請您在電腦上安裝程式開發環境。在設置好 Copilot 之後，我們會透過一個有趣的範例來展示 Copilot 在解決一般任務的威力，您將看到如何與 Copilot 互動，並學習在不撰寫程式碼的情況下產生程式碼。提醒您！ Copilot 每次生成的程式碼可能與書上的不盡相同，重點在掌握與 Copilot 的互動方式。

2.1 使用 Copilot 必備工具

要學會開發程式，不能光靠讀書，必須親自動手才行。就像學彈吉他一樣，不實際拿把吉他練習，怎麼可能學得會。

對於初學者來說，設置程式開發環境往往是最具挑戰性的一步。您可能會疑惑：「這不是才剛開始的步驟嗎？」實際上，這正是我們需要關注的重要環節。Leo（兩位作者之一）在 Coursera 網站開設廣受歡迎的 Java 程式設計課程，您知道大多數學生在哪個階段選擇退出嗎？出乎意料的並非是課程後面那些難度較高的作業，反而是在一開始設置開發環境的階段。因此，我們深知這可能是一個不小的挑戰，希望您能順利克服這道關卡。

為了方便設置開發環境和使用 Copilot，我們需要登入必要的網站以及安裝程式工具。這些工具包括 GitHub、Copilot、Python 和 Visual Studio Code（簡稱 VS Code）。當然，如果您本來就已經安裝過了，請跳到第 2.5 節。

2.1.1 需要註冊 GitHub 帳號

GitHub 是在軟體開發、維護和存儲方面被廣泛認可的業界標準工具。雖然我們在本書中並不需要直接進入 GitHub，但因為要從 VS Code 中使用 Copilot，就必須登入 GitHub 才能讓 Copilot 從 GitHub 得到支援，因此需要有一個 GitHub 賬號。註冊 GitHub 本身是免費的，但若啟用 Copilot 功能則需要付費訂閱。如果您是學生、教師或開源專案所有者，可以享受免費的優惠，非以上用戶可以獲得 30 天免費試用。之後繼續訂閱的收費，本書出版時的費用是每月 10 美元或一年 100 美元。

您可能會好奇為什麼要為這項服務付費，原因其實很簡單：構建 GPT 模型的成本非常高，而 GitHub 在提供預測時也會產生相應的成本（許多機器在處理您的輸入、運行模型並產生輸出）。如果您還沒有完全決定是否使用 Copilot，可以在註冊後大約 25 天設定一個日曆提醒，到時若發現自己很少用到 Copilot，就可以選擇取消。反之，如果您借助 Copilot 編寫程式，並且確實提升了工作效率，那麼就繼續訂閱它吧。

2.1.2　需要安裝 Python 延伸模組

本書介紹使用 Copilot 的觀念與方法，也適用於其它程式語言。選擇 Python 的主要原因是它不僅是全球最受歡迎的程式語言，也是我們在大學開設的入門程式設計課程中採用的語言，而且相較於其它語言，Python 具備更容易閱讀、理解和編寫的特點。在本書中，編寫程式碼的工作主要交由 Copilot 負責，而非讀者您自己。不過，您仍需要閱讀並理解 Copilot 生成的程式碼，而 Python 在這方面表現得尤為出色，因此在 VS Code 中需要安裝 Python 模組。

2.1.3　需要安裝 VS Code

您基本上可以使用任何文字編輯器寫程式。然而，如果想要一個優質的程式開發環境，除了撰寫程式碼，還可以從 Copilot 獲得實用的建議，並方便執行程式碼，那麼我們會推薦 VS Code。它不僅是學生的首選，也是專業軟體工程師的常用選擇，也就表示容易與業界接軌。為了使 VS Code 適用於本書的內容，還需要安裝特定的擴充功能，以支援 Python 和使用 Copilot。

2.2 設定您的開發環境

設定開發環境包括四個步驟。為了使本章內容簡潔，我們在這裡只列出主要步驟。不過，您可以在以下幾個地方找到更詳盡的說明：

- 參閱 GitHub 的官方文件，網址為：https://docs.GitHub.com/en/copilot/getting-started-with-GitHub-copilot。
- 本書專屬網站（https://www.manning.com/books/learn-ai-assisted-python-programming）提供關於設定 Windows 和 macOS 系統的指南。鑑於這些工具的官方網站可能在本書出版後有所變更，建議您同時參考 GitHub 的連結與本書的網站。
- 本書的在線論壇（https://livebook.manning.com/book/learn-ai-assisted-python-programming/discussion）可尋求協助，並查看常見問題的回答。

由於本書的讀者應該學過或具有程式設計的經驗，開發環境應該都安裝過，因此以下步驟採用重點式提醒：

1. **設置您的 GitHub 帳號並啟用 Copilot：**
   a. 前往 https://github.com/signup 並註冊 GitHub 帳號。若您本來就已經有帳號，就不需再註冊。
   b. 進入您的 GitHub 設定並啟用 Copilot。在這一步，若您是學生、教師（需要提出證明），或者選擇加入 30 天的免費試用。
2. **安裝 Python 解譯程式：**
   a. 前往 https://www.python.org/downloads/ 網址。
   b. 下載 Python（撰寫本書時的版本是 3.12.1），然後安裝。
3. **安裝 VS Code：**
   a. 前往 https://code.visualstudio.com/download 網址，選擇適合您電腦系統的安裝檔。

b. 下載並安裝 VS Code。

4. **安裝 Python Extensions（延伸模組）：**
   a. 執行 VS Code，然後按下視窗最左邊那一排中的 Extension（延伸模組），安裝微軟的 Python extensions。本書安裝的是 v2023.22.1 版。
   b. 設置 Python Interpreter。按 Ctrl + Shift + P 鍵，會在視窗上方出現 Command Palette（命令選擇板），請輸入：「Python: Select Interpreter」，將步驟 2 安裝的 Python 3.12.1 選取（請依您安裝的版本而定），這樣在執行 Python 程式碼時就會用此來解譯程式碼。有些人在電腦中會安裝不只一套 Python 開發工具，解譯器的版本可能會混亂。
   c. 安裝必要的 Extensions。包括 GitHub Copilot 與 GitHub Copilot Chat，輸入 GitHub Copilot 搜尋就會出現這兩個延伸模組。

5. 編註：**將 VS Code 改為中文介面：**
   a. 如果您想用中文操作介面，可以從 Extensions 安裝 Chinese (Traditional) Language Pack for Visual Studio Code 模組。
   b. 安裝中文模組後，按 Ctrl + Shift + P 鍵，然後在命令選擇板輸入「Configure Display Language」，按 Enter 鍵後選擇「中文 (繁體) (zh-tw)」，然後自動重啟 VS Code，就會是繁體中文介面。此時會發現 Extensions 的中文名是「延伸模組」，左上角的 Explorer 的中文名是「檔案總管」。
   c. 如果想改回英文介面，請按 Ctrl + Shift + P 鍵，如上步驟只是改選「English (en)」，重啟 VS Code 即可回到英文介面。本書會以英文介面為準。

6. 編註：**連接 GitHub Copilot：**
   a. 從 VS Code 左下角的 Accounts（帳戶）處，選擇「使用 GitHub 登入，以使用 GitHub Copilot」。您要用已註冊的 GitHub 登入，

並在接下來的頁面按下「Authorize Visual-Studio-Code」後就完成授權。您必須讓 VS Code 與 GitHub Copilot 連線後，Copilot 才會有作用。

b. 連線之後，用滑鼠左鍵點 VS Code 左下角的 Accounts 圖示，即可看到是用哪個 GitHub 帳號建立連線。

c. 在視窗右下角也可以看到 Copilot 的代表圖示（見圖 2.1）。滑鼠移上去會看到「Show Copilot status menu」提示。

2.3 在 Visual Studio Code 中使用 Copilot

現在您的開發環境已經準備就緒，讓我們來熟悉一下圖 2.1 中展示的 VS Code 介面。請您先點選視窗左邊活動欄最上方的 Explorer（檔案總管）圖示：

圖 2.1 VS Code 介面

- **活動欄（Activity bar）：**可以在這裡打開資料夾或安裝擴充功能（正如上一節在 Extensions 中安裝 GitHub Copilot、Python Extenion）。
- **側邊欄（Side bar）：**顯示當前在活動欄中打開的內容。在圖 2.1 中，因為活動欄選擇了 Explorer，所以側邊欄會顯示當前資料夾中的檔案。
- **編輯區（Editor Panes）：**這是撰寫程式的主要區域。您可以開啟一個新程式檔輸入程式碼，或者從剪貼簿貼上程式碼。它設計得非常適合處理程式碼，會將程式碼依註解、函式、參數語法等標示不同的顏色。我們寫提示詞要求 Copilot 生成程式碼時，也都在編輯區進行。
- **面板區（Panel）：**此處是察看程式碼輸出或顯示錯誤訊息的區域。它有 PROBLEMS（問題）、OUTPUT（輸出）、DEBUG CONSOLE（偵錯主控台）和 TERMINAL（終端機）等面板。其中常用到的有：PROBLEMS 面板可觀看程式碼中可能的錯誤，TERMINAL 面板會顯示程式執行結果，測試函式時也常用到。

2.3.1　設定工作資料夾

在 VS Code 左側的活動欄，位於最上方的 Explorer 就是檔案總管。第一次按下 Explorer 時，會顯示「No Folder Open」，表示還沒選擇程式所在的工作資料夾（working folder），您可選擇電腦中已存在的資料夾（或者建立一個新資料夾）。一旦選定這個資料夾，工作資料夾就會設定在此，爾後寫的程式和所需檔案都請存放在此工作資料夾中。

出現找不到檔案的錯誤

在軟體開發過程中可能會出現找不到某個檔案的錯誤，這種問題每個人都可能遇到而且讓人頭痛。其中一個原因可能是忘了將該檔案放入工作資料夾中，這時只需找到該檔案的位置，複製或移動到正確的資料夾中即可。有時候，資料夾中確實可以找到該檔案，但在 VS Code 中執行 Python 程式時卻找不到，這種狀況建議您檢查 VS Code 的 Explorer（檔案總管）打開的是不是對的資料夾。

2.3.2 檢查設置是否能正常運行

我們檢查一下是否都已正確設置，且 Copilot 可以運作。為此，請建一個新資料夾來保存程式。您可在視窗最上方按下「File」功能表中的「New File」命令（圖 2.2），然後選擇 Python File Python（圖 2.3）新增一個 Python 程式檔：

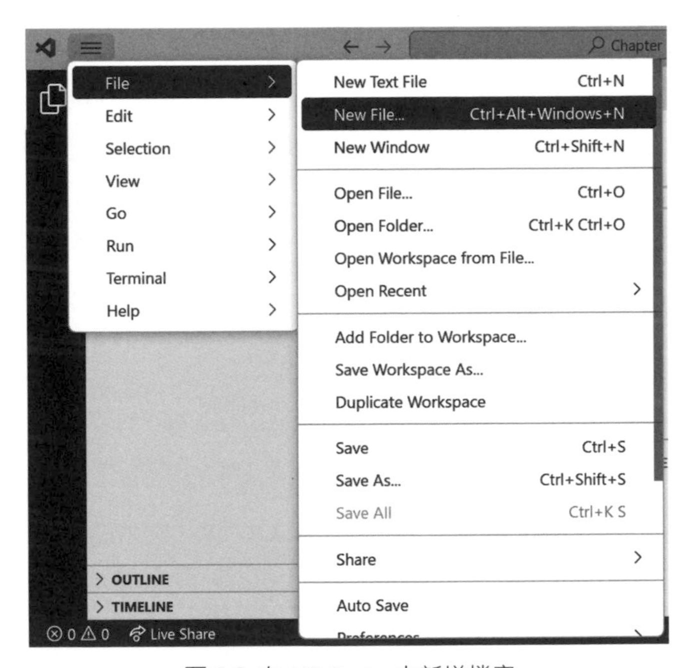

圖 2.2 在 VS Code 中新增檔案

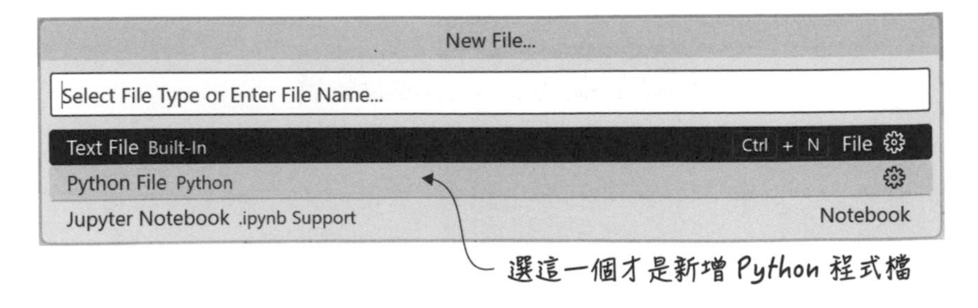

圖 2.3 選擇新增一個 Python 檔案

新增檔案後可以先存檔並取個檔名。請按下「File」功能表中的「Save As」（另存新檔）命令，將此檔案命名為 first_Copilot_program.py（Python 程式的副檔名為 py）。

接下來，請您在編輯區第一行輸入以下內容。這是一個註解，會用與一般程式碼不同的顏色標示，以區分不同性質的程式內容：

```
# output "Hello Copilot" to the screen
```

程式行首的 # 號很重要，用於表示這一行是註解（其顏色會依您選擇的佈景主題而異，例如我選的是 Visual Studio Light，註解會用綠色）。註解是程式設計師用來說明下面的程式在做什麼事，以幫助自己與其他程式設計師閱讀用，電腦在執行程式時不執行註解內容。

編註： VS Code 預設的佈景主題是黑色背景的配色，如果您想改變 VS Code 的配色，請執行「File」功能表中的「Preferences / Theme / Color Theme」命令，即可選擇要更換哪一種色彩的佈景主題。

在 VS Code 加入 Copilot 之後，註解的功能就不僅是供人類閱讀，更擴展為是對 Copilot 下提示詞之用。因此，當我們寫完註解（或仍在寫註解的過程中），Copilot 就會解讀註解內容，並嘗試預測我們接下來打算寫什麼程式而提出建議。

要觸發 Copilot 提供程式碼建議，請在該行註解尾端按 Enter 鍵換行，稍作停頓，應該會看到有灰色斜體的程式碼出現。如果您沒有得到建議，可能需要退回上一行再按 Enter 鍵觸發一次 Copilot 建議。以下是我們的情況：

```
# output "Hello Copilot" to the screen
print("Hello Copilot")
```

← 出現灰色斜體程式碼

如果您仍然沒看到 Copilot 的建議，可嘗試按 Ctrl + Enter 鍵，編輯區右側會出現一個 GitHub Copilot 窗格。萬一還是沒有出現，表示前面的設置可能有問題，建議重新確認是否正確安裝延伸模組，是否已登入 GitHub 以及在視窗右下角有出現 Copilot 圖示。

假設確實看到了 Copilot 的建議，請按 Tab 鍵接受該建議。然後，原本灰色斜體程式碼的建議就會轉換成標準程式字體：

```
# output "Hello Copilot" to the screen
print("Hello Copilot")
```

我們寫在註解的提示詞

Copilot 建議的程式碼

請記得！Copilot 建議的程式碼有其不確定性，相同的提示詞也不見得每次都得到相同的建議，但只要能正確執行就沒問題。當然，Copilot 也有可能犯錯，例如給出像下面的建議：

```
print "Hello Copilot"
```

在 Python 2 的時代，print 是一個語句（statement），上面的程式碼是正確的。但在 Python 3 推出後（就是我們現在用的），print 改為一個函式（function），函式名稱後面就需要加上小括號。

您可能會問：為什麼 Copilot 會弄錯這種簡單的問題？那是因為在訓練 Copilot 時也使用了舊的 Python 程式碼之故。其實在人類學習程式語法時也常會遇到新舊版本的差異，所以 Copilot 也同樣歷經這些過程。雖然 Copilot 建議的大多數內容在語法上都正確，但像這種括號或冒號的問題還是需要我們花點時間挑錯。

現在我們在 Copilot 的建議下，生成了下面的程式碼：

```
# output "Hello Copilot" to the screen
print("Hello Copilot")
```

請按下「File / Save」命令儲存程式檔。然後按下視窗右上角的 **Run Python File**（朝右的三角形）鈕，即可執行這個 first_Copilot_program.py 程式。其結果會出現在面板區的 TERMINAL（終端機）面板內。

提醒您：執行程式之前最好先存檔。VS Code 預設不會自動存檔，因此有可能您的程式寫好也正確執行了，但卻忘記存檔。**編註：**您可執行「File / Preferences / Settings」命令，在 Files: Auto Save 處選取 afterDelay，於一段時間後自動存檔。當然，也可以按 Ctrl + S 鍵手動存檔。

在 TERMINAL 面板內會看到類似以下的內容（依您安裝 Python 與工作資料夾的位置而異）：

```
> & C:/Users/YOURNAME/AppData/Local/Programs/Python/Python312/
Python.exe c:/Users/YOURNAME/Copilot-book/first_Copilot_program.py
Hello Copilot
```

第一行以「>」符號開頭是電腦執行程式的命令，接著指定 Python 解譯器程式 Python.exe（含完整路徑），去執行 first_Copilot_program.py 程式檔（所在的完整路徑）。然後下方即可看到輸出結果：Hello Copilot。

恭喜您！成功利用 Copilot 編寫了第一個程式！這也表示您的開發環境已正確設置，我們可以繼續進行後面的程式設計任務。但在此之前，我們先講述一些使用 Copilot 可能遇到的常見問題與處理技巧，如此就能運用在後續的範例中。

2.4 常見的 Copilot 問題

在使用 Copilot 的過程中，可能會遇到一些常見的問題。隨著 Copilot 持續進步，這些問題可能會逐漸減少，但在撰寫本書時依然存在。表 2.1 中列出的挑戰可能並未涵蓋所有的情況，在此還是提供一些我們遇到且已知解決的經驗與對策，幫助您快速掌握並順利使用 Copilot。

▼ **表 2.1 使用 Copilot 時的常見問題**

問題	描述	建議對策

回答的也是註解	當您使用註解符號希望 Copilot 提供程式碼建議時，Copilot 有可能同樣用註解回答您的註解，或直接重複您的註解，而不是回答程式碼。例如：
	
	`# output "Hello Copilot" to the screen`
	`# print "Hello world" to the screen`
	
	這種情況發生時，建議採用右邊的對策 3(使用 docstring 的寫法)，可能是最有效的。
		1. 在註解和 Copilot 的建議之間按 Enter 鍵加一個空行，它可能就會從註解切換為程式碼。
		
		2. 如果新加一個空行不起作用，那就輸入一兩個程式碼會出現的字母(無註解符號)，例如會用到關鍵字 print，就輸入 pr。如此有可能會激發 Copilot 回答程式碼。例如：
		
		`# output "Hello Copilot" to the screen`
		`pr`
		
		3. 將註解符號改用前後各三個雙引號的 docstring，例如：
		
		`"""`
		`output "Hello Copilot" to the screen`
		`"""`
		
		4. 按 Ctrl ＋ Enter 鍵看看 Copilot 是否會給程式碼建議而非註解。

→ 接下頁

問題	描述	建議對策
錯誤的程式碼	有時 Copilot 一開始會給出明顯錯誤的程式碼(本書會教您辨別不正確的程式碼)。此外,有時 Copilot 似乎會走錯路,試圖解決無關的問題。其中對策 3 通常可以幫助 Copilot 回到正路。	本書很多內容都是教導解決程式碼錯誤的方法,這裡有一些技巧可以讓 Copilot 幫得上忙: 1. 修改註解的提示詞,更明確地描述您希望的程式功能。 2. 用 Ctrl + Enter 鍵找到 Copilot 的正確程式碼建議。 3. 關閉 VS Code,稍等一會兒再重啟。這可以清除 Copilot 暫存以獲得新的建議。 4. 嘗試將問題分解為更小的任務(詳見第 7 章)。讓 Copilot 更容易處理。 5. 對程式碼除錯(詳見第 8 章)。 6. 嘗試向 ChatGPT 取得程式碼,並將其建議貼入 VS Code。不同 LLM 的建議有時可以幫助另一個 LLM 解決問題。
Copilot 回答 # YOUR CODE HERE	Copilot 回答這一段註解或類似的註解,看起來是要您自己寫程式碼。	這種回答很可能是 Copilot 學習的資料中包含老師指定給學生的作業,因為老師通常會在題目下方留下這句話,而 Copilot 卻誤認為是答案的重要部份(實際上不是)。 這通常可以按 Ctrl + Enter 鍵,從 Copilot 提供的幾種建議中找到其它合理的解答。
缺少模組	Copilot 給您的程式碼,由於缺少適合的模組套件而無法執行(這需要額外載入或安裝到 Python 中)。	在第 2-26 頁會介紹如何在開發環境安裝模組。

編註: docstring (document string,文件字串)是用來描述函式的功能與參數,留待 3.1.1 小節介紹。

2.5 在 VS Code 中用 Copilot 產生程式碼

在 VS Code 中使用 Copilot 功能，對撰寫程式有很大的幫助。在此先告訴您如何呼叫 GitHub Copilot 與 Copilot Chat，讓您可以與 Copilot 互動。

1. 用 Tab 鍵讓 Copilot 生成程式碼

在我們寫完註解（或 docstring）之後，按下 Enter 鍵稍等一下，Copilot 就會生成灰色斜體的建議程式碼（一行或好幾行），按 Tab 鍵接受後再按 Enter 鍵，此時 Copilot 可能還會繼續生成下一行程式碼，同樣按 Tab 鍵接受。依此類推，直到 Copilot 不再生成程式碼。

2. 使用 inline Chat

inline Chat 是一個很方便的工具，啟用時會直接嵌在程式碼編輯區，隨時供您差遣。請在要生成程式碼的空行，按滑鼠右鍵執行「Copilot / Start inline Chat」命令，叫出 inline 交談窗（或者按 Ctrl + I 鍵），將提示詞寫在裡面也可以生成程式碼，例如：

圖 2.4 出現在程式編輯區的 inline Chat

然後按 Enter 鍵或右邊的小箭頭，Copilot 就會依照提示詞生成建議的程式碼，按 Accept，生成的程式碼就會填入當前的位置。如果想要取消此 inline 交談窗，可按 Esc 鍵。

3. 叫出 Copilot Chat 交談區

在 VS Code 視窗右下角有一個 Copilot 圖示，用滑鼠左鍵按下，執行「GitHub Copilot Chat」命令，在視窗左邊的側邊欄下方就會出現交談窗可供交談。例如當執行程式時出現某個模組未安裝、想查詢某個函式的語法，亦或請它產生程式碼，就可以在此處詢問：

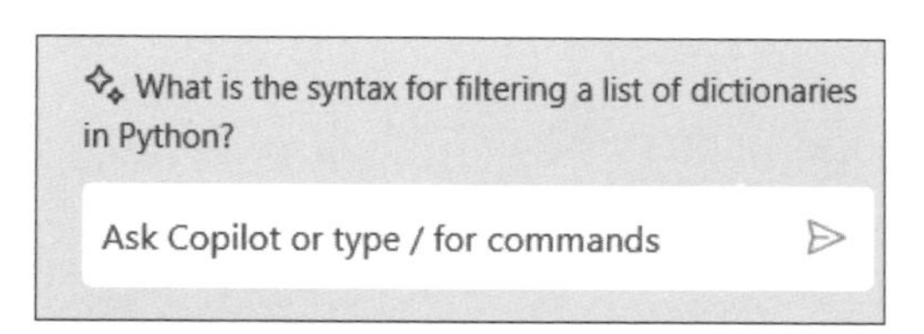

圖 2.5 側邊欄下方的 GitHub Copilot Chat

4. 叫出 GitHub Copilot 窗格

如果 Copilot 生成的程式碼沒有問題，或不是您喜歡的程式風格，可以按 Ctrl + Enter 鍵開啟右側的 GitHub Copilot 窗格，稍等一下就會出現數個建議（一般是 10 個）的程式碼：

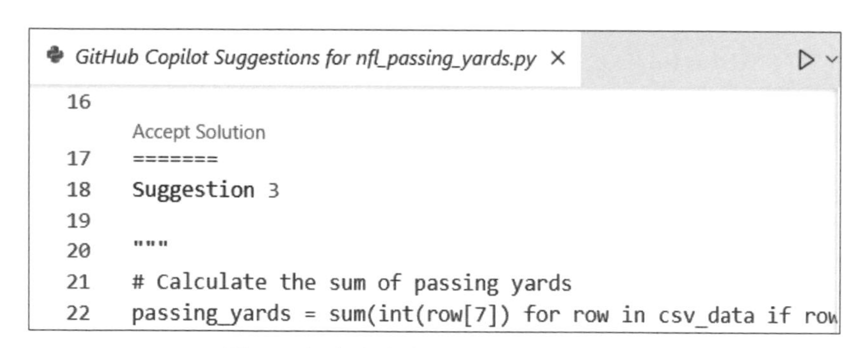

圖 2.6 視窗右邊的 GitHub Copilot 窗格

如果您喜歡其中的某個建議的答案，可以點該建議上方灰色的 Accept Solution，該段建議程式碼就會複製到編輯區。

2.6 第一個程式任務

本節的目標有兩個：(1) 瞭解與 Copilot 互動的工作流程；(2) 觀察 Copilot 如何解決問題，藉以體會它的強大之處。

在使用 Copilot 編寫程式碼時，通常會依循以下幾個基本的步驟：

1. 用註解 (#) 或 docstrings ("""...""") 對 Copilot 下提示詞。
2. 讓 Copilot 生成程式碼。
3. 透過閱讀程式碼與測試來檢查生成的程式碼是否正確。
   a. 如果生成的程式碼運作正常，則重複步驟 1，為 Copilot 設定下一段任務的提示詞。
   b. 如果生成的程式碼不合預期，則刪除之。回到步驟 1 修改提示詞 (同時參考表 2.1 中的相關建議對策)。

由於您才剛開始接觸 Copilot，我們原本有些顧慮，是否一開始就展示這個範例。但考慮到您已經安裝了 Copilot，我們相信展示它的強大功能會非常有價值。因此，我們鼓勵您跟著操作，親自體驗過程。萬一遇到任何困難也不用緊張，不妨先跟著讀下去，將問題留待後續章節去解決。

另外請注意！ Copilot 在本節生成的程式碼，即使您暫時看不懂程式碼的內容也沒關係，隨著本書一路下去，後面的章節中還會回顧這裡，您自然就會明白。現在就讓我們開始吧。請在 VS Code 中執行「File / New File」命令新增一個 Python 程式檔，並存檔為 nfl_stats.py。

2.6.1 Copilot 在資料處理任務中的價值

我們打算從一些基本資料處理開始，這是每個人都接觸過的任務。我們需要先找到合適的資料集（dataset）做練習，在知名的 Kaggle 網站擁有大量免費可用的資料集，這些資料集包含諸如各國健康統計、疾病傳染追蹤等重要資訊。

考慮到第一個程式別那麼嚴肅，也符合我的運動興趣，因此選擇美式足球聯盟（NFL）的進攻資料統計庫。這可以從 www.kaggle.com/datasets/dtrade84/nfl-offensive-stats-2019-2022 網址下載。此資料集包含 2019 至 2022 年的 NFL 資料（圖 2.7）。下載這份資料集必須先註冊 Kaggle 帳號，下載後解壓縮資料集並放入 VS Code 的工作資料夾中。如果您目前還不想申請 Kaggle 帳號也沒關係，可以單純看我們的展示。

編註： 在本書補充資源中已包括此檔供讀者下載。

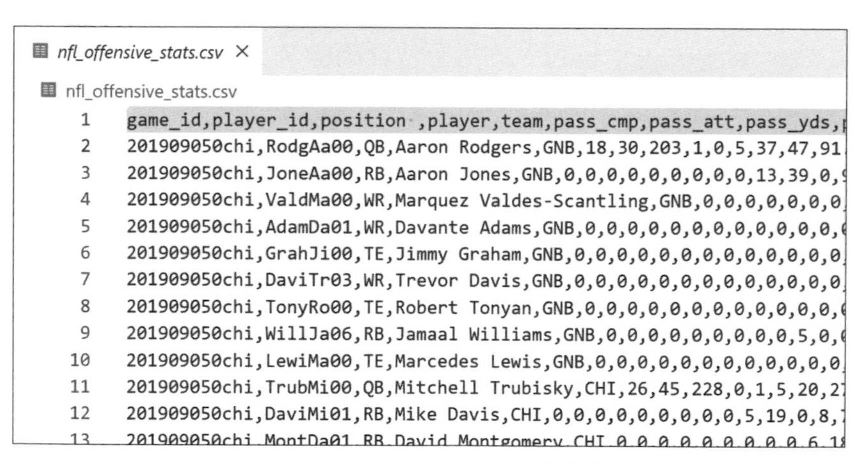

圖 2.7 nfl_offensive_stats.csv 資料集的前幾筆記錄

這份 nfl_offensive_stats.csv 是一個 CSV 文字檔，裡面每一筆記錄都是以逗號分隔。第一列是標題欄位，說明每個欄位下方是什麼性質的資料。Python 提供讀取 CSV 格式檔案的模組，只要將模組載入（import）程式中即可。以下就來實際示範與 Copilot 的互動。

2.6.2 計算 Aaron Rodgers 在 2019 ~ 2022 年的傳球碼數

我們首先探索這個檔案中儲存的資料長什麼樣子。您可以在 Kaggle 網站直接預覽、或用 Excel 開啟，皆可看到其頂端的欄位如下（總共有 69 個欄位，以下僅顯示前面 8 個）：

```
game_id, player_id, position, player, team, pass_cmp, pass_att,
pass_yds, ...
```

從欄位名稱可以看出裡面包含與題目有關的欄位，包括球員姓名（player）與傳球碼數（pass_yds）。Aaron Rodgers 在所有參與的比賽中都有獲得傳球碼數，那如何算出他在這份資料集中總共的傳球碼數呢？光用心算並不容易得到答案，因此我們打算用程式來計算。

這份資料集涵蓋了從 2019 ~ 2022 年的多個賽季。我們希望將 Aaron Rogers（player 欄位）的所有傳球碼數（pass_yds）加總。因為有了 Copilot，我們不需要從頭開始寫這段程式碼，只要寫提示詞讓它生成就好了。為了實現這一點，我們要在提示詞中寫得具體一些，而且分成幾個簡短任務，以確保 Copilot 知道我們要它做什麼。現在，將以下內容輸入新檔案的開頭（在此，我們將提示詞寫入 docstring）：

```
"""
open the csv file called "nfl_offensive_stats.csv" and read in
the csv data from the file
"""
```

按下 Enter 鍵，Copilot 應該會開始生成程式碼。對我們來說，它生成了這一段程式碼：

```
import csv
with open('nfl_offensive_stats.csv', 'r') as f:
    reader = csv.reader(f)
    nfl_data = list(reader)
```

注意開啟的檔案名稱

為了便於分辨哪些是我們輸入的，哪些是 Copilot 生成的，本書故意將我們輸入的內容用粗體字呈現，而 Copilot 生成的內容則正常呈現，以幫助您分辨各為何者所寫。此處 Copilot 生成的程式碼看起來很合理。現階段您可能還不太了解這段程式碼的細節，不過應該可以看得出來，其中包括開啟（open）一個檔案（nfl_offensive_stats.csv）並讀取（reader）檔案。我們在後續會學習如何閱讀這些程式碼。現在我們已經從 nfl_offensive_stats.csv 檔案中獲得了資料（放入 nfl_data）。

接下來要下新的提示詞，要求 Copilot 將這個資料集中所有 Aaron Rogers 的傳球碼數加總起來。由於電腦可能不懂美式足球，也不了解 Aaron Rogers 是一名四分衛（Quartback, QB）等具體事實，所以我們的提示詞需要描述得非常具體。如下所示：

```
"""
In the data we just read in, the fourth column is the player
and the 8th column is the passing yards. Get the sum of
yards from column 8 where the 4th column value is
"Aaron Rodgers"
"""
```

請注意！我們告訴 Copilot 此資料集中第 4 個欄位（column）是球員（player），第 8 個欄位是傳球碼數（passing yards）。這是為了讓 Copilot 知道如何解讀資料。並且也明確表示只想加總第 4 個欄位值是 Aaron Rogers 的傳球碼數。隨著本書的進展，會教您編寫適當的提示詞。給出這樣的提示詞之後，Copilot 接著生成以下程式碼：

```
passing_yards = 0
for row in nfl_data:
    if row[3] == 'Aaron Rodgers':
        passing_yards += int(row[7])
print(passing_yards)
```

提醒：Copilot 的不確定性

請記住！Copilot 給您的答案可能與本書的不同。這也將是本書後續面臨的挑戰：如果您從 Copilot 得到錯誤的結果而本書得到的是正確結果，您該怎麼辦？雖然我們對 Copilot 算有信心，但如果您從 Copilot 獲得錯誤答案，仍請繼續閱讀本節，而不需要在 VS Code 中與 Copilot 纏鬥。本書後面會提供您修復 Copilot 提供錯誤答案時所需的技能。

當程式碼完成後，我們可以按右上角的 Run Python File 鈕執行這段程式碼。然後由 TERMINAL 面板中看到結果是 13852，這是正確答案（當然也可以用 Excel 匯入資料集驗算）。特別有趣的是，原本計劃給 Copilot 第三個提示詞要求輸出結果，但 Copilot 猜到了我們的意圖並自行完成了。

那麼，傳球 13852 碼這個數字正確嗎？我們可以做個合理性判斷。一位四分衛在一個賽季大約傳出 3000~5000 碼的距離，這份資料中包括 2019 ~ 2022 賽季，顯然傳球 13852 碼算是合理的成績。

編註：由於提示詞中並未要求輸出結果，因此是否自動出現 print 那一行程式碼要碰運氣。如果沒有出現，您可在下一行輸入 pr 兩個字元，Copilot 會猜到您想輸出結果就會自動生成，按 Tab 鍵接受即可。或者，您可以修改提示詞，在最後補上一句「Then output the sum of yards」，並刪除原先生成的程式碼，再重新生成就有了。請注意！不要只寫「Then output the result」因為 Copilot 不見得知道 result 是指哪個東西。

我們希望您從這個例子（以及本章的後續部分）學到的是：

1. Copilot 是一個強大的工具。我們沒有寫任何一行程式碼，但 Copilot 就能依照我們給的提示詞，生成可讀取資料集檔案、做資料分析並輸出計算結果的程式碼，這一點是蠻讓人開心的。

2. 將問題分解成小任務很重要。在這個例子中，我們將原本要做許多事的動作，分解成兩個較小的任務。當然，您也可以將數個提示詞全部寫在一起讓 Copilot 一次生成，但我們發現，使用內容較複雜的提示詞，Copilot 雖然也會給我們答案，但犯錯的機會比較高。這在我們接下來要展示的下一個例子中尤為明顯。而將問題分解成較小的任務，可顯著增加 Copilot 生成正確程式碼的可能性。因此，問題分解是非常重要的技能之一（詳述於第 7 章）。

3. 某種程度上還是需要了解程式碼。其中一個原因是，編寫良好的提示詞必須明確讓 Copilot 知道要做什麼。我們不能只下給 Copilot 一個提示詞：「Give me the number of passing yards for Aaron Rodgers.」，Copilot 很可能根本不知道所需資料在哪裡、資料的格式、哪些欄位對應到球員和傳球碼數，當然也不曉得 Aaron Rogers 是一名球員。我們必須向 Copilot 詳細說明才能成功。另一個原因與判斷 Copilot 給的程式碼是否合理有關。具備程式能力的人閱讀 Copilot 的回答時，知道如何閱讀並判斷生成的程式碼是否合理。因此，您也需要在某種程度上能夠做到這一點，本書在第 4、5 章會教導閱讀 Python 程式碼的基本語法。

4. 測試的重要性不言而喻。當程式設計師談及測試，指的是一個實踐過程：確保程式即使面對例外狀況依然能夠正確執行。在這個階段，目前還沒有投入太多時間，僅僅對 Copilot 給出的答案進行基本的檢查。然而，正常情況下是需要對測試投入更多心力，因為這是編寫程式碼過程中至關重要的一環。因為程式碼的錯誤而造成的可能後果範圍很廣，從令人尷尬的（比如算出錯誤的球員碼數，被鐵粉吐槽）到危險的（比如汽車的軟體運行不正常），乃至於成本高昂的（比如企業基於錯誤分析做出的決策）都有。即使您已經學會如何閱讀程式碼，我們依然要提醒您：就算程式碼看起來無懈可擊，但實際情況可能並非如此。為了解決這類問題，我們必須對 Copilot 生成的每一段程式碼進行測試，以確保其符合預期。在第 6 章會學習測試的方法。

為了展示 Copilot 的強大功能，我們繼續使用這個例子。您可以跟著輸入提示詞，或者只想用看的皆可。

2.6.3 查出那段期間所有四分衛的表現

能夠查出 Aaron Rodgers 的表現對球迷來說只是基本要求，更有意義的是將他的數據與那段期間所有四分衛進行比較。為了只包括四分衛，我們需要回頭察看資料集，其中第三個欄位是 Position，也就是球員的位置，欄位值是 QB 就代表四分衛。

因此，我們可以刪除之前 Copilot 給的程式碼並重新開始。我們不會像之前那樣展示每一步，而是直接呈現與 Copilot 的互動。請注意我們下給 Copilot 的三段提示詞。第一段是讀取輸入資料，第二段是處理資料，第三段是輸出結果。此三步驟循環在編寫程式的任務中很常見到。

Listing 2.1 Copilot 分析四分衛的程式碼

```
"""
open the csv file called "nfl_offensive_stats.csv" and
read in the csv data from the file
"""
# import the csv module
import csv

# open the csv file
with open('nfl_offensive_stats.csv', 'r') as f:
    # read the csv data
    data = list(csv.reader(f))
"""
the 3rd column in data is player position, the fourth column
is the player, and the 8th column is the passing yards.
For each player whose position in column 3 is "QB",
determine the sum of yards from column 8
"""
# create a dictionary to hold the player name and passing yards
passing_yards = {}
```

第一段提示詞是讀取資料

Copilot 的回應有時候會包含註解，從 Copilot 獲得的註解不會以粗體顯示

第二段提示詞是分析資料

→ 接下頁

```
# loop through the data
for row in data:
    # check if the player is a quarterback
    if row[2] == 'QB':
        # check if the player is already in the dictionary
        if row[3] in passing_yards:
            # add the passing yards to the existing value
            passing_yards[row[3]] += int(row[7])
        else:
            # add the player to the dictionary
            passing_yards[row[3]] = int(row[7])
"""
print the sum of the passing yards sorted by sum
of passing yards in descending order
"""
for player in sorted(passing_yards, key=passing_yards.get,
reverse=True):
    print(player, passing_yards[player])
```

第三段提示詞用於輸出計算結果

當我們檢視 Copilot 呈現的結果時，對於多年從事程式設計教育的我們來說，感到相當驚艷。這樣的問題，我們可能會出在期末考的試卷中，但估計班上不到半數的學生能寫得足夠好。例如，Copilot 在給我的版本中，選擇使用字典（dictionary）這種高效資料儲存方式，在這種情況下確實是個明智之舉。此外，它還巧妙地運用了資料排序的方法，以利於展示結果。

執行程式後，在 TERMINAL 面板中可以看到下面的輸出結果（在此僅顯示前五筆）：

```
Patrick Mahomes 16132
Tom Brady 15876
Aaron Rodgers 13852
Josh Allen 13758
Derek Carr 13271
```

如果您是美式足球迷，對於這樣的結果應該覺得很正常。在此，我們打算嘗試一個小改動，看看 Copilot 如何適應我們的想法。假設因為 Tom

Brady 已經被公認為有史以來最好的四分衛之一，因此不需要與其他人相比（也就是請 Copilot 不要將他納入）。

要進行這項改動，只需要修改最後一段的提示詞，請找到下面這段：

```
"""
print the sum of the passing yards sorted by sum
of passing yards in descending order
"""
for player in sorted(passing_yards, key=passing_yards.get, 接下行
reverse=True):
    print(player, passing_yards[player])
```

我們保留原本的 docstring，但將 Copilot 生成的程式碼刪除。然後我們要修改提示詞，請加入第三行：

```
"""
print the sum of the passing yards sorted by sum
of passing yards in descending order
Do not include Tom Brady because he wins too much
"""
```

不要納入 Tom Brody

Copilot 這次會給我們的建議是：

```
for player in sorted(passing_yards, key=passing_yards.get, 接下行
reverse=True):
    if player != "Tom Brady":
        print(player, passing_yards[player])
```

在這段程式碼中確實將 Tom Brady 排除了。我們再次執行此程式，原本排第二的 Tom Brady 就沒有列入了：

```
Patrick Mahomes 16132
Aaron Rodgers 13852
Josh Allen 13758
Derek Carr 13271
Matt Ryan 13015
```

2.6.4 將傳球碼數統計資料繪製成圖表

既然 Copilot 是一個強大的工具，我們試著要求它更進一步。對於現代的需求而言，我們不會僅滿足於將四分衛的統計數據輸出就好，資料視覺化是展示訊息更好的方法。我們能否要求 Copilot 產生繪圖的程式呢？

假設我們只關心表現好的四分衛，所以決定設定一個限制，即在指定期間內傳球超過 4000 碼的才被納入圖表中。當然，要求 Copilot 繪圖又帶來新的挑戰，讓我們嘗試一下。

請在我們剛才的程式碼最後，加上以下的 docstring：

```
"""
plot the players by their number of passing yards only for
players with more than 4000 passing yards
"""
```

以下是 Copilot 根據提示詞所建議的程式碼：

Listing 2.2　用各四分衛的資料畫出圖表

```
import matplotlib.pyplot as plt
import numpy as np
# create a list of players
players = []
# create a list of passing yards
yards = []
# for each player in the dictionary
for player in passing_yards:
    # if the player has more than 4000 passing yards
    if passing_yards[player] > 4000:
        # add the player to the list of players
        players.append(player)
        # add the passing yards to the list of passing yards
        yards.append(passing_yards[player])
# create a numpy array of the passing yards
yards = np.array(yards)
# create a numpy array of the players
players = np.array(players)
# sort the players by the passing yards
```

→ 接下頁

```
print(np.argsort(yards))
players = players[np.argsort(yards)]
# sort the passing yards
yards = np.sort(yards)
# create a figure
plt.figure()
# create a bar chart of the players and their passing yards
plt.bar(players, yards)
# rotate the x axis labels
plt.xticks(rotation=90)
# show the plot
plt.show()
```

Copilot 產生的這段程式碼或許每次有點不同，但執行後都能畫出合理的圖表。對於有 Python 程式基礎的人應該能理解這段內容，畢竟所有 Python 入門書都會教到。簡單來說，這個程式用到 numpy 與 matplotlib 這兩個 Python 常用模組做運算並繪製圖表。

此處請特別注意！因為 Copilot 生成的程式碼是從 GitHub 學習而來，但 Copilot 並不知道您的電腦中安裝了哪些 Python 模組，例如很可能尚未安裝 matplotlib 與 numpy 模組，因為這不是預設安裝的模組。如果您還沒有安裝它們，在執行上面程式時，會在 PROBLEMS 面板中出現找不到 matplotlib 模組的錯誤。

安裝 Python 需要的模組

Python 有許多可額外安裝的模組，擴展了程式語言的能力。這些模組可以幫助您做很多事情，從資料分析、創建網站到編寫電玩等。當程式中需要用到某一個特定的模組時，就可以用 import 語句將指定的模組載入程式。Python 不會自動為您安裝所有模組，因為一般需要使用的模組有限，當您需要時再安裝即可。

要修復找不到 matplotlib 模組的錯誤，就需要安裝 matplotlib。怎麼安裝呢？您可以開啟 Copilot Chat 交談窗，將問題輸入並按 Enter 鍵就可以得到回答：

→ 接下頁

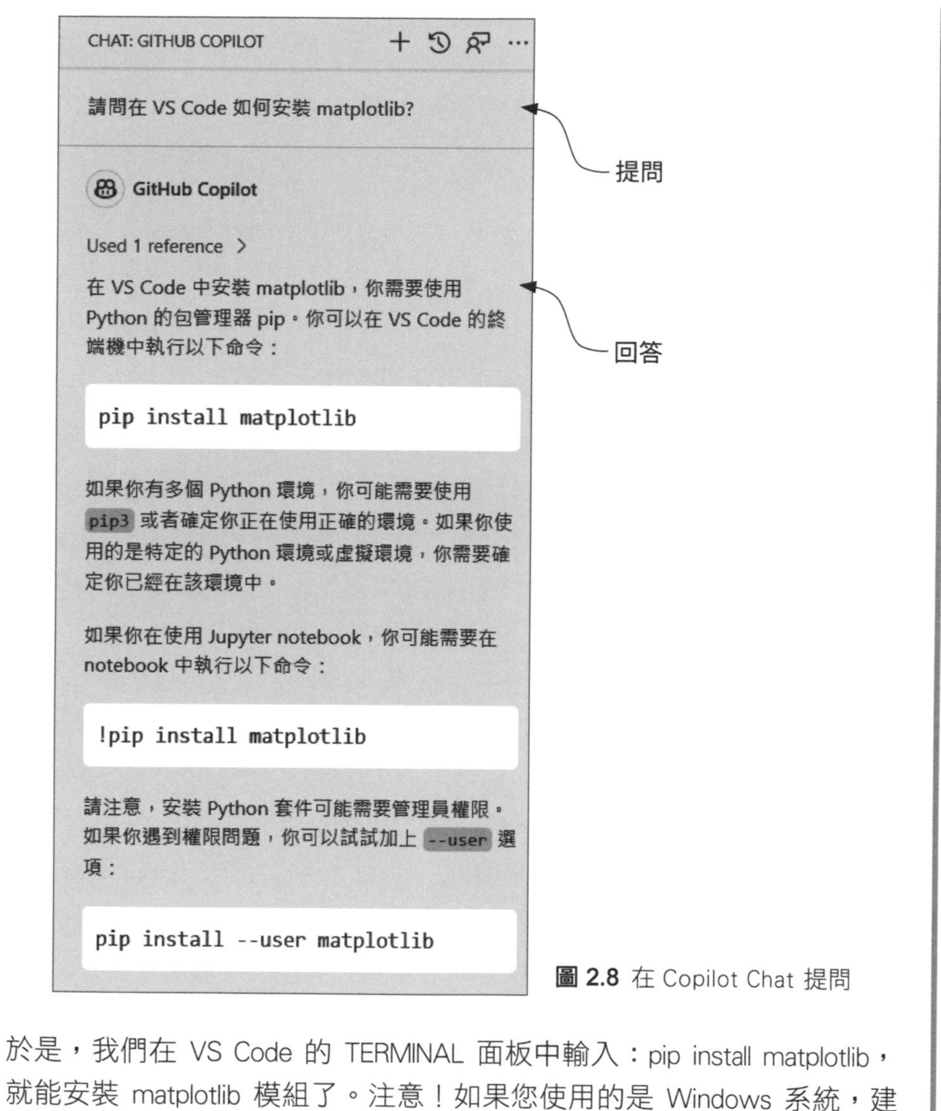

圖 2.8 在 Copilot Chat 提問

於是，我們在 VS Code 的 TERMINAL 面板中輸入：pip install matplotlib，就能安裝 matplotlib 模組了。注意！如果您使用的是 Windows 系統，建議使用 pip 命令安裝模組，如果是在 Mac 或 Linux 系統，我們建議使用 pip3。

在安裝 matplotlib 模組時，會看到同時安裝了好幾個模組，其中也包括 numpy 模組。這是因為 matplotlib 模組本身也需要用到其它模組。安裝完 matplotlib 模組之後，再度執行 Listing 2.2 的程式，就可以得到下面的圖表了：

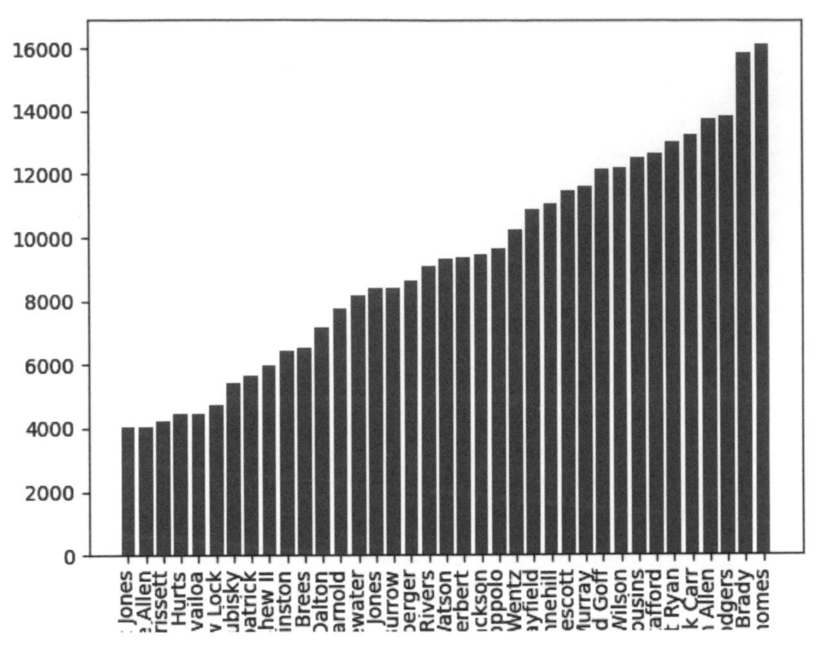

圖 2.9 由 Listing 2.2 產生的圖表

在這個直條圖中，我們看到 y 軸是傳球碼數，x 軸是球員的姓名。球員依照傳球碼數從最少（至少 4000 碼）到最多做過排序。當然，這張圖表不是完美的，因為缺少一個 y 軸標籤，而且 x 軸上的姓名底部被切掉了，但考慮到我們給 Copilot 的只是一個簡短的提示詞，能得到這張圖表已相當令人驚艷了。目前我們不打算繼續改善這張圖表，因為我們的目的是讓 Copilot 展示它的能力，並體驗與 Copilot 的互動。

本章已經完成了很多工作！如果您能順利設置 VS Code 的開發環境，並跟著我們一起做了前面的例子，應該可以感到自豪，因為已經朝開發軟體邁出了一大步！在本章的例子中，Copilot 給了我們可以執行的程式碼，不太需要修改提示詞，也因為沒遇到困難而未進行測試工作。但事情不會一直這麼順利，正如同傳統程式設計會遇到許多障礙，使用 Copilot 也很可能會遇到，我們在後續章節中會更進一步了解 AI 協助生成程式的過程。

本章小結

- 安裝 Python 和 VS Code 並設置 Copilot，因此能夠跟著本書進行。
- VS Code 介面有管理檔案、編輯程式、執行程式並輸出結果的區域，幫助您大致瞭解 VS Code 的操作環境。
- 提示詞是人類告訴 Copilot 生成程式碼的方式，只要提示詞寫得夠明確，Copilot 確實是有效率的解決方案。
- 善用 Copilot Chat 與 inline Chat 可方便查詢語法或生成程式碼。
- 資料分析是常見的程式任務，CSV 檔案是儲存資料的常見格式。
- Copilot 生成的程式碼有時需要安裝額外的 Python 模組。
- Copilot 是一個強大的工具，產生入門程式設計課程等級或更複雜的程式碼都不是問題。

MEMO

第 3 章

設計函式

本章內容

- Python 函式及其在程式設計中的角色。
- 適合 Copilot 有效處理的任務。
- 與 Copilot 互動的標準流程。
- 利用 Copilot 編寫優質函式的實例。

在程式設計的入門階段，最具挑戰性的一個環節，就是準確界定適合交給 Copilot 處理的任務，如此才能生成有效的程式碼。若是任務過於複雜，Copilot 很可能會給出錯誤的答案，要修改這類錯誤往往異常困難。那麼問題來了，什麼樣的任務才算是適合的？

這個疑問對於使用 Copilot 相當重要，而且還觸及到更深層次的問題。人類程式設計師同樣要與複雜性抗衡，即便是資深軟體工程師也如此，若試圖直接解決一個複雜的問題，而未先將其分解為更小、更可控的子任務，往往也會陷入苦戰。

對程式設計來說，解決這種問題的方法是運用函式（functions），每個函式專門負責完成一項較單純的任務。撰寫函式時，雖然有各種經驗法則指引我們控制程式碼的行數，但這些法則的真正目的是幫助我們寫出：「專注於完成單獨任務，且不會複雜到難以準確執行的函式」。換句話說，就是寫出簡潔的程式碼，從而提升它的有效性和準確性。

以傳統方式學習程式設計的學生，他們在最初一個月可能還對僅有 5-10 行程式碼的語法感到吃力。度過這段期間之後，我們就會進入函式的觀念，並告訴他們在一個函式中，不要寫超過自己測試和除錯能力的程式碼行數。同樣的道理套用到 Copilot，雖然我們不用直接與語法打交道，但仍然必須瞭解如何在一個函式中，向 Copilot 提出難易與大小適合的任務。

為了幫助您更全面地瞭解函式，後續會提供一些範例，實際練習與 Copilot 互動的工作流程，即：撰寫提示詞、接受 Copilot 建議的程式碼並測試之，以確認生成的程式碼的正確性。經由這樣的過程，可初步接觸到一些重要的 Python 常見語法與結構，像是迴圈（loops）、條件語句（conditionals）和串列（lists）。我們會在後續兩章做更深入的介紹。

3.1 函式（Functions）

在深入學習撰寫函式之前，我們需要先瞭解函式在軟體開發中扮演的角色。函式是為了完成更大任務所準備的小任務。在您腦海中應該已經對將大任務分解為較小、較易處理的小任務有一定的概念，這在接下來的例子中會非常有幫助。

假設您在報紙上找到了一個字謎遊戲，並且想要解開此謎題（圖 3.1）：

R	M	E	L	L	L	D	I	L	A	Z	K
B	F	W	H	F	M	O	Z	G	L	Z	C
B	D	T	U	C	N	G	S	L	S	H	A
Y	Y	O	F	U	N	C	T	I	O	N	T
F	A	H	S	I	L	T	A	S	K	O	C
H	N	H	J	O	H	E	L	L	O	C	A
Y	F	M	P	I	P	W	L	B	T	R	J
L	N	S	J	N	E	Z	Y	Z	Z	I	T

從字謎盤中找出下面這些單字

CAT　　FUNCTION　　TASK
DOG　　HELLO

圖 3.1 字謎遊戲的例子

字謎遊戲的目的是從字謎盤中找出指定的英文單字。這些單字可能是從左到右、從右到左、從上到下或從下到上排列的。

從高層次來描述這項任務，就是「在字謎遊戲中找到所有的單字」。然而，這樣的任務描述範圍有點大也並不實用，因為此描述並未說明需要執行哪些步驟來解決問題。現在請試著花幾分鐘時間思考該如何開始？要如何將整體任務分解成更易於實現的小任務？

您可能會這樣想：「找出所有單字是一項大任務，若只找出一個單字（例如 CAT）就是個小任務。就讓我先完成這個吧！」這就是將一個大任務分解成小任務的一個例子。要解決整個謎題，您可以為每個要找的單字重複這個小任務。

那麼，我們如何找到一個單字，比如 CAT 呢？這個任務也可以進一步分解，以便更容易完成。例如，我們可以將其分解為四個子任務：從左到右搜索單字、從右到左搜索單字、從上到下搜索單字、從下到上搜索單字。如此一來，不僅產生更簡單的子任務，而且還將事情變得更有邏輯性。最重要的是，我可以要求 Copilot 生成這些簡單小任務的程式碼，最後組合成完整的程式。

將一個大任務分解成小任務稱為**問題分解**（problem decomposition），這是軟體設計中最重要的技能之一，也是本書後續的重點。

3.1.1 函式的組成

函式（function）一詞來自於數學（編註：在數學領域習慣將 function 稱為函數，但本書在程式領域將其稱為函式）。函式定義了輸入（input）與輸出（output）的規範。這種規範就像契約一樣，當函式接受特定的輸入時，會承諾依照預定的方式處理這些輸入，然後傳回特定的輸出值。

例如有一個函式名稱是 larger，我們被告知（或從程式註解得知）它的功能是接受兩個數字，並給出兩者中較大的那個。那麼，我們就會相信給它兩個數字 2 與 5，它一定會傳回 5。我們甚至不需要看到函式內部如何運作，就可以直接使用，就像我們不需要瞭解汽車的煞車原理，只要知道踩下剎車會減速就好。

函式標頭（function header）

Python 每個函式的第一行都會從**函式標頭**開始，有時也稱為**函式簽名**（function signature。編註：用於識別函式的唯一性）。在一個程式中可能出現許多不同的函式，因此我們需要學會閱讀和撰寫函式標頭。

函式標頭主要用於定義函式的名稱和它接受什麼樣的輸入（即參數）。在某些程式語言中，函式標頭還會包含此函式的輸出資訊，但在 Python 函式中，輸出資訊要從程式碼或是註解中得知，而不是直接從函式標頭得知。

我們在第 2 章學會用註解讓 Copilot 生成程式，如果想讓 Copilot 生成函式，也可以利用同樣的方法。例如，我們可以利用以下三行註解，要求 Copilot 編寫一個函式，將兩個數字中比較大的那個傳回（編註：也可以按 Ctrl + I 鍵叫出 inline Chat，將註解貼進去也會產生），如下：

```
# write a function that returns the larger of two numbers
# input is two numbers
# output is the larger of the two numbers
def larger(num1, num2):
    if num1 > num2:
        return num1
    else:
        return num2
```

我們輸入 3 行註解

這一行是函式標頭

Copilot 在上面的例子生成了一個正確的函式，其函式標頭包括四個組成部分：

(1) **def 關鍵字：**它告訴 Python 這是定義（define）一個函式。

(2) **函式名稱：**def 之後是函式名稱，應盡可能描述清楚函式的行為。這個函式名稱 larger 是 Copilot 自己取的，表示要傳回兩數字中較大的那一個。如果這個函式做了許多不同的事情而難以簡單命名，這就是一個警訊，表示此函式的任務可能過大了。

(3) **函式的輸入：**在函式名稱後面會用左右小括號括住輸入的內容，也就是輸入**參數（parameters）**。參數是提供函式運作所需的資訊。函式可以有任意數量的參數，也可以沒有參數。以上例來說，larger 函式有兩個名為 num1 與 num2 的參數；因為 larger 函式需要比較兩個數字，所以要有兩個參數。

(4) 定義函式的行尾必須加上一個冒號「：」，若沒加，就不是有效的程式標頭。

確定函式輸出的關鍵字是 return。寫在 return 之後的就是函式的輸出。在上面這段程式碼中，會比較 num1 與 num2 的大小，並 return 較大的那一個值。

函式不一定都需要有傳回值，要依函式的用途而定。例如將結果輸出到螢幕的函式，直接用 print 就好，不需要用 return 傳回任何東西。所以如果您在某個函式中沒看到 return 關鍵字也是正常的。不過，函式的行為要一致，同一個函式不宜在某些情況下會傳回值，在另一些情況下又不傳回值。

雖然 Copilot 用註解生成此函式看起來很簡單，但實際上 Copilot 背後做了很多事，包括必須解讀註解的意思、把函式標頭的格式弄對、取一個具代表性的標頭名稱、弄清楚需要幾個參數，然後還必須把函式中的程式碼寫正確。

將提示詞寫在函式標頭下一行的 docstring

除了使用註解生成程式碼，還可以用 docstring，我們認為 docstring 能讓 Copilot 更準確地生成程式碼，因此本書後續大部分提示詞都會寫進 docstring 來產生函式。

編註：為什麼要寫 docstring？

Python 語言中的 docstring（document string，文件字串）會由函式標頭的下一行開始，用來說明此函式的功能和使用方式（會包括對函式的描述，參數與傳回值的意義與資料型別），這對於理解與維護函式非常重要，同時也能供其它工具讀取後生成如 HTML、pdf 之類的文件。docstring 的前後會用三個單引號（'''）或三個雙引號（"""）括起來。

在下面這個例子中，由我們自行輸入函式標頭，確保是我們想要的函式名稱、參數的數量與名稱。然後將 docstring 寫在函式標頭的下一行開始，讓 Copilot 編寫 larger 函式。看起來會是這樣：

```
def larger(num1, num2):
    """
    num1 and num2 are two numbers.

    Return the larger of the two numbers.
    """
    if num1 > num2:
        return num1
    else:
        return num2
```

函式的 docstring 描述，要退 4 格

在這個例子中，我們只寫了函式標頭以及 docstring，Copilot 就自動生成建議的斜體灰色程式碼，按下 Tab 鍵接受，就會是上面看到的結果，有時還會自動加上程式碼註解。

3.1.2　使用函式

有了函式之後該如何使用呢？要使用一個函式就是**呼叫**（call）它，也稱為**調用**。呼叫函式需指定參數值去執行這個函式，這些參數值也稱為**引數**（arguments）。

編註： 參數(parameters)與引數(arguments)可能有些人會弄混，參數是寫在函式定義中，而引數是參數的值。例如 larger(num1, num2) 的 num1 與 num2 是兩個參數，而當呼叫 larger 函式時，例如 larger(2, 5) 中的 2 與 5 就是實際的參數值，也稱為引數。

Python 中的每個值都有其特定的**資料型別 (type)**，或稱為**資料類型**。因此我們必須小心地為函式提供正確型別的值。假設一個函式應該接受兩個數字作為引數，但我們呼叫該函式時傳入的卻不是數字，那麼該函式就無法如預期般運作。

除了要傳入符合資料型別的引數給函式之外，若函式有傳回值，我們也需要將傳回值留住，以供後面的程式碼使用。因此需要指定一個**變數 (variable)** 承接傳回值。

此處注意！當在 Python 中建立一個變數並賦予它一個值時，實際上是在記憶體中建立了一個位置來存放這個值，而變數則是引用(reference)這個記憶體位置上的值。因此，可以說 Python 變數實際上是對記憶體中值的引用，而不是直接儲存值的本身。

接著，要求 Copilot 生成呼叫 larger 函式的程式碼，指定傳入的引數為 3 與 5，並將傳回值指定給一個 result 變數，然後輸出在螢幕：

```
# call the larger function with the values 3 and 5
# store the result in a variable called result
# then print result
result = larger(3, 5)
print(result)
```

將 3、5 作為 larger 函數的引數

Copilot 生成的第一行程式碼是正確的，按 Tab 鍵接受（再按一次 Tab 鍵有可能還會產生此行的註解），然後按 Enter 鍵換行，又會生成第二行程式碼，再按 Tab 鍵接受即可。

這兩行程式碼正確地呼叫了 larger 函式，而且會將函式的參數位置放了兩個要比大小的引數。當函式運算完成，return 的傳回值也指定給 result 變數。然後在第二行用 print 函式將 result 變數值輸出在 TERMINAL 面板。

呼叫函式的一般格式是：

```
function_name(argument1, argument2, argument3,... )
```

所以，當在程式中看到一個名稱後面直接跟著括號時，就表示在呼叫一個函式，後面會跟著幾個引數。例如前一段程式：

```
larger(3, 5)
```

瞭解呼叫函式的方法很重要，特別是在測試函式以查看其是否正常運作時。而且函式寫好之後，只有在被呼叫時才會執行。

3.2 函式的好處

前面曾提過，函式在進行問題分解方面至關重要。除了問題分解之外，使用函式還有許多其它的好處，包括：

- **認知負荷管理：**您或許聽過「認知負荷（Cognitive load）」這個概念。它指的是在任何特定時刻，大腦能夠有效處理的訊息量。舉例來說，如果要求您記住隨機的 4 個單字並複誦之，這是可行的。但如果是 20 個單字，大多數人會因為訊息量過大而無法做到。程式設計師也面臨類似的挑戰。若他們嘗試同時處理過多任務，或在一段程式碼中解決過於複雜的問題，可能就難以準確完成。函式的設計正是為了幫助程式設計師避免一次承擔過多的工作負荷。

- **避免重複的工作：**程式設計師（一般人也適用）通常對於重複解決同一問題感到厭煩。如果我寫好了一個能正確計算圓面積的函式，那就無需再次編寫。也就是說，如果程式中有兩個部分需要計算圓面積，那只要寫出一個計算圓面積的函式就夠了，然後在需要用到之處呼叫該函式即可。

- **提升測試效率：**與單一任務的程式碼相比，測試同時處理多重任務的程式碼要困難得多。程式設計師會運用多種測試方法，其中一項技術就是**單元測試**（unit testing）。每一個函式都會接受特定的輸入並產生相對應的輸出。

  舉例來說，一個計算圓面積的函式會以圓的半徑作為輸入，並輸出其面積。單元測試會對函式提供特定輸入，然後將得到的結果與預期結果進行比對。對於圓面積函式，我們可能會透過提供不同大小的輸入值（例如，一些較小的正數、較大的正數，以及 0）來進行測試，並將函式的輸出與已知的正確值進行比較。如果函式的輸出與預期相符，我們對程式碼的正確性就有更高的信心。如果程式碼出現錯誤，我們只需檢查較少的程式碼即可找出問題並修正之。但是，如果一個函式承擔了多重任務，則會顯著增加測試過程的複雜度，因為需要分別測試每一項任務及其相互作用。

- **提升程式碼的可靠性：**身為有經驗的軟體工程師，我們深知寫程式的過程中難免出現錯誤。我們也清楚，即使是 AI 助理如 Copilot，同樣存在出錯的可能。想像一下，如果您是一位優秀的程式設計師，程式碼的正確率高達 95%，那要寫多少行程式碼才會出現第一個錯誤呢？答案竟然是 14 行。

  透過將每個任務保持在簡單且具體的範圍內，例如在 12 ～ 20 行程式碼內解決一個小任務，就能減少出錯的可能性。再結合前面的測試方法，就能對程式碼的正確性更有信心。此外，程式碼中存在多個相互影響的錯誤是最糟糕的情況。隨著程式碼行數的增加，出現多重錯誤的可能性也隨之提高，我們都曾經因此而需要長時間除錯，這種經驗促使我們頻繁測試較短的程式碼，以提高整體的品質和可靠性。

- **提高程式碼可讀性：**我們在本書主要使用 Copilot 從頭開始編寫程式碼，但這並不是使用 Copilot 的唯一方式。如果您有一個大型的項目，您與同事們都參與其中，可能 Copilot 也加進來幫忙。無論程式碼是由人類編寫或由 Copilot 生成的，都需要確保對每個人都具有可讀性且易於理解，如此才容易找到錯誤所在，當需要增加新功能時也知道要修改哪些部分。將複雜任務分解為小函式，有助於我們清晰理解程式碼的每個部分如何運作，從而對整體協同工作有更深入的洞見，這種做法也有助於分配工作量和確保程式碼的準確性。

函式的廣泛應用對程式設計師帶來了巨大的好處。您可能會問：「這些好處對人類很重要，但它們如何影響 Copilot？」可以這樣說，我們認為適用於人類的所有原則也同樣適用於 Copilot，儘管原因有所不同。例如，Copilot 不會像人類那樣經歷認知負擔，但它在處理人類已解決的複雜任務時能表現出色，因為它依賴於學習和模仿人類程式設計師的解決方案和模式。

此外，鑒於人類程式設計師經常使用函式來簡化和解決複雜的任務，Copilot 也會效仿這種做法，透過函式來處理任務。維持程式碼的可讀性、易測試性和高效性，對於人類和 Copilot 產生的程式碼同等重要，因為兩者在程式碼的產生和維護過程中都面臨類似的挑戰，並需要採取相似的解決策略來克服這些挑戰。

3.3 呼叫函式的執行順序與函式的不同角色

在程式設計中，函式扮演著許多不同的角色。宏觀來看，程式本質上是一個（通常會）呼叫其它函式的函式。關鍵的是所有程式都是從單一函式啟動，在像 Java、C 和 C++ 這類程式語言中，這個啟動函式叫做 main 函式，但在 Python 中沒有一個稱為 main 的啟動函式，而是將所有函式以外的第一行程式碼視為 main 函式的開頭。

3.3.1 瞭解呼叫函式的執行順序

main 函式會呼叫其它函式，而有的函式又再呼叫別的函式，形成一連串的函式呼叫。儘管在每個函式內的程式碼通常會依序執行，但程式的執行流程可能從 main 開始，接著轉移到其它函式，依此方式進行。這樣的執行方式使我們能夠將複雜問題，分解為更易管理的函式。

在此舉個例子，用來簡單展示函式呼叫是如何運作的：

Listing 3.1　展示 Python 如何處理函式呼叫

```
def funct1():
    print("there")
    funct2()
    print("friend")
    funct3()
    print("")

def funct2():
    print("my")

def funct3():
    print(".")
```

```
def funct4():
    print("well")

print("Hi")     ←── Python 的 main 由此開始
funct1()            (不在任何函式內)
print("I'm")
funct4()
funct3()
print("")
print("Bye.")
```

在我們執行這個程式後，輸出如下所示（稍後說明）：

```
Hi
there
my
friend
.
I'm
well
.
Bye.
```

在下頁的圖 3.2 中，呈現 Listing 3.1 程式碼執行的流程示意圖。我們刻意設計了一個包含許多函式呼叫的例子，以串聯剛剛學到的內容。在此強調，這不是實用的程式碼，只是用於學習函式呼叫的目的。讓我們一起追蹤程式碼的執行過程。參考圖 3.2 可能比 Listing 3.1 更容易，但兩者都適用。

此程式從不在任何函式內的第一行程式碼，即 print("Hi") 開始執行。雖然 Python 本身沒有 main 函式，但為了幫助說明，我們將寫在所有函式之外的程式碼區塊稱為 main。

程式碼會依照先後順序執行，除非叫它轉移到其它地方去執行。因此，在執行 print("Hi") 之後，它將接著執行下一行程式碼，也就是呼叫 funct1 函式。這會讓程式碼執行的位置，轉移到 funct1 函式的開始處，

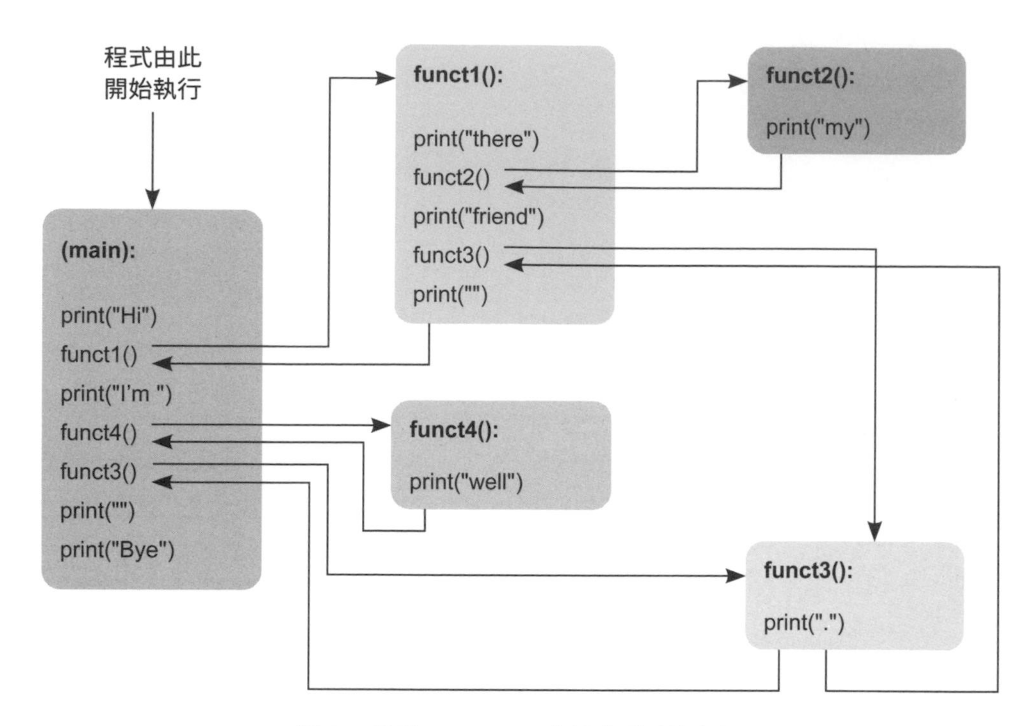

圖 3.2 呈現 Listing 3.1 中函式呼叫的流程

也就是 print("there")。輸出後回到 funct1 的下一行，接著呼叫 funct2 函式，所以程式開始執行 funct2 的第一行，也就是 print("my")。當 funct2 執行後會自動將執行權移回呼叫者 funct1，再繼續執行 funct2 之後的下一行，也就是 print("friend")。接著再呼叫 funct3 函式輸出一個句點 print(".")，然後回到呼叫者 funct1，再執行下一行的 print("")，輸出一個空字串並換行。

現在 funct1 執行完了，就將執行權轉回被呼叫後的下一行，也就是 main 中的 print("I'm")。然後呼叫 funct4，接著在 funct4 中執行 print("well")，然後執行權回到 main。再繼續執行下一行程式碼呼叫 funct3。請記得，函式可以被重複呼叫。

經過這番解說，您應該很清楚從 main 呼叫函式，以及從函式呼叫另一個函式的執行順序了。

3.3.2　函式的其它角色

我們同樣利用這個例子來討論函式有哪些角色。

輔助函式（helper functions）是用來輔助其它函式運作所需的函式。從某種意義上來說，任何不是 main 的函式都可以被視為輔助函式。輔助函式通常會被設計成執行一個特定、較小的任務，其目的是便於重複使用，而且能讓上層函式更簡潔。

有一類函式的角色主要是串聯和調度其它函式的執行，本身不執行獨立的任務，稱之為**協調型函式**（coordinating functions）。這種函式並沒有出現在 Listing 3.1。我們在此舉個例子：

```
def funct1():
    funct2()
    funct3()
    funct4()
```

這個 funct1 函式就是屬於協調型函式，負責串聯與調度另外三個函式的執行，但本身並沒有自己的任務要執行。

還有另外一種本身獨力執行的函式，不會去呼叫其它函式，我們將這種角色的函式稱為**葉子函式**（leaf functions）。為何稱為葉子呢？如果將整個函式呼叫體系想像成一棵茂盛的大樹，這些葉子函式就如同樹葉一般，已經是最尾端了，不會再延伸出其它分支。在 Listing 3.1 的例子中，funct2、funct3 和 funct4 就是屬於葉子函式的例子。

本章我們將重點放在葉子函式，到了後續章節中，就會了解更多其它類型函式的應用。

3.4 函式的合理任務

什麼叫做寫得好的函式，並沒有明確的規則定義，不過經由時間與經驗的累積，還是能夠判別出來，在此分享一些我們的直覺判斷與建議。接下來會提供一些好的和不好的例子來幫助您建立這種直覺。然後，在 3.6 節會示範如何寫出好函式的例子。

3.4.1 好函式的特色

為了瞭解什麼樣的函式是好函式，以下提供一些指引：

- **明確的任務：**以葉子函式來說，其任務可能是像「計算球體的體積」、「在一串數字中找出最大值」或「檢查字串中是否包含某特定字母」等。非葉子函式可以實現更廣泛的目的，例如「更新遊戲圖像」或「收集並清理用戶的輸入」，同樣要有一個具體且明確的目標，只是在設計非葉子函式時會考慮呼叫其它函式來幫忙。
- **明確定義的行為：**「在數字串列中找出最大數字」的任務定義得很清楚，相信都知道該怎麼做。但如果是「在字串串列中找到最佳單字」的任務，就定義得很不明確，因為還需要更多的資訊才能判斷，例如：什麼是「最佳」？是英文字母數最多的？母音字母數最少的？

  所有主觀性的任務都不適合電腦，所以要明確定義函式的行為，例如可以寫一個「在串列中找出字母數最多的單字」的函式。程式設計師通常會將函式的細節寫在 docstring 中，以說明其定義與行為。如果您發現自己必須寫很多東西才足夠描述函式的行為，那麼顯然這個函式就過於複雜了。
- **程式碼行數簡短：**多年以來，我們看過許多公司的程式風格規範，一般是建議 Python 每個函式的程式碼長度從 12 到 20 行不等，這也被視為最理想的行數上限。這種規範是將行數作為衡量程式碼複雜度的間接標準，而這確實是一個實用的基本準則。作為程式設計師，我們也採用類似的標準來控制自己的程式碼，維持其複雜度在可控範圍內。

當使用 Copilot 時，我們也將此準則作為參考。舉例來說，如果您向 Copilot 提出生成函式的要求，而它給出 50 行程式碼，這通常意味定義的函式名稱或任務並不適合，而且太多行的程式碼，也代表出錯的可能性很高。

- **通用價值高於專用功能：**舉例來說，如果一個函式的功能僅限於計算串列中有幾個數字大於 1，這或許能滿足某個特定需求，然而如果我們將其修改為可以計算串列中有幾個數字大於指定數字時（例如函式的定義加上參數，則當呼叫此函式時可以傳入 1、2、3… 等各種引數），則此函式的功能就更具有通用價值。
- **明確的輸入與輸出：**一般來說，定義函式應避免過多的參數，要盡量尋找方法來最小化參數數量。例如要傳入 100 個數值給函式，就需要定義 100 個參數，但如果將這 100 個數值放入一個串列，那就只需要定義一個參數即可。

  在輸出時，函式只能傳回一個結果，看起來似乎很受限，但如果傳回的結果是個串列，那就可以包括很多值了。或者，您發現自己寫的函式有時需要傳回一個串列，有時又只需要傳回單一值，甚至有時又不需要傳回值，顯然其輸出並不明確，就不會是個好的設計。

3.4.2 好與不好的葉子函式例子

以下列出一些葉子函式的好例子，您可與 3.4.1 小節的內容做個對照：

- 計算球體的體積：給定球體的半徑，傳回其體積。
- 在串列中找到最大數字：給定一個串列，傳回最大的值。

- 檢查串列是否包含特定值：給定一個串列和一個值，如果串列包含該值則傳回 True，如果不包含則傳回 False。
- 輸出跳棋遊戲的狀態：給定一個代表遊戲棋盤的二維串列，將遊戲棋盤以文字形式輸出到螢幕。
- 在串列中插入一個值：給定一個串列、一個新值和放在串列中的位置，傳回一個新串列，該串列已在指定位置插入新值。

再來是一些不好的葉子函式例子，以及我們認為不好的原因：

- **取得報稅人的稅務資訊並傳回他們今年應繳的稅額：**考慮到稅收規則的複雜性，我們認為這個任務不應該全部寫在一個函式中，而應該分解更細節的部分，另外再撰寫出葉子函式。
- **找出串列中的最大值並移除之：**這看起來好像很單純，但它實際上在做兩件事。第一件是找出串列中的最大值，第二件是從串列中移除一個值。我們建議分成兩個葉子函式，一個用來找出最大值，另一個用來從串列中移除該值。如果您的程式經常需要執行這項任務，也可以用一個協調式函式將這兩個葉子函式串聯起來。

  例如：

```
def find_max_value(lst):
    return max(lst)

def remove_value(lst, value):
    lst.remove(value)

def find_and_remove_max(lst):
    max_value = find_max_value(lst)
    remove_value(lst, max_value)
```

- **取得傳球超過 4000 碼的四分衛名單：**這樣的要求過於特定。顯然 4000 這個數字應該作為函式的一個參數比較有彈性。但比較好的方法是設計出功能更全面的函式，包括以球員位置（比如四分衛或跑鋒）、統計資料（如傳球碼數、比賽場數）以及我們關注的閾值（例如 4000 或 8000）作為輸入參數。這樣的函式就不會局限於找出傳球超過 4000 碼的四分衛，同一個函式還可以查找超過 12 次衝刺觸地得分的跑鋒，其應用範圍更廣。

- **確定史上最佳電影：**這個功能描述過於籠統。究竟以何種標準來界定最佳？一個比較實際的作法是：根據某電影資料庫（例如 IMDB）一定數量的用戶評分，來挑出評分最高的電影。此函式會要求輸入最少要有幾個用戶評分，並在滿足此條件下評分最高的那部電影。

3.5 使用 Copilot 的函式設計循環

利用 Copilot 設計函式是一個精確且可循環的流程（見下頁圖 3.3）：

Step 1：定義函式的期望行為：清楚界定函式的目的和功能，包括了解函式的預期輸入和輸出。

Step 2：描述函式的提示詞越明確越好：可幫助 Copilot 更準確地理解需求，並生成相應的程式碼。

Step 3：讓 Copilot 生成程式碼：提交提示詞之後，讓 Copilot 根據這些訊息自動撰寫程式碼。

Step 4：閱讀並評估程式碼：檢視 Copilot 提供的程式碼，確認它是否看起來合乎邏輯。

Step 5：測試程式碼以驗證其正確性：

a. 若經多次測試正確無誤，則可進行下一階段的開發工作。

b. 若程式碼存在問題，則回到 **Step 2**，重新撰寫或調整提示詞，再次由 Copilot 生成程式碼。

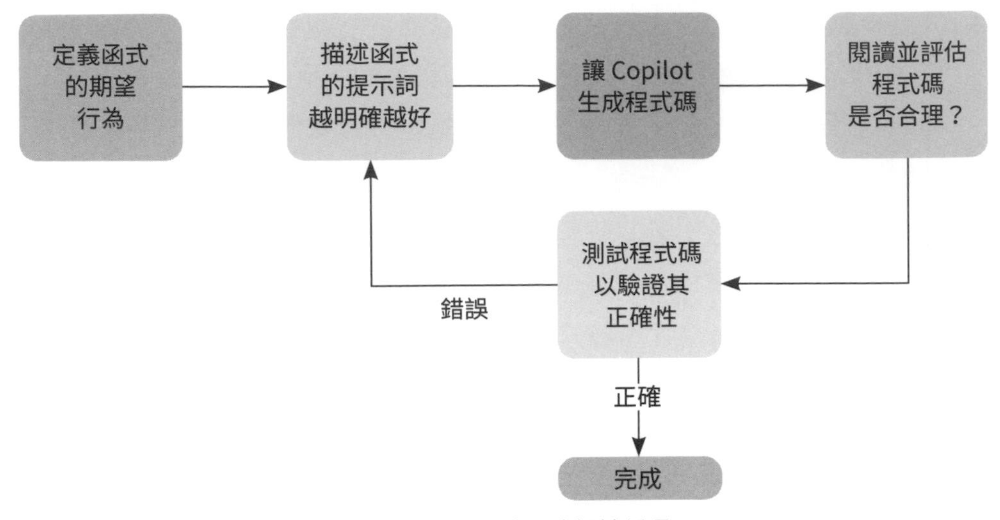

圖 3.3 Copilot 的函式設計循環

雖然 Step 4 要到下一章才會學習，不過您應該已經具備認出明顯錯誤的基本能力了。例如，Copilot 可能只給您一些註解填充函式的主體，而缺少可執行的程式碼。或者只回答一行「return -1」或是「Your code here」要您自己發揮，這些都是明顯的錯誤。

而在下一章，我們將討論如何閱讀程式碼，幫助您更快發現複雜程式碼的錯誤，更重要的是找出問題所在並修正之。在後面的章節中，我們將繼續擴展這個循環，包括有效的除錯練習，並持續改進撰寫提示詞的能力。

3.6 使用 Copilot 建立函式的例子

本節會完全使用 Copilot 編寫一些函式做為練習，目的是讓您體驗第 3.5 節的函式設計循環。雖然本章的重點不是教會您如何閱讀程式碼，但仍會介紹一些在程式中極為常見的基本結構，例如流程控制（loops）與條件判斷（if 語句）等，在遇到時會特別指出來。

示範的幾個函式彼此間沒有依存關係，都是單獨的函式。例如，會有處理股票價格的函式，也有處理密碼的函式。我們通常不會將不相干的函式寫在同一個程式中，不過這裡只是用 Copilot 做練習，因此沒什麼關係。您可將這個 Python 程式檔命名為 function_practice.py。

3.6.1　計算股票獲利的函式

丹尼是一位股票投資者，他以每股 15 美元的價格買入 AAAPL 企業 10 股。現在每股漲到 17 美元，他想知道現在出清能賺多少錢。

記住！我們希望函式盡可能通用。如果此函式唯一做的事情就只能計算 AAAPL 從 15 元漲到 17 元的情況，那就太不具通用性了。因為 AAAPL 的股價會持續變動，而且丹尼也不會永遠只對 AAAPL 感興趣。

撰寫函式標頭

要將此函式寫得具有通用性，需要有三個參數，而且這三個參數都是數字：第一個參數是購買的股數（shares）、第二個是買進時的股價（purchase_share_price）、第三個是當前的股價（current_share_price）。在取函式名稱時，一般會描述此函式要做什麼事，於是取名為 money_made，它將計算丹尼在股票上賺或虧了多少錢。接下來就是撰寫函式標頭：

```
def money_made(num_shares, purchase_share_price, current_share_
price):
```

撰寫函式的 docstring

有了函式標頭之後，我們想要讓 Copilot 生成程式碼，就在函式標頭的下一行開始寫 docstring，並在此說明函式的用途，以及每個參數的意義與資料型別。以下就是我們寫給 Copilot 的函式標頭與 docstring 提示詞：

```
def money_made(num_shares, purchase_share_price, current_share_
price):
    """
    num_shares is the number of shares of a stock that we
purchased.
    purchase_share_price is the price of each of those shares.
    current_share_price is the current share price.

    Return the amount of money we have earned on the stock.
    """
```

編註：請注意！Python 的程式碼有層級關係時，程式碼的起頭位置要比上一個層級縮排 4 個空格(直接按 Tab 鍵也可以縮排四格)。以此例來說，函式標頭下的 docstring 是屬於函式標頭的下一個層級，要縮排 4 格，否則 Copilot 利用此 docstring 生成程式碼時的位置會與函式標頭齊頭，這會造成程式錯誤。在 VS Code 中，如果該縮排處沒有縮排，也會被紅色波浪線標註出來提醒有錯。

讓 Copilot 生成程式碼

在輸入完 docstring 之後，按 Enter 鍵跳到下一行，就會出現 Copilot 建議的程式碼，按 Tab 鍵接受之。您會發現生成的程式碼就會對齊 docstring 的開頭位置（比函式標頭縮排 4 格）：

```
return num_shares * (current_share_price - purchase_share_price)
```

在上面的程式碼中，括號內是用當前股價減去買進時股價計算差額，然後乘以購買的股數，最後用 return 將結果傳回，看起來是合理的程式碼。閱讀程式碼的合理性很有必要（下一章詳述），另一項必要的技能就是測試函式。

在 TERMINAL 面板測試函式

為了對函式進行測試，我們一般會使用多種輸入值來呼叫此函式，並觀察不同輸入下的輸出結果。我們可以用 3.1.2 小節呼叫 larger 函式的方法，直接將呼叫 money_made 函式的程式碼寫在該函式的下面，並傳入幾組不同的引數，然後執行看看結果並重複幾遍，等測試完成後再將測試用的程式碼刪除。

不過，這裡要介紹一個比較簡便且更有效率的測試方法，也就是在 VS Code 下方的 TERMINAL 面板中以互動的方式直接測試函式，而不弄亂編輯區的程式碼。

要嘗試這種互動方法，請用滑鼠選取要測試的整個函式程式碼（會反白），然後按 Shift + Enter 鍵（或者在反白處按滑鼠右鍵，執行「Run Python / Run Selection / Line in Python Terminal」命令），此函式就會出現在下方 TERMINAL 面板中，如圖 3.4：

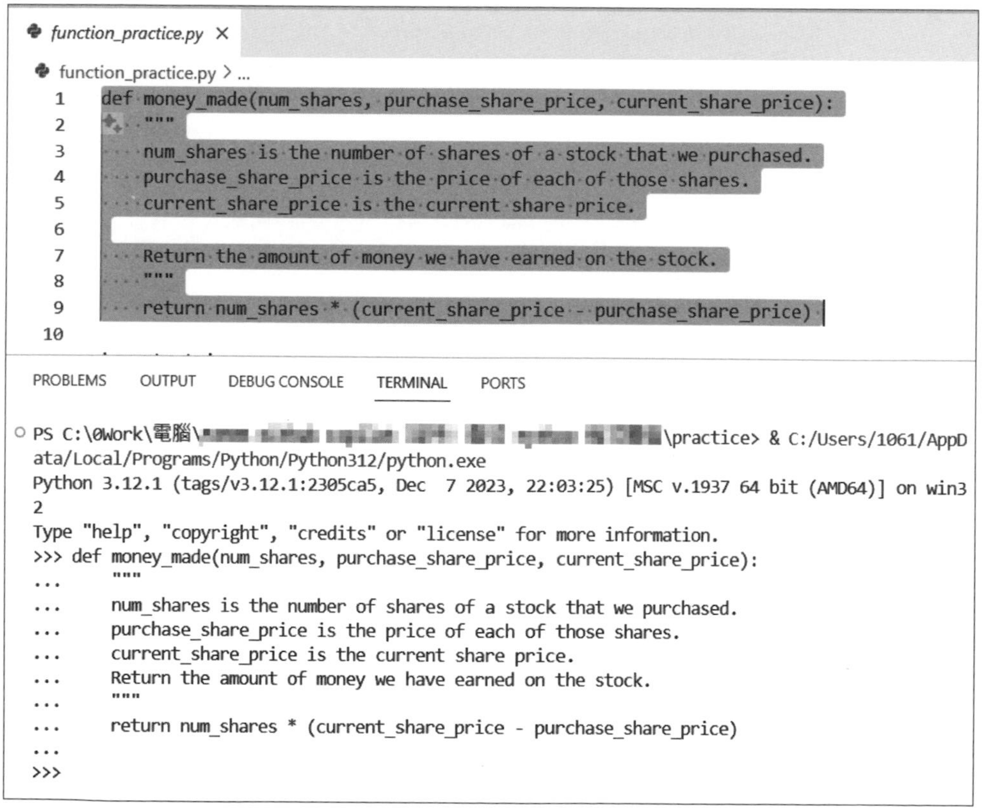

```
function_practice.py ×
function_practice.py > ...
 1  def money_made(num_shares, purchase_share_price, current_share_price):
 2      """
 3      num_shares is the number of shares of a stock that we purchased.
 4      purchase_share_price is the price of each of those shares.
 5      current_share_price is the current share price.
 6
 7      Return the amount of money we have earned on the stock.
 8      """
 9      return num_shares * (current_share_price - purchase_share_price)
10
```

```
PROBLEMS   OUTPUT   DEBUG CONSOLE   TERMINAL   PORTS

PS C:\0Work\電腦\...\practice> & C:/Users/1061/AppData/Local/Programs/Python/Python312/python.exe
Python 3.12.1 (tags/v3.12.1:2305ca5, Dec  7 2023, 22:03:25) [MSC v.1937 64 bit (AMD64)] on win32
Type "help", "copyright", "credits" or "license" for more information.
>>> def money_made(num_shares, purchase_share_price, current_share_price):
...     """
...     num_shares is the number of shares of a stock that we purchased.
...     purchase_share_price is the price of each of those shares.
...     current_share_price is the current share price.
...     Return the amount of money we have earned on the stock.
...     """
...     return num_shares * (current_share_price - purchase_share_price)
...
>>>
```

圖 3.4 在 VS Code 的 TERMINAL 面板中可進行互動

在 TERMIAL 面板最下方會看到三個大於符號「>>>」，這是 Python 的提示符號，您可在此處輸入 Python 程式碼，可立即看到結果。請注意！這個提示符號是自動產生的，不是由我們輸入。

要呼叫 money_made 函式，我們需要提供三個參數的值，依序是 num_shares、purchase_share_price 與 current_share_price。讓我們來嘗試一下！請在提示符號後面輸入 money_made(10,15,17)，然後按 Enter 鍵，就會出現函式執行結果，如圖 3.5：

```
PROBLEMS    OUTPUT    DEBUG CONSOLE    TERMINAL

Type "help", "copyright", "credits" or "license" for more information.
>>> def money_made(num_shares, purchase_share_price, current_share_price):
...     """
...     num_shares is the number of shares of a stock that we purchased.
...     purchase_share_price is the price of each of those shares.
...     current_share_price is the current share price.
...     Return the amount of money we have earned on the stock.
...     """
...     return num_shares * (current_share_price - purchase_share_price)
...
>>> money_made(10, 15, 17)
20
>>> 
```

圖 3.5 在 TERMINAL 面板呼叫 money_made 函式

由上圖可看出，我們不需要改動編輯區的程式碼，就可以直接測試函式：

```
>>> money_made(10, 15, 17)
20     ←── 這就是執行的結果
```

這個輸出 20 是正確的嗎？我們驗算一下：買了 10 股，每股上漲 2 美元（從 15 美元上漲到 17 美元），所以確實是賺了 20 美元。看起來不錯！不過，只測試一次還不夠，為免只是碰巧正確而已，最好要用各種數值測試它。測試的例子越多，我們對函式的正確性就會越有信心。

假設股價從 17 美元跌到 15 美元，我們預期會得到負值，以下來試試（同樣在提示符號後面輸入）：

```
>>> money_made(10, 17, 15)
-20
```

那如果股價持平呢？我們預期獲利為 0，來驗證一下：

```
>>> money_made(10, 15, 15)
0
```

看起來不錯！

測試是科學與藝術的結合。有多少不同的類型需要測試？問問自己，剛才的三個測試是屬於不同類型的測試嗎？或者其實是同一種類型測了三遍？有沒有遺漏任何其它類型的測試？透過各種練習就可以提高測試能力，這我們留待第 6 章再談，至少就目前為止，money_made 函式看起來可以正常運作。

Copilot 可能產生另一種程式碼寫法

有時候 Copilot 生成的程式碼會將計算過程拆開成好幾行，例如下面這樣的寫法：

```
price_difference = current_share_price - purchase_share_price
return num_shares * price_difference
```

這一段程式碼有兩行，第一行先將當前股價減去購買時的股價，並將股價差額指定給 price_difference 變數。第二行將購買的股數乘以股價差額，算出賺賠的金額後再傳回。

這種寫法與全部寫成一行的結果完全相同，但初學者可能更容易理解。我們鼓勵您也測試一下這個版本的 money_made 函式，以幫助您確信它也是正確的。

3.6.2 檢查強密碼的函式

李歐準備申請 ProgrammerBook 社交網站（虛構）的帳號，他想要設定一個安全性高的強密碼，因此想先寫一個檢查函式試試看。他對強密碼的定義很簡單：只要不是「password」和「qwerty」這種常見的弱密碼就可以（這兩個例子顯然很糟糕，實際上需要更嚴謹的標準來確保密碼夠強！）。

因此，這個函式的功能就是檢查一個指定的密碼，而且這個密碼不是數字，而是文字，表示函式的參數會是個**字串（string）**。然後判斷輸入的字串是否符合強密碼的定義，因此傳回值只有 True 或 False 兩種可能。

在 Python 裡，用來表示文字的資料型別稱為**字串（string）**。字串可以是任何字元的組合，可以用來存放文字內容。此外，用來表示 True 或 False 結果的 Python 資料型別稱為**布林值（boolean 或 bool）**。

撰寫函式標頭與 docstring

對於傳回布林值（True / False）的函式，我通常會將函式命名為 has_xxx、is_xxx，或使用一些其它暗示真假結果的詞。例如我們將這個判斷密碼是否為強密碼的函式命名為 is_strong_password，並將其用途與參數性質寫在 docstring，如下所示：

```
def is_strong_password(password):
    """
    A strong password is not the word 'password'
    and is not the word 'qwerty'.

    Return True if the password is a strong password, False if not.
    """
```

按下 Enter 鍵，Copilot 就會建議以下內容（編註：也可能出現用 if 條件判斷的多行程式碼）：

```
return password != 'password' and password != 'qwerty'
```

我們花點時間來看看這段程式碼。其中「!=」算符是不等於的意思，表示參數 password 的值（就是引數）不等於後面用單引號括起來的字串，即 'password'。請記住！當程式中出現字串時，要用引號將字串括起來。且（and）參數 password 的值也不等於 'qwerty'。這與我們在 docstring 中對強密碼的定義相符。

在 TERMINAL 面板測試函式

現在我們就來測試看看此函式是否有效吧。請用滑鼠反白這整個函式，按 Shift + Enter 鍵讓函式出現在 TERMINAL 面板中，然後在提示符號「>>>」後面進行測試：

```
>>> is_strong_password('password')
False

>>> is_strong_password('qwerty')
False
```

以上兩個輸入的參數值（引數）顯然都被判斷為不是強密碼。現在，我們嘗試另一個不是 'password' 也不是 'querty' 的字串，可以預期結果會是 True：

```
>>> is_strong_password('N3w Y0rk J375')
True
```

很好！此函式確實可以判斷出非強密碼（'password' 與 'querty'）並傳回 False，以及強密碼並傳回 True。

讓我們再試一個：

```
>>> is_strong_password('Leo')
True
```

從技術上來說，上例傳回 True 雖然正確，但 'Leo' 也確實是一個很糟糕的密碼呀，看來應該對強密碼的定義調整一下。讓我們修改提示詞，給出一個比較合理的強密碼定義：「最少要有一個大寫字母、至少一個數字、至少一個特殊符號」。我們將要求寫在 docstring 中，下面是 Copilot 給予的建議：

```
def is_strong_password(password):
    """
    A strong password has at least one uppercase character,
    at least one number, and at least one special symbol.
    Return True if the password is a strong password, False if not.
    """
    return any(char.isupper() for char in password) and \
        any(char.isdigit() for char in password) and \
        any(not char.isalnum() for char in password)
```

從 Copilot 建議的程式碼中，出現多次「for char in password」，這是利用 Python 的內建函式，檢查傳入的 password 參數值是否包含大寫字母（isupper 函式），是否包含數字（isdigit 函式）以及是否包含特殊字元（isalnum 函式）。為了達到查驗的目的，它用到了**迴圈（loops）**的觀念，這是第 5 章要學習的主題。

當然，您從 Copilot 獲得的程式碼可能與此處不同，但功能會是一樣的。現在讓我們來測試這個函式，請在 TERMINAL 面板中如下輸入：

```
>>> is_strong_password('Leo')
False

>>> is_strong_password('N3w Y0rk J37$')
True

>>> is_strong_password('N3w Y0rk J375')
True
```

前兩個測試看起來正確，但第三個測試的字串中並未包括特殊符號，卻傳回 True。即使 'N3w Y0rk J375' 看起來像是個強密碼，但並不符合我們的預期，顯然 Copilot 建議的程式碼有錯。

Copilot 給出錯誤程式碼的解決方法

也許您得到的程式碼能夠通過測試，但我們這次沒有這麼幸運，為什麼會出錯呢？可能是因為我們並未明確指出所謂的特殊符號包括哪些，因此它將輸入字串中的空格也當成特殊符號了。

既然遇到了問題，就要面對它！我們有幾種解決方法：

1. **察看 Github Copilot 的其它建議：**先將錯誤的程式碼刪掉，回到 docstring，按下 Ctrl + Enter 鍵開啟視窗右側的 GitHub Copilot 建議窗格，查看 Copilot 的其它建議。其中確實有可用的選擇：

```
num_upper = 0          ◀── 累計大寫字母有幾個的變數
num_num = 0            ◀── 累計數字有幾個的變數
num_special = 0        ◀── 累計特殊字元有幾個的變數
for char in password:
    if char.isupper():
        num_upper += 1
    elif char.isnumeric():
        num_num += 1
    elif char in '!@#$%^&*':  ◀── 指定特殊符號有哪些
        num_special += 1
if num_upper >= 1 and num_num >= 1 and num_special >= 1:
    return True
else:
    return False
```

2. **修改提示詞：**因為提示詞會影響 Copilot 給我們的內容。既然在 docstring 提到特殊符號（special symbol），那就得描述得更具體。在程式語言中的特殊符號應該稱為 punctuation，而不是 special

symbol。因此密碼中至少要包含一個 punctuation，那麼 Copilot 就會生成檢查特殊符號的程式碼。編註：特殊符號包括「!"#$%&'()*+,-./:;<=>?@[\]^_`{|}~」這些字元。

```
def is_strong_password(password):
    """
    A strong password has at least one uppercase character,
    at least one number, and at least one punctuation.

    Return True if the password is a strong password, False if not.
    """
    return any(char.isupper() for char in password) and \
        any(char.isdigit() for char in password) and \
        any(char in string.punctuation for char in password)
```

看起來不錯！最後一行程式碼也包括檢查特殊符號（string.punctuation），讓我們在 TERMINAL 面板中進行測試：

```
>>> is_strong_password('Leo')
False

>>> is_strong_password('N3w Y0rk J375')
Traceback (most recent call last):
  File "<stdin>", line 1, in <module>
  File "<stdin>", line 9, in is_strong_password
  File "<stdin>", line 9, in <genexpr>
NameError: name 'string' is not defined. Did you forget to import
'string'?
```

出現錯誤訊息了！最後一行告訴我們 'string' 沒有被定義。原因是 Copilot 在生成的程式中用到了 string 模組的 punctuation 屬性（即 string.punctuation），但程式中卻漏掉了載入（import）此模組的程式碼。

請注意！此處的情況與 2.6.4 小節安裝 matplotlib 模組的情況不一樣，2.6.4 小節的 matplotlib 模組需要額外安裝後再用「import matplotlib」的方式載入程式中，而此處的 string 模組是 Python 預設已安裝的模組，只需要在程式碼開頭加上「import string」就行了。

載入模組（import module）的時機

在 Python 環境中已預設安裝了許多有用的模組。您可能會想，既然已經安裝了，為什麼不能直接用，還需要載入之後才能用呢？那是因為每個模組被啟用時會被載入記憶體，如果您的程式根本沒用到那些模組，就是平白耗費系統資源，因此 Python 預設只會自動載入基本的模組，其它模組需要時再由程式開發者載入即可。而且通常會將載入的模組寫在程式開頭，可清楚看出本程式載入了哪些模組。

現在，我們在原本的程式碼開頭加上載入 string 模組的程式碼：

```
import string      ◄── 手動補上載入 string 模組

def is_strong_password(password):
    """
    A strong password has at least one uppercase character,
    at least one number, and at least one punctuation.

    Return True if the password is a strong password, False if not.
    """
    return any(char.isupper() for char in password) and \
    any(char.isdigit() for char in password) and \
    any(char in string.punctuation for char in password)
```

然後，重新測試這個函式：

```
>>> is_strong_password('Leo')
False

>>> is_strong_password('N3w Y0rk J375')
False

>>> is_strong_password('N3w Y0rk J375$')  ◄
True
```

只有最後一個加上特殊符號「$」的測試是 True，表示這個密碼是一個強密碼！

經由以上一連串的測試，希望您能體會到測試的重要性！有時候，學生會忽略對程式碼的測試，因為他們認為只要能執行就表示沒問題。但有趣的是，入門者與資深開發者最明顯的區別就在於：入門者傾向於認為程式碼能執行就沒有錯誤，而資深開發者則會假設程式碼有未知問題，除非通過嚴格的測試證明其正確性。

再者，我們發現學生不願意徹底測試的心態，擔心發現程式碼有錯是自找麻煩。但是，與其讓程式碼在別人面前暴露錯誤，不如早點發現改正更好。透過測試發現錯誤，實際上是對開發過程的一大幫助。

3.6.3 獲取強密碼的函式

我們在 3.6.2 小節已經得到一個判斷密碼是否夠強的 is_strong_password 函式，接下來要寫一個新的函式，它會請使用者不斷輸入密碼，直到輸入的密碼符合強密碼的要求為止。這在申請一般網站會員時經常遇到，如果您設的密碼太弱，就會請您不斷重新輸入。

撰寫函式標頭與 docstring

那麼，這種函式的定義該如何撰寫呢？首先，此函式本身並不需要輸入參數，而是在函式中請使用者輸入密碼，直到輸入的是強密碼為止，然後接受此密碼（本例是用 return 傳回）。

我們嘗試寫出函式標頭，取名為 get_strong_password，並將描述寫進 docstring：

```
def get_strong_password():
    """
    Keep asking the user for a password until it is a strong
    password, and return that strong password.
    """
```

然後，Copilot 建議了以下的程式碼：

```
password = input("Enter a strong password: ")
while not is_strong_password(password):
    password = input("Enter a strong password: ")
return password
```

我們發現，Copilot 自動呼叫 is_strong_password 函式！

這段程式碼一開始會請使用者輸入一個強密碼（這會是一個字串），並在下一行用 while 關鍵字建立一個迴圈（loop），只有在迴圈條件為 False 才會離開此迴圈，否則會一直留在此迴圈中。如果使用者輸入的不是強密碼，則請使用者繼續輸入強密碼。

假設使用者輸入的字串不符合強密碼規範，則 is_strong_password 函式會傳回 False，經過前面的 not 邏輯算符就變成 True，就會繼續留在 while 迴圈中。如果使用者輸入的字串是強密碼，則 is_strong_password 函式會傳回 True，經過前面的 not 邏輯算符就變成 False，於是離開 while 迴圈。然後在 while 迴圈的下一行用 return 將這個強密碼傳回。

如我們所見，Copilot 確實很聰明，會自動呼叫前面定義過的 is_strong_password 函式，去判斷輸入的字串是否為強密碼。也正因為 Copilot 的這種能力，我們可將函式視為一個個不同功能的積木，藉由 Copilot 的輔助而建構出大型程式。

在 TERMINAL 面板測試函式

現在讓我們測試一下這個 get_strong_password 函式。此函式中也呼叫了 is_strong_password 函式，用滑鼠將這兩個函式都選取，按 Shift + Enter 鍵就會出現在 TERMINAL 面板。然後，請在提示符號下執行此函式，並嘗試如下輸入密碼，每輸入完一次就按 Enter 鍵：

```
>>> get_strong_password()
Enter a strong password: Leo
Enter a strong password: N3w Y0rk J375
Enter a strong password: N3w Y0rk J375$
'N3w Y0rk J375$'
```

您會發現，只要輸入的字串不符合強密碼的規範，就會重複請您輸入，直到輸入符合強密碼要求的字串才會結束 while 迴圈。

3.6.4 拼字遊戲的計分函式

丹尼最喜歡的桌遊之一就是 Scrabble，這是一款經典的字母拼字遊戲。玩家會從一個共用的字母袋中隨機抽取字母牌，然後用這些字母牌在遊戲板上拼出英文單字（word）。每個字母牌都有其相應的分數，越常用到的字母其分數就越低，例如 a 只有一分，而很少用得上的字母如 q、z 就值 10 分。拼成一個單字後，就將該單字每個字母的分數加起來，例如：zap 的分數是 14，因為 z 值 10 分、a 值 1 分、p 值 3 分。

撰寫函式標頭與 docstring

丹尼想要寫一個函式，用來判斷一個單字值多少分。因此，這個函式要包含一個參數，用來接受傳入的單字。而且，我們也依照 Scrabble 遊戲的規則指定每個字母的分數。在 docstring 中必須交代 26 個小寫英文字母個別的分數，並明確指出所謂的 word（也就是函式的參數）是指由小寫英文字母組成的單字（word）：

我們將此函式取名為 num_points，下面就是函式標頭與 docstring：

```
def num_points(word):
    """
    Each letter is worth the following points:
    a, e, i, o, u, l, n, s, t, r: 1 point
    d, g: 2 points
    b, c, m, p: 3 points
    f, h, v, w, y: 4 points
    k: 5 points
    j, x: 8 points
    q, z: 10 points

    word is a word consisting of lowercase characters.
    Return the sum of points for each letter in word.
    """
```

然後，Copilot 直接給出整個函式程式碼的建議，按 Tab 鍵接受之：

```
    points = 0
    for char in word:
        if char in "aeioulnstr":
            points += 1
        elif char in "dg":
            points += 2
        elif char in "bcmp":
            points += 3
        elif char in "fhvwy":
            points += 4
        elif char == "k":
            points += 5
        elif char in "jx":
            points += 8
        elif char in "qz":
            points += 10
    return points
```

這個函式是用 for 迴圈，將傳入的單字（word 參數值）從第一個字母開始判斷其分數，接著判斷第二個字母的分數，並用 points 變數累加每個字母的分數，直到遍歷最後一個字母的分數加總完成，再將 points 變數值傳回，這就是整個單字的分數。

編註：此段程式碼與別人相同？

由於 Scrabble 計分函式已經有別人寫過並公開放在 GitHub 上，Copilot 就直接拿過來用了，因此遇到此種情況時，Copilot 會在視窗右下角顯示一個提醒窗，告訴您這段程式碼的出處。如果此程式要做商業用途，建議稍微修改一下，但本書是做練習用就沒差了。

在 TERMINAL 面板測試函式

我們來測試一下 num_points 函式，以確保程式碼有依照期望的方式執行。在測試每個例子時，請手動計算預期的答案，才會知道程式是否算對了。請選取整個 num_points 函式，按 Shift + Enter 鍵讓函式出現在 TERMINAL 面板，然後如下測試：

```
>>> num_points('zap')
14              ←— 10+1+3
```

正確，讓我們再試幾個例子：

```
>>> num_points('pack')
12              ←— 3+1+3+5
>>> 'num_points('quack')
20              ←— 10+1+1+3+5
```

經過測試可確認此函式可正確計算出單字的分數。

同樣功能的函式可以有很多種寫法，按 Ctrl + Enter 鍵可查看 Copilot 的其它建議。例如，下面這段函式內容就是 Copilot 提供的另一種建議方案：

```
    points = {'a': 1, 'e': 1, 'i': 1, 'o': 1, 'u': 1, 'l': 1,
              'n': 1, 's': 1, 't': 1, 'r': 1,
              'd': 2, 'g': 2,
              'b': 3, 'c': 3, 'm': 3, 'p': 3,
              'f': 4, 'h': 4, 'v': 4, 'w': 4, 'y': 4,
              'k': 5,
              'j': 8, 'x': 8,
              'q': 10, 'z': 10}
    return sum(points[char] for char in word)
```

請注意！此例的每個字母都單獨指定分數。這種「字母：分數」的結構稱為**字典**（dictionary）資料型別，也就是讓每個字母對應到冒號後的分數，我們在後面的章節還會用到字典資料型別。請您自行測試這個函式的正確性。

3.6.5 找出分數最高單字的函式

我們繼續 Scrabble 拼字遊戲的主題。假設現在輪到丹尼拼字，他有好幾個單字的選擇，但不確定哪個單字可以帶來最多的分數。如果有一個函式可以同時接受多個單字，並判斷哪個分數最高就太好了。

這樣的函式要有多少個參數呢？3 個夠嗎？5 個呢？如果想一次判斷 50 個單字，是不是要 50 個參數呢？我們期望這個函式要具有通用性，任意多個單字都能運作。

其訣竅就是只使用一個參數（是的，只有一個），這個參數是一個**串列**（list）。就像數字、字串和字典一樣，串列也是 Python 的一種資料型別，它允許將任意多個值收集在同一個串列名稱下。例如：

```
mylist = ['dan', 'leo', 'mic']    ◄── 3 個字串用中括號定義為串列
```

撰寫函式標頭與 docstring

為了建立這種可接受任意多個單字的函式，我們將函式取名為 best_word，指定函式的參數為 word_list 串列，並傳回串列中分數最高的那一個單字。請如下輸入函式標頭與 docstring：

```
def best_word(word_list):
    """
    word_list is a list of words.

    Return the word worth the most points.
    """
```

Copilot 如何知道每個單字值多少分呢？我們發現它會在建議程式碼中呼叫 3.6.4 小節寫好的 num_points 函式！以下就是 Copilot 建議的程式碼：

```
    best_word = ""
    best_points = 0
    for word in word_list:
        points = num_points(word)      ←— Copilot 自動呼叫前面的函式
    if points > best_points:
        best_word = word
        best_points = points
    return best_word
```

在此函式中，同樣用到 for 迴圈，先將 word_list 串列中的第一個單字取出，傳入 num_point 函式計算分數。如果此單字的分數是目前最大的，就將此單字放入 best_word 變數且分數放入 best_points 變數中。接著取出串列中的第二個單字計算分數，依此類推，直到遍歷 word_list 串列中的所有單字。最後傳回分數最高的那個單字。

在 TERMINAL 面板測試函式

在測試 best_word 函式時，要注意傳入的不是單字字串（string），而是一個單字串列（list），如果資料型別不對就會出錯。比如說下面這種呼叫方式是傳入三個參數的值，而不是一個參數的值，因此是不行的：

```
>>> best_word('zap', 'pack', 'quack')
```
← 這樣是傳入三個參數值

正確的呼叫方式是將這三個單字放在中括號（或稱方括號）內，這樣傳入的就會是一個內含三個字串的串列（下一章會介紹）：

```
>>> best_word(['zap', 'pack', 'quack'])
'quack'
```

再來測試串列中只有一個單字的時候，也要能正常運作：

```
>>> best_word(['zap'])
'zap'
```

那麼，萬一此串列中完全沒有單字的時候呢？我們並不會做這種不合理的測試，因為去假設一個無意義的場景，並不能測出此函式的正確性。

本章深入探討了 Python 函式的觀念，並學習利用 Copilot 輔助撰寫函式的過程。而且，我們瞭解到好函式的特性，以及確保函式能被 Copilot 有效處理，及解決特定任務的重要性。本書後續內容將專注於評估 Copilot 生成程式碼的正確性，以及發現問題時該如何進行修正。

我們在下一章要開始培養閱讀和理解 Python 程式碼的基本能力，這是檢驗 Copilot 是否達成預期目標的第一個步驟。隨後的章節會進一步深入探討如何更詳細地測試程式碼，以及在遇到錯誤時的應對策略。

本章小結

- 問題分解（problem decomposition）是將一個大問題分解為小任務。
- 我們用函式實現問題分解。
- 每個函式必須解決一個小且定義明確的任務。
- 函式減少了程式碼的重複，使得更容易測試，並減少錯誤的可能性。
- 單元測試（unit testing）可檢查函式對各種不同輸入的預期行為。
- 函式標頭（或函式簽名）是函式的第一行程式碼。
- 函式的參數是用來接受外部傳送進來的資料。
- 函式標頭要包括函式名稱與參數名稱。
- 函式的輸出可以用 return 關鍵字。
- docstring 要描述函式的用途以及參數的意義。
- 我們僅需提供撰寫函式標頭和 docstring，Copilot 就能生成函式內容。
- 呼叫函式時，需透過傳入參數的值（也就是引數）讓函式得以執行。
- 變數是指向記憶體中某個位置的名稱。
- 輔助函式（helper function）是為了更容易撰寫較大函式所需的小函式。
- 葉子函式（leaf function）不需要再呼叫其它函式。
- 為了測試函式是否正確，我們要使用不同類型的輸入來呼叫它。
- 每個 Python 程式中的值都有一個資料型別（type），例如數字、字串，布林值，或是值的集合（串列或字典）。
- 提示工程（prompt engineering）能讓我們知道應該如何撰寫或修改提示詞，使 Copilot 提供更正確的程式碼。
- 我們要確保程式碼中用到的模組，都有被載入（import）。

第 4 章

學習閱讀 Python 程式碼 (1)

本章內容

- 學習閱讀程式碼的重要性。
- 如何請 Copilot 解釋程式碼。
- 使用函式將一個問題分解成數個子任務。
- 為變數賦值。
- 使用 if 語句做條件判斷。
- 使用字串（string）存放與處理文字資料。
- 使用串列（list）存放與處理多個值。

我們在第 3 章藉助 Copilot 開發出幾個可用的函式，它們到底有什麼用處呢？比如說，money_made 函式可以是股票交易系統中的一部分，is_strong_password 函式可以作為社交網站安全機制的一部分，而 best_word 函式則可應用於拼字遊戲的 AI 系統中。總的來說，這幾個函式都可以被整合進其它應用程式中。而且，我們沒有撰寫一行程式碼，甚至在不完全理解程式碼如何運作的情況下就完成了。

即使 Copilot 很厲害，但學習閱讀程式碼仍然是必備的技能，這確實需要一定的時間才行，因此會分成兩章進行。本章將討論為何閱讀程式碼很重要，幫助您更容易了解程式碼。然後會深入瞭解閱讀 Python 程式碼的十大構成要素，本章會先介紹前五個，其它則留待下一章。

4.1 為何需要閱讀程式碼

閱讀程式碼的意思是指「透過觀察程式碼來理解其所執行的功能」。這可以分為兩個層次來看：

- 第一個層次是能夠逐行理解程式碼要做什麼，通常包括追蹤（tracing）變數的值在程式執行過程中的變化，從而清楚知道程式碼每一行的動作。
- 第二個層次是判斷程式碼的整體目的，我們經常會用此來考核學生是否確實理解這段程式碼的用途與目的，並請他們用口說或文字表達出來。

讀完第 4、5 這兩章之後，我們期許您對 Copilot 生成的程式碼，具備這兩種層次的解析能力。本章一開始會先專注於逐行理解，隨著各節的進展，再學習如何檢視一小段程式碼並判斷其目的。透過回顧第 3 章的 best_word 函式，並參考接下來的例子，可清晰展示閱讀程式碼這兩種層次的區別。

Listing 4.1　Scrabble 遊戲中的 best_word 函式

```
def best_word(word_list):
    """
    word_list is a list of words.

    Return the word worth the most points.
    """
    best_word = ""
    best_points = 0
    for word in word_list:
        points = num_points(word)
        if points > best_points:
            best_word = word
            best_points = points
    return best_word
```

對程式進行**追蹤描述（tracing description）**，就是對每行程式碼功能的具體說明。比如說對 Listing 4.1 逐行閱讀程式碼，我們一開始會描述：此處定義了一個名為 best_word 的函式、這裡有一個同樣命名為 best_word 的變數，且一開始是空字串 ......（Copilot 生成的程式碼確實有可能用相同的名稱去定義不同的東西，雖然不影響程式的正確性，但在閱讀程式碼時確實有可能造成困擾）。

接著下一行程式碼，會看到一個名為 best_points 的變數，起始值設為 0。接著，透過一個 for 迴圈遍歷 word_list 中的每個單字。在 for 迴圈內部會呼叫 num_points 函式（迴圈會在 5.1.1 小節介紹），依此方式逐行描述。

而對程式整體目的的描述則類似於 docstring 的說明，也就是「從一串單字中傳回分數最高的單字」。這樣的描述不是逐行描述程式碼，而是從整體層次描述這段程式的目的。

總之，這兩個層次的理解對於有效開發程式都不可或缺。透過不斷的練習和應用，您就能在這兩個層次上提高自己的能力。

我們期望您具備閱讀程式碼的能力，有以下 3 個原因：

1. **為了判斷程式碼的正確性：**在第 3 章，我們練習過如何對 Copilot 生成的程式碼進行測試，這是一項關鍵技能，用以確認程式碼是否正確執行且符合預期。開發者通常只會對那些看起來正確的程式碼進行測試，如果我們一眼看出程式碼有問題，那就不會進行測試（以免浪費時間），而是先修正程式碼。同理，我們希望您能在不必試誤的情況下，分辨出程式碼的明顯錯誤。透過快速追蹤或提升對程式碼整體目的的理解，節省在明顯有錯的程式碼上做測試的時間。
2. **為測試提供指導：**逐行理解程式碼的運作不僅本身就是一項有用的技能，還能加速提升測試效率。比如說，您若具備迴圈的知識，瞭解迴圈會使區塊內的程式碼執行零次、一次、兩次，或者依需要重複執行很多次。在測試時清楚認知迴圈的特點，就能更精確定位可能出現問題的地方。
3. **幫助編寫程式碼：**雖然我們期待 Copilot 能夠完成所有程式碼，但無可避免地有些情況是無論怎麼調整提示詞，Copilot 都無法準確完成任務。或許經過反覆琢磨調整提示詞，Copilot 終於能夠編寫出正確的程式碼，但如果有能力自己動手修正反而更快。在撰寫本書的過程中，我們讓 Copilot 編寫絕大多數的程式碼，然而憑藉對 Python 語法的深入了解，通常更能直接發現錯誤並修正。從長遠來看，我們希望賦予您更多自學程式設計的能力，掌握 Python 將成為您從本書過渡到後續程式設計資源的橋樑。

在我們繼續探討之前先說好，本書並不打算教導每一行程式碼的所有細節，因為那如同又回到過去的傳統教學方式。此處會透過結合 Copilot 工具及我們的解釋，幫助您掌握程式碼的主要功能，目標是讓您在「讚嘆 Copilot！感恩 Copilot！」與「徹底研究程式碼」這兩個極端之間取得平衡。

4.2 要求 Copilot 解釋程式碼的意思

如果您不清楚程式碼的作用，GitHub Copilot 也內建了解釋功能，幫助您瞭解程式碼。有幾種方法可以叫出此功能，以下一一介紹。

4.2.1 用 Copilot Chat 窗格解釋程式碼

接續 Listing 4.1 的例子。請用滑鼠選取整個 best_word 函式，按滑鼠右鍵執行「Copilot / Explain This」命令，然後在 VS Code 視窗左邊會開啟 Copilot Chat 窗格，並自動將選取的程式碼放進來，稍等一會兒在其下方就會用一般人看得懂的文字描述來解釋這段程式碼的意思。因為 best_word 函式中有呼叫到 num_points 函式，所以也會一併解釋其輔助函式的用途：

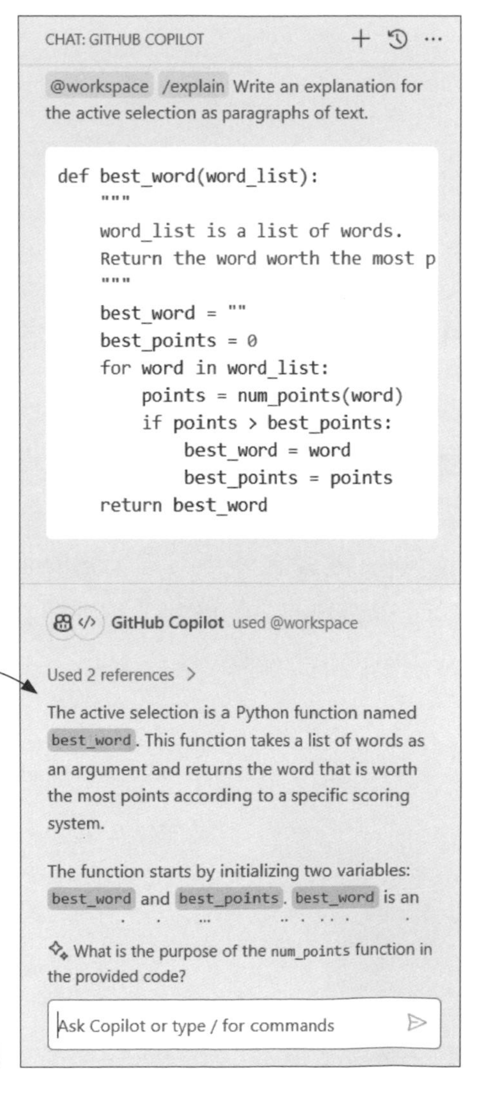

圖 4.1 用 GitHub Chat 窗格解釋程式碼

4.2.2 從 inline Chat 叫出 GitHub Chat 解釋程式碼

第二種讓 Copilot 解釋程式碼的方法，請選取需要解釋的程式碼，然後按 Ctrl + I 鍵叫出 inline Chat 命令窗，然後輸入「/explain」命令可要求 Copilot 如同 4.2.1 小節一樣在 Copilot Chat 窗格解釋程式碼。請注意！若在「/explain」後面額外加上「in traditional chinese」，在 Copilot Chat 窗格中就會用繁體中文解釋（前提是您有安裝繁體中文模組，在 2.2 節介紹過）：

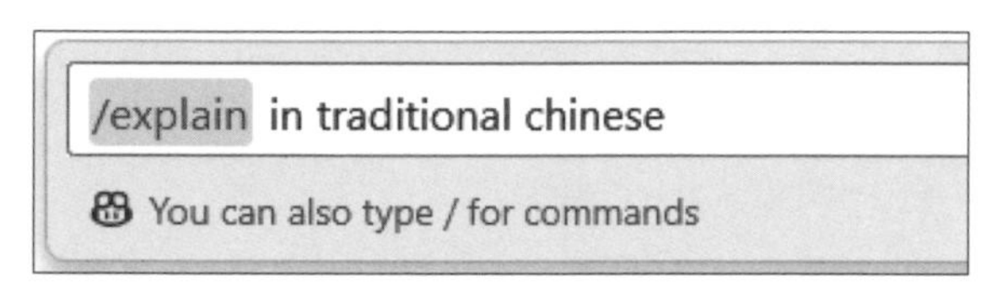

圖 4.2 從 inline Chat 叫出 GitHub Chat 窗格解釋程式碼

4.2.3 透過格式化文件命令窗解釋程式碼

第三種方法可讓程式解釋直接出現在視窗正中央。請先選取需要解釋的程式碼，然後按 Ctrl + Shift + I 鍵，在 VS Code 視窗正中央上方位置會出現命令窗，請在此輸入「/explain」命令，然後按 Enter 或 Space 鍵就會變成「@workspace /explain」。如果此時直接按 Enter 鍵，會看到英文的解釋，但如果在後面補上「in traditional chinese」，就會用繁體中文解釋，如下圖所示：

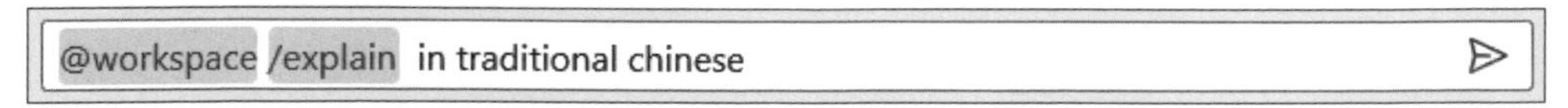

圖 4.3 在命令窗指定用繁體中文解釋

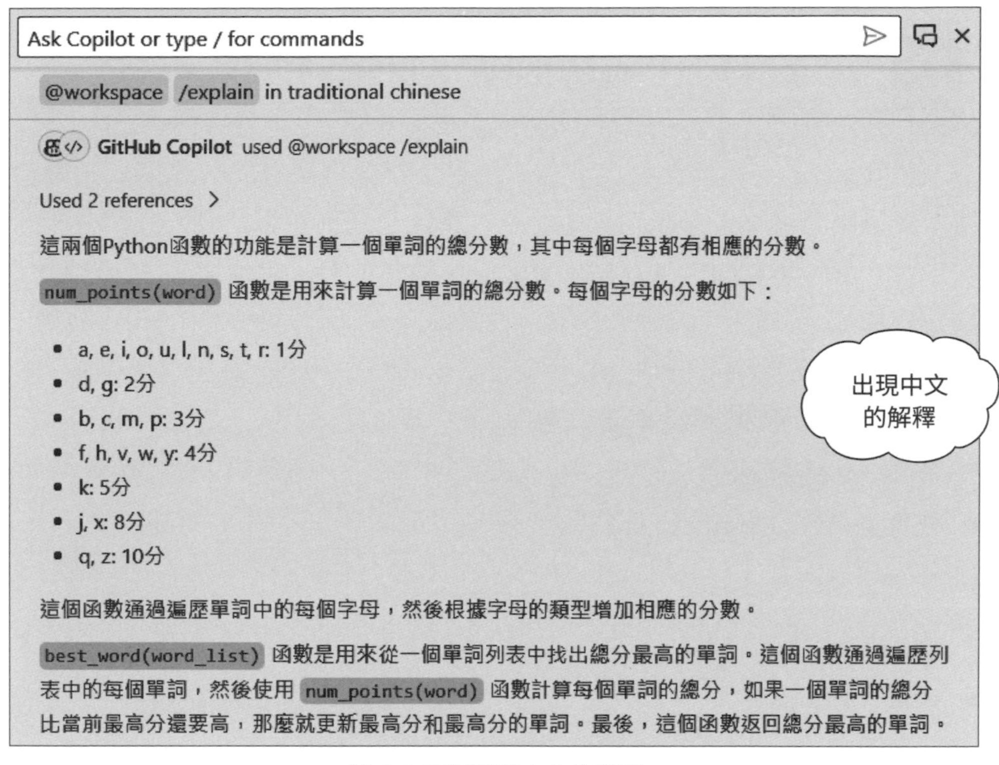

圖 4.4 出現繁體中文的解釋

原本在 VS Code 按 Ctrl ＋ Shift ＋ I 鍵是叫出格式化文件命令窗，輸入「/fix」命令可以幫忙對齊程式碼。在安裝了 GitHub Copilot 之後，還可以用「/explain」命令解釋程式碼。

Copilot 解釋程式碼也可能出錯？

您可能會想「連解釋都會出錯，那還有什麼價值可言？」這當然會讓人想翻白眼，然而根據我們的經驗，Copilot 絕大多數都是準確的，尤其是對較為單純的程式碼(這也就是將大問題分解成小任務的好處)，因此對閱讀與理解程式仍然非常有幫助。您想想看，在沒有 Copilot 之前，當遇到問題時上網搜尋，也一樣有可能是錯的而需要改來改去！其實就如同生成程式碼一樣，如果覺得看不懂解釋，那就多問幾次，正確的機率還是很高的。

4.3 Python 語言的 10 大構成要素

Python 是一種具互動性的程式語言，與其它語言比較起來，其優勢在於能讓學習者更容易玩在其中、進行實驗並立刻看到結果。我們會充分利用這一個特點來深入探討以下 Python 語言的 10 大構成要素，也就是語言特性：

- 函式（Functions）
- 變數（Variables）
- 條件語句（Conditionals）
- 字串（Strings）
- 串列（Lists）
- 迴圈（Loops）
- 程式碼縮排（Identation）
- 字典（Dictionary）
- 檔案（Files）
- 模組（Modules）

本章會帶您快速掌握 10 大要素的前 5 個，另外 5 個則留待下一章介紹。

首先，請按下 Ctrl + Shift + P 鍵開啟命令選擇板（Command palette），輸入「REPL」，接著選擇「Python: Start REPL」命令開啟 Python 的互動環境：

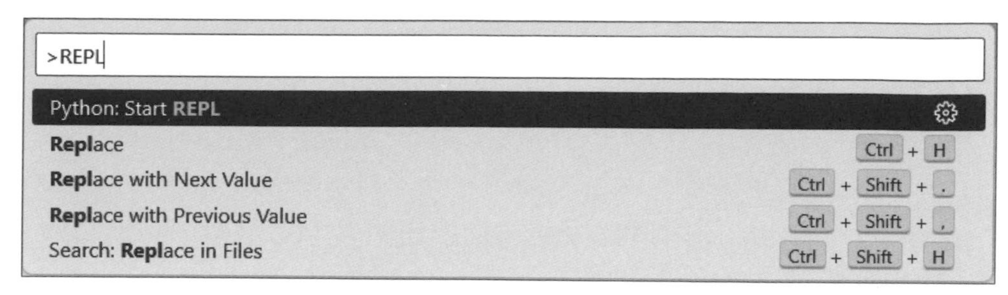

圖 4.5 從 VS Code 啟動 REPL

編註： REPL 全名是「Read-Eval-Print Loop」，也就是「讀取 - 求值 - 輸出循環」。這是一個互動環境，允許使用者輸入單行或多行程式碼（讀取），立即執行此程式碼（求值），並顯示執行結果（輸出），如此重複這個循環。

然後，就會打開 TERMINAL 面板，這其實我們在第 3 章就曾經使用過，同樣會出現 Python 提示符號（當時是用於測試函式），此處執行 REPL 並不會載入任何函式：

```
PROBLEMS    OUTPUT    DEBUG CONSOLE    TERMINAL    PORTS

PS C:\0Work\電腦\[模糊處理] & C:/Users/1061/AppData/Local/Programs/Python/Python312/python.exe
Python 3.12.1 (tags/v3.12.1:2305ca5, Dec  7 2023, 22:03:25) [MSC v.1937 64 bit (AMD64)] on win32
Type "help", "copyright", "credits" or "license" for more information.
>>>
```

圖 4.6 在 VS Code 中運行的 REPL

接著我們就可以在提示符號下輸入 Python 程式碼。例如：

```
>>> 5 * 4
```

然後按 Enter 鍵，就會看到回應 20，這就是我們說的互動性。同樣地，如果輸入的是 Python 程式碼，也會立刻給出回應。接下來就在 REPL 中學習 Python 語言的要素。

4.4 內建函式

我們在第 3 章學過自己建立的函式，稱為**自定義函式**（user-defined functions），Python 本身也提供大量的**內建函式**（built in functions）供程式呼叫使用。我們在 REPL 中也可以直接呼叫這些內建函式。例如，max 函式可接受一個或多個數字，並傳回最大值：

```
>>> max(5, 2, 8, 1)
8
```

再舉個例子，第 3 章的 get_strong_password 函式中用到的 input 函式也是內建函式，它可以顯示一段文字，接受使用者在鍵盤輸入的字串：

```
>>> name = input("What is your name? ")
What is your name? Dan          ← 等待使用者輸入
>>> name          ← 取出使用者輸入的內容
'Dan'
```

如果想將內容輸出到螢幕上，可以使用 print 內建函式（請記得！它叫做 print，不叫 output）：

```
>>> print('Hello', name)
Hello Dan
```

Python 內建函式當然不止於此，這裡是示範如何在 REPL 下練習使用內建函式。

4.5 變數（Variables）

變數是用來代表值的名稱。我們在第 3 章使用變數來追蹤函式的傳回值。在 4.4 小節的 input 函式例子中，也用 name 變數來記住輸入的名字。每當我們需要記住一個值以便稍後使用時，就會使用變數。

要將一個值賦予一個變數時要使用等號（=），這稱為**賦值**（assignment）符號。它會先運算出等號右側的值，然後將該值賦予等號左側的變數。例如：

```
>>> age = 20 + 4
>>> age
24
```

先計算等號右側的式子，也就是 20 + 4 得到 24。然後將 24 賦予等號左側的變數 age。然後再要求 age 的值，就會顯示 24

Python 中的等號與數學中的不同

在數學中，等號代表左右兩側的值相等。但在 Python 和其它程式語言中，等號用來表示賦值：等號左側的變數會被賦予等號右側的值。這不是一個永久的關係，因為變數的值可以改變。

我們可以更廣泛地使用變數。比如說變數 age 已經被賦值為 24，在其後可將此變數寫成一個**表達式**（expression），將此變數的值取出來用：

```
>>> age + 3
27
>>> age
24
```

表達式將變數 age 的值加 3，因此會傳回 24+3 為 27

前面 age+3 並未改變 age 的值，仍然是 24

Python 提示符號下的變數持續存在

我們之前在程式碼中曾經賦予變數 age 的值，為什麼後面可以繼續用到這個變數呢？那是因為您在 Python 提示符號下的對話，其中用到的任何變數都會持續存在，直到結束此交談。這就是程式中變數的工作方式，只要賦予它一個值，其名稱就一直可用。

如果我們希望變數 age 的值在加 3 之後也隨之改變呢？那我們就需要用等號寫成一個賦值的語句：

```
>>> age = age + 3
>>> age
27
```

透過賦值（等號）改變了變數 age 的值

讓我們來多看幾個改變變數值的方法：

```
>>> age += 5
>>> age
32
>>> age *= 2
>>> age
64
```

這是 age = age + 5 簡潔的寫法，+= 稱為賦值加法

這是 age = age * 2 簡潔的寫法，*= 稱為賦值乘法

編註： Python 變數的資料型別是依賦值而定，因此同一個變數會因不同的賦值變成不同的資料型別。例如：

```
>>> myvar = 25
>>> myvar
25
>>> myvar = ['Dan', 'Leo']
>>> myvar
['Dan', 'Leo']
```

賦值為整數

賦值為串列

Python 變數允許在程式中改變資料型別，這種特性提供了靈活性，但也要求開發者在使用變數時更加注意，以免程式中出現因資料型別引發的錯誤。

4.6 條件語句（Conditionals）

當程式需要對不同情況做出決策時，我們就需要使用條件語句。例如在 2.6.2 小節計算四分衛 Aaron Rogers 的傳球碼數時，就用到 if 條件判斷選出只有符合球員名字的傳球碼數才做計算。

4.6.1 當條件判斷只有兩種可能結果

還記得我們在第 3 章寫過的 larger 函式嗎？我們將其列在 Listing 4.2 中：

Listing 4.2　用於決定兩個值中的較大者

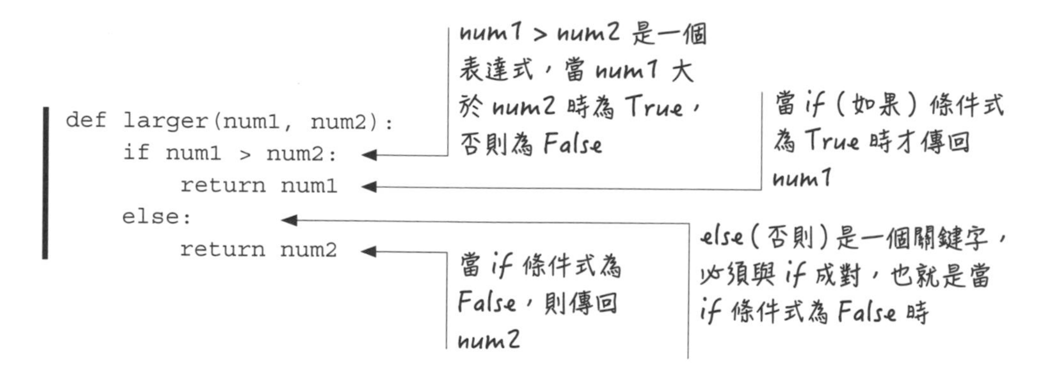

Listing 4.2 中的 if-else 結構稱為條件語句（conditional statement），它可以讓程式依照條件做出決策。以此例來說，在 if 後面的 num1 > num2 表達式，其結果是一個布林值，當 num1 大於 num2 時為 True，則執行下一行 return num1；否則為 False，則執行 else 下面的 return num2。

我們透過比較算符建立布林表達式，例如 >= 代表大於或等於，< 代表小於，!= 代表不等於。請注意！不只是函式的程式碼需要縮排，if-else

語句中的 if 和 else 區塊內容也需要縮排（縮排對程式碼正確執行是必須的，在下一章會進一步討論縮排）。這樣 Python 才知道哪些程式碼區塊是屬於函式的，哪些是屬於 if、else 的。

我們在 Python 的提示符號下也可以練習條件語句：

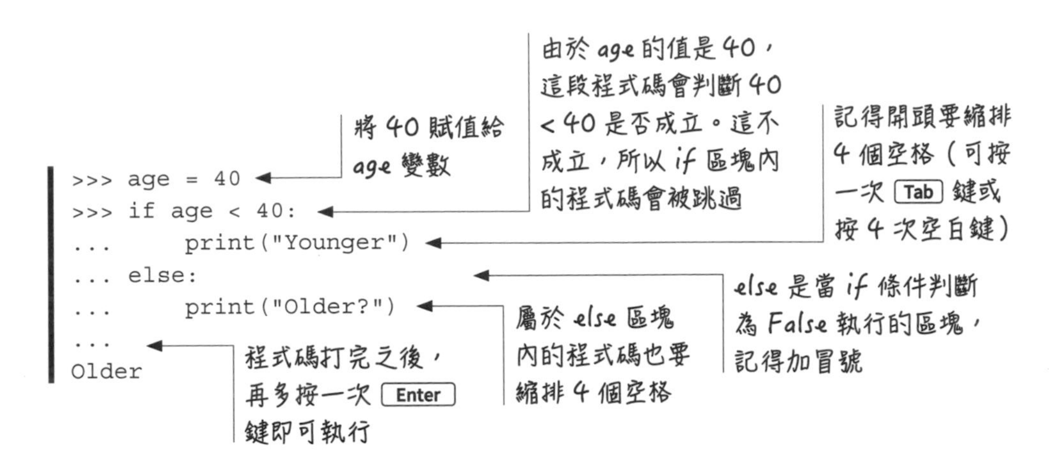

當您在 if 語句中輸入程式碼時，會發現提示符號從「>>>」變成「...」，這是讓您知道程式碼尚未完成輸入。要再按一次 Enter 鍵後，才會從「...」回到「>>>」提示符號。

讓我們再試一次，這次讓 if 條件成立：

```
>>> age = 25
>>> if age < 40:
...     print("Younger")
... else:
...     print("OIder")
...
Younger
```

指定 25 賦值給變數 age

因為 age 的值是 25，這段程式碼會判斷 25 < 40 是否成立。結果是 True，所以 if 的程式碼會執行

else 的部分就不會執行

If 語句中的 else 部分是可選擇的，也就是視條件的需要而不一定要有 else。在這種情況下，如果 if 的條件判斷為 False 時，就不會執行任何動作：

```
>>> age = 25
>>> if age == 30:
...     print("You are exactly 30!")
...
```

將 25 賦值給 age 變數

「==」比較算符是用來檢查兩邊的值是否相等

請注意！判斷左右兩側的值是否相等要用兩個等號「==」，一個等號是賦值給變數。

4.6.2　當條件判斷多於兩種可能結果

如果條件判斷有多於兩種可能的結果該怎麼辦？舉例來說，假設不同年齡的人喜歡的影集節目不同，就像表 4.1 所示：

表 4.1　不同年齡層可能喜愛的電視節目

年齡	節目
30-39	Friends
20-29	The Office
10-19	Pretty Little Liars
0-9	Chi's Sweet Home

顯然我們無法僅靠 if-else 判斷超過兩種的結果，因此還需要加上 elif（否則如果，else if 的縮寫），如下頁的程式碼所示。此處我們僅展示 if-elif-else 結構的條件判斷，您可以自行在提示符號下一一輸入。請注意！此例用到了 and 邏輯算符來設定複雜的條件判斷，表示在 and 兩側的表達式必須同時為 True，整個條件才會為 True：

```
if age >= 30 and age <= 39:
    print("Friends")
elif age >= 20 and age <= 29:
    print("The Office")
elif age >= 10 and age <= 19:
    print("Pretty Little Liars")
elif age >= 0 and age <= 9:
    print("Chi's Sweet Home")
else:
    print("What?")
```

當 age 大於等於 30 且小於等於 39 時，此條件為真

如果上面的條件為 False，則檢查此條件

如果上面所有條件都是 False，則執行 else 下面的程式碼

在第一行中，我們判斷變數 age 是否符合（大於等於 30）且（小於等於 39），Python 是從上而下檢查條件，只要發現一個條件為真時，就會跳過該條件後面的其它條件。假設 age 是 25，則 if 條件為 False，跳到第 3 行的 elif，此時 age 符合介於 20~29 的條件，因此印出 "The Office" 。而且一旦滿足了一個條件，就會停止檢查後面其它的 elif 與 else。所以即使有兩個條件都成立，也只會執行排在前面的那一個。

您可以嘗試用不同的值賦值給 age 變數，觀察各種情況下的執行結果是否正確。例如用邊界值（30、39、20、29、10、19、0、9）做測試，也可以用不在這些範圍內的值測試最下方的 else。

4.6.3 每個 if 語句都是獨立的條件判斷

每個相同層級的 if 語句都是單獨存在的，Python 會獨立檢查每個 if 語句的條件是否成立，而不管前一個 if 語句做了什麼事。

例如，讓我們將年齡程式碼中的 elif 拆開成好幾個 if 語句，這會變成下面這樣：

```
if age >= 30 and age <= 39:       ◄── 此條件一定會被檢查
    print("Friends")
if age >= 20 and age <= 29:       ◄── 此條件一定會被檢查
    print("The Office")
if age >= 10 and age <= 19:       ◄── 此條件一定會被檢查
    print("Pretty Little Liars")
if age >= 0 and age <= 9:         ◄── 此條件一定會被檢查
    print("Chi's Sweet Home")
else:  ◄──────────────────── 這個 else 會與距離
    print("What?")               最近的 if 配對
```

假設我們指定 age = 25 並執行之，會發生什麼事？

第一個 if 條件不成立就不會執行其程式碼區塊。接著判斷第二個 if 條件（age >= 20 和 age <= 29）成立，所以會執行其程式碼區塊（輸出 "The Office"）。接著還會判斷第三個 if 條件（age >= 10 和 age <= 19）不成立，然後又去判斷第四個 if 條件（age >= 0 和 age <= 9），雖然也不成立，但因為第四個 if 有搭配 else，所以會輸出 "What"。

至此，您看出來使用 if-elif-else 與多個獨立 if 的區別了嗎？

4.7 字串（Strings）

當我們需要存放文字資料時，就會用到字串資料型別。我們會使用單引號或雙引號包夾字串，例如 'He said' 或 "He said" 兩種皆可，但需確保包夾的前後兩個引號要是同一種。

字串資料型別提供了一組非常有用的 method（方法）。所謂 method 是指與特定資料型別或類別（data type 或 class）相關的函式，比如說字串可以呼叫 upper method 將字母轉換為大寫字母、呼叫 lower 函式將字母轉換為小寫字母⋯。呼叫 method 的方式與呼叫一般函式有所不同：我們要先寫出準備呼叫 method 的物件，例如 str 是一個字串變數，然後用一個點「.」與 method 串連起來。比如說，我們想將 str 中的字母全都轉換為大寫字母，可寫為 str.upper()。也可以直接將一個字串用引號括起來，加一個點，再加上要呼叫的 method 即可，例如 'abc'.upper() 會得到 ABC。

4.7.1 字串的 method 練習

其實我們在 3.6.2 小節寫的 is_strong_password 函式，就已經用過字串的 isupper（檢查字串是否為大寫字母）、isdigit（檢查字串是否為數字）、isalnum（檢查字串是否皆由字母與數字組成）等三個 method。

以下，我們在提示符號下做幾個練習：

```
>>> 'abc'.isupper()
False
>>> 'Abc'.isupper()
False
>>> 'ABC'.isupper()
True
```

isupper 在所有字元都是大寫字母時傳回 True

```
>>> 'abc'.isdigit()
False
>>> '345bc'.isdigit()
False
>>> '345'.isdigit()
True
```

isdigit 在所有字元都是數字時傳回 True

```
>>> 'abc6'.isalnum()
True
>>> 'abc def'.isalnum()
False
>>> 'abcdef#'.isalnum()
False
```

isalnum 在所有字元都是字母或數字時傳回 True（空格不被視為字母或數字）

字串還有其它的 method，您可以詢問 ChatGPT 類似這樣的問題：「python 的 string 有哪些 method?」，它就會回答了。

4.7.2　請 Copilot 解釋 method 與使用情境

此外，如果您不確定某個 method 該怎麼用，善用 Copilot 的解釋功能也很有幫助。例如，下面這個 clean_number 函式是用來做什麼的？

```
def clean_number(phone_number):
    phone_number = phone_number.replace( '(', '')
    phone_number = phone_number.replace( ')', '')
    phone_number = phone_number.replace( '-', '')
    return phone_number
```

移除電話號碼中所有左括號

移除電話號碼中所有右括號

移除電話號碼中所有破折號

我們可以利用 4.2 節介紹的幾種方法，選取此函式的程式碼，按 Ctrl + Shift + I 鍵，然後請 Copilot 解釋意思，可以得到如下的說明：

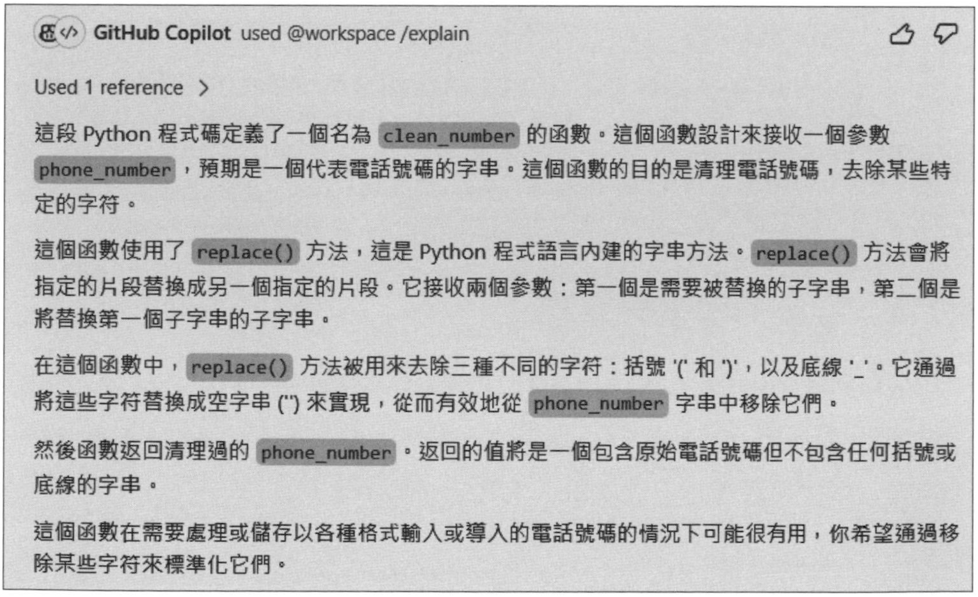

GitHub Copilot used @workspace /explain

Used 1 reference >

這段 Python 程式碼定義了一個名為 `clean_number` 的函數。這個函數設計來接收一個參數 `phone_number`，預期是一個代表電話號碼的字串。這個函數的目的是清理電話號碼，去除某些特定的字符。

這個函數使用了 `replace()` 方法，這是 Python 程式語言內建的字串方法。`replace()` 方法會將指定的片段替換成另一個指定的片段。它接收兩個參數：第一個是需要被替換的子字串，第二個是將替換第一個子字串的子字串。

在這個函數中，`replace()` 方法被用來去除三種不同的字符：括號 '(' 和 ')'，以及底線 '_'。它通過將這些字符替換成空字串 ('') 來實現，從而有效地從 `phone_number` 字串中移除它們。

然後函數返回清理過的 `phone_number`。返回的值將是一個包含原始電話號碼但不包含任何括號或底線的字串。

這個函數在需要處理或儲存以各種格式輸入或導入的電話號碼的情況下可能很有用，你希望通過移除某些字符來標準化它們。

圖 4.7 Copilt 會解釋函式與 method 的意思

Copilot 只是解釋此函式在做什麼，但如果我們想知道此函式可以如何使用，還可以繼續追問：「此函式的使用情境有哪些？」，以下是 Copilot 的回答：

此函式的使用情境有哪些？

GitHub Copilot

Used 1 reference >

clean_number 函式的主要使用情境是在需要清理和格式化電話號碼的情況下。以下是一些具體的使用情境：

1. **數據清理**：當你從不同來源獲取電話號碼數據時，這些數據可能包含不必要的字符，如括號和底線。在進行數據分析或數據處理之前，你可能需要清理這些數據，這時 clean_number 函式就會派上用場。
2. **數據標準化**：在一些應用中，你可能需要將電話號碼儲存或顯示為一種標準格式。例如，你可能有一個應用需要用戶輸入他們的電話號碼，但用戶可能以各種格式輸入他們的號碼。使用 clean_number 函式，你可以將所有的號碼轉換為一種統一的格式。
3. **數據驗證**：在某些情況下，你可能需要驗證輸入的電話號碼是否有效。在進行驗證之前，使用 clean_number 函式清理號碼可以幫助確保你的驗證邏輯不會被不必要的字符干擾。

請注意，這個函式只是一個簡單的例子，並且可能需要根據你的具體需求進行修改或擴展。例如，你可能需要處理其他類型的特殊字符，或者你可能需要將號碼轉換為特定的格式，而不僅僅是移除特殊字符。

圖 4.8 Copilt 回答 clean_number 函式的使用情境

4.7.3 字串的串接與重複

數學的加號與乘號也可以用在字串上，但執行的方式不同。「+」稱為串接算符，用於將兩個字串連接（加）在一起，而「*」稱為重複算符，用於將一個字串重複指定的次數。例如：

```
>>> first = 'This is a '
>>> second = 'sentence.'
>>> sentence = first + second
>>> print(sentence)
This is a sentence.
>>> print('-=' * 5)
-=-=-=-=-=
```

將 first 與 second 這兩個字串串接後，指定給 sentence 變數

將 "-=" 字串重複 5 次

4.8 串列（Lists）

當我們對一串字元做處理時，例如檢查強密碼或者計算拼字遊戲的單字分數，使用字串就非常適合。但有時候我們需要儲存多個單字或數字時，使用串列會是更好的選擇。我們在 3.6.5 小節的 best_word 函式就曾用過串列。

4.8.1 串列中的元素

串列中的每個元素（element）用逗點相隔，如果元素是字串就要用引號包夾，如果元素是數字則直接寫數字，整個串列是用中括號（方括號）標示開頭與結尾。以下來做一點練習：

建立一個包含三個字串元素的串列

```
>>> books = ['The Invasion', 'The Encounter', 'The Message']
>>> books
['The Invasion', 'The Encounter', 'The Message']
>>> books.append('The Predator')
>>> books
['The Invasion', 'The Encounter', 'The Message', 'The Predator']
>>> books.reverse()
>>> books
['The Predator', 'The Message', 'The Encounter', 'The Invasion']
```

在串列末尾附加一個字串元素

將串列的元素反轉（使元素的順序對調）

4.8.2 串列元素的索引

Python 中的一些資料型別（包括字串和串列），允許使用**索引（index）**來處理特定的元素。索引預設從 0 開始，到元素數量的前一個整數。也就是說，如果一個串列有四個元素，第一個元素的索引是 0（不是 1），第二個元素的索引是 1，第三個元素的索引是 2，最後第四個元素的索引是 3。要知道串列中有幾個元素，可以用 len 函式得到串列的長度（也就是元素數）。接續上面的練習，執行 len(books) 會得到 4，因為 books 串列中包括 4 個元素，而索引是從 0 到 3。

另外還可以使用負索引，直接取得串列末尾的元素，而不需要知道串列的確切長度。例如索引 -1 表示串列中的最後一個元素，-2 表示倒數第二個元素，依此類推。

正索引	負索引	books
0	-4	"The Predator"
1	-3	"The Message"
2	-2	"The Encounter"
3	-1	"The Invasion"

圖 4.9 串列元素可以透過正索引或負索引來獲取

請接續前面的 books 串列練習使用索引：

```
>>> books
['The Predator', 'The Message', 'The Encounter', 'The Invasion']
>>> books[0]          ← books[0] 對應到第一個元素
'The Predator'
>>> books[1]          ← books[1] 對應到第二個元素
'The Message'
>>> books[2]
'The Encounter'
>>> books[3]
'The Invasion'
>>> books[4]          ← 會出現錯誤，因為超出索引範圍 (0~3)
Traceback (most recent call last):
  File "<stdin>", line 1, in <module>
IndexError: list index out of range
>>> books[-1]         ← books[-1] 對應到最後一個元素
'The Invasion'
>>> books[-2]
'The Encounter'
```

4.8.3 串列元素切片

從串列一次取出一個範圍內的多個元素稱為**切片（slicing）**，從而獲取串列的一部分子集。我們需要指定起始值的索引、一個冒號，以及終止值：即 [起始值 ：終止值]，真正取出的索引只包括索引的起始值到終止值減一。如下所示：

取出索引 1 到索引 2 的值。不含索引 3 的值

```
>>> books[1:3]
['The Message', 'The Encounter']
```

我們指定索引切片為 books[1:3]，直覺會以為這個切片會包括索引 1、2、3 的元素。但事實上，切片中的索引終止值（即寫在冒號後的索引 3）並不包含在內。這種索引寫法是 Python 的特點，需要適應一下。

如果我們省略了索引的起始值或終止值，Python 會自動使用串列本身的起始或終止值替代：

相當於 books[0:3]

相當於 books[1:4]

```
>>> books[:3]
['The Predator', 'The Message', 'The Encounter']
>>> books[1:]
['The Message', 'The Encounter', 'The Invasion']
```

4.8.4 用索引更改串列中的值

我們還可以使用索引來更改串列中的特定值。例如：

為索引 0 指定新值

將索引 1 的字母全部改為大寫

```
>>> books
['The Predator', 'The Message', 'The Encounter', 'The Invasion']
>>> books[0] = 'The Android'
>>> books[0]
'The Android'
>>> books[1] = books[1].upper()
>>> books[1]
'THE MESSAGE'
>>> books
['The Android', 'THE MESSAGE', 'The Encounter', 'The Invasion']
```

如果要將索引套用到字串時，只能取得指定索引位置的字母，但不允許改變索引位置的字母，否則會出現錯誤：

```
>>> title = 'The Invasion'
>>> title[0]     ←── 取得字串索引 0 的字母，OK
'T'
>>> title[1]     ←── 取得字串索引 1 的字母，OK
'h'
>>> title[-1]    ←── 取得字串尾端的字母，OK
'n'
>>> title[0] = 't'   ←── 賦予指定索引位置的字元，OH NO!
Traceback (most recent call last):
  File "<stdin>", line 1, in <module>
TypeError: 'str' object does not support item assignment
```

雖然串列與字串都可使用索引，但還是有些區別：

- **串列是可變的（Mutable）**：串列允許修改，比如增加、刪除或更改串列中的元素。這種可變性表示可以直接在原有串列的基礎上進行操作。
- **字串是不可變的（Immutable）**：一旦建立了一個字串，就不能更改它的個別字元。如果想修改字串中的內容，可以用一個新字串整個換掉。

4.9 Python 前 5 種構成要素整理

本章介紹了 Python 語言中 5 種最常見的構成要素，並教導在 VS Code 中請 Copilot 解釋程式碼的意思，而且執行 REPL 進行互動式練習。我們在表 4.2 做個整理。

表 4.2 本章 Python 的 5 種構成要素整理

構成要素	例子	描述
函式	def larger(num1, num2):	可將複雜的程式分解成函式，易於測試與管理。可接受輸入、處理輸入，並視需要傳回值。
變數	age = 25	名稱要具可讀性，可用等號「=」賦值。

條件語句	if age < 18:
	    print("Can't vote")
	else:
	    print("Can vote")
		可依條件成立與否做出決策。在 if 語句可以用到的關鍵字還包括：elif 與 else。

字串	name = 'Dan'	可被賦值文字資料，可以呼叫字串的 method 處理字串。
串列	Name_list = ['Leo', 'Dan']	可同時存放多個資料，可以呼叫串列的 method 處理串列。

本章小結

- 學習閱讀程式碼以判斷是否正確、有效進行測試，並在需要時自己修改。
- Copilot 是解釋程式碼的好幫手，有助於理解程式碼的功能。
- Python 有許多內建函式，例如 max、input 和 print，我們可以像呼叫自定義函式一樣呼叫之。
- 變數是指向記憶體中一個值的名稱。
- 賦值語句可以將值賦予一個變數。
- if 語句用於讓程式依條件做出不同的決策。
- 字串用於存放與處理文字。
- method 是特定資料型別（或類別）專屬的函式。
- 串列用於存放與操作多個字串或數字。
- 字串中的每個字元與串列中的每個元素都有索引；索引 從 0 開始，而不是 1。
- 字串中的個別字元不可改變；串列中的每個元素可以改變。

第 5 章

學習閱讀 Python 程式碼 (2)

本章內容

- 使用迴圈（loops）重複執行程式碼。
- 透過縮排讓 Python 知道哪些程式碼同屬一個程式區塊。
- 建立字典（dictionary）儲存成對關聯的鍵與值。
- 從外部檔案讀取資料做處理。
- 載入模組擴展 Python 的功能。

我們在第 4 章探討 5 個 Python 語言的構成要素（語法特性）：函式、變數、條件語句（if 語句）、字串和串列，本章將繼續介紹另外 5 個構成要素。我們同樣會結合 Copilot，以及在 REPL 提示符號下做練習。

5.1 迴圈（Loops）

迴圈可重複執行相同的程式碼區塊。迴圈有兩種類型：「for 迴圈」和「while 迴圈」。一般來說，當我們確知迴圈會執行多少次時，就適合用 for 迴圈；而當不確知會執行多少次時，就適合用 while 迴圈。例如，在 3.6.5 小節出現過的 best_word 函式（見 Listing 5.1）使用了 for 迴圈，因為執行的次數就是 word_list 串列中的元素數量：

Listing 5.1 best_word 函式

```
def best_word(word_list):
    """
    word_list is a list of words.

    Return the word worth the most points.
    """
    best_word = ""
    best_points = 0
    for word in word_list:   ◄── for 迴圈執行次數是確定的
        points = num_points(word)
        if points > best_points:
            best_word = word
            best_points = points
    return best_word
```

但在 3.6.3 小節的 get_strong_password 函式（留待 Listing 5.4）是使用 while 迴圈，這是因為我們無法確知使用者究竟要輸入幾次才能符合強密碼的規則。

5.1.1　for 迴圈 - 讀取字串

我們先從 for 迴圈開始介紹，請同樣按 Ctrl + Shift + P 鍵開啟命令選擇板，執行「Python: Start REPL」命令，在 TERMINAL 面板的 Python 提示符號下做練習：

```
>>> s = 'vacation'
>>> for char in s:
...     print('Next letter is', char)
...
Next letter is v
Next letter is a
Next letter is c
Next letter is a
Next letter is t
Next letter is i
Next letter is o
Next letter is n
```

變數 char 會遍歷 s 字串中的每個字母

執行 for 程式區塊內的 print 8 次，因為字串 'vacation' 有 8 個字元

一般變數被賦值時需要用到等號，但迴圈變數是一種特殊變數，會由 for 迴圈自動管理並賦值。因此，上面程式中的 for 迴圈執行第一遍時，迴圈變數 char 會被自動賦值為 s 字串的第一個字元 'v'，執行第二遍時，char 會被自動賦值 s 字串的下一個字元 'a'，依此類推，直到遍歷字串的每個字元後就結束迴圈。迴圈這種一遍遍重複執行程式碼的特性稱為**迭代 (iteration)**。

迴圈要執行的程式碼區塊，也和 if 語句一樣要縮排 4 個空格，只要在 for 後面縮排的程式碼（不管有幾行）都是屬於 for 迴圈的區塊。

5.1.2　for 迴圈 - 讀取串列

上面的練習是以字串為例，for 迴圈同樣也可以用來處理串列（lists）。我們這次會在 for 迴圈的區塊中寫兩行程式碼。

Listing 5.2　使用 for 迴圈示範印出串列內容

```
>>> lst = ['cat', 'dog', 'bird', 'fish']
>>> for animal in lst:    ← for 迴圈會遍歷 lst 串列的內容
...     print('Got', animal)       每次迭代，都會執行
...     print('Hello,', animal)    這兩行程式碼
...
Got cat
Hello, cat
Got dog
Hello, dog
Got bird
Hello, bird
Got fish
Hello, fish
```

在 Listing 5.2 中的程式碼是遍歷串列的其中一種方法，animal 迴圈變數會在 for 迴圈每次迭代時指向串列的下一個元素。

5.1.3　for 迴圈 - 搭配索引

由 4.8.2 小節學到串列元素的索引（index），在 for 迴圈也可以用索引遍歷串列中的元素。要實現這一點，我們得先產生索引，這就需要用到 range 函式。

range 函式能獲得指定範圍內的數字序列，只要提供起始值與終止值，它就會從起始值開始到終止值的前一位（也就是不包含終止值本身）生成一個數字序列。我們要看到這個數字序列，可將其轉換成串列。以下我們示範用 range(3, 9) 產生 3 到 8 數字序列，當作引數傳入 list 函式：

```
>>> range(3, 9)          ← 執行 range 函式
range(3,9)               ← 這樣看不到產生的數字序列
>>> list(range(3, 9))    ← 將數字序列用 list 函式轉換成串列
[3, 4, 5, 6, 7, 8]       ← 出現串列中的數字從 3 到 8
```

那麼，range 函式如何用於迴圈呢？因為字串或串列都有明確的長度（字串有字元數，串列有元素數），所以我們可以利用 len 函式取得字串或串列的長度，然後將 range 函式的起始值設為 0，終止值則為長度，如此就能產生索引值。接續 Listing 5.2 的練習：

```
>>> lst                          ← 察看 lst 串列中的元素
['cat', 'dog', 'bird', 'fish']   ← 此串列有 4 個元素
>>> list(range(0, len(lst)))     ← range(0,4) 產生 0~3 數字序列，轉換為串列
[0, 1, 2, 3]
```

請注意！這裡的範圍是 0, 1, 2, 3，正好是 lst 串列的有效索引範圍。因此，我們可以使用 range 函式來控制 for 迴圈，讓程式能夠遍歷字串或串列中的每個有效索引。

我們將前面 Listing 5.2 的 for 迴圈改用 range 函式來控制迴圈的迭代次數：

Listing 5.3　使用 for 迴圈和 range 函式

```
>>> for index in range(0, len(lst)):   ← 用 range 產生 0 ~ len(lst) -1 的數字序列
...     print('Got', lst[index])       ← 用迴圈變數 index 取得串列中的元素
...     print('Hello,', lst[index])
...
Got cat
Hello, cat
Got dog
Hello, dog
Got bird
Hello, bird
Got fish
Hello, fish
```

上例 for 的迴圈變數是 index（許多人基於簡便考量也可以用 i 作為迴圈變數），其迭代次數是由 len(lst) 決定。因為 len(lst) 是 4，因此 range(0, len(lst)) 會得 0~3 的數字序列，所以 index 迴圈變數在第一次迭代時賦值為 0，第二次迭代賦值為 1，第三次迭代為 2，最後一次迭代為 3，如此一來就能利用索引取得 lst 串列中各元素 lst[0]、lst[1]、lst[2]、lst[3] 的值。

如果呼叫 range 函式時只傳入一個引數，預設會將該引數視為終止值，而起始值為 0。例如將 Listing 5.4 的迴圈改為下面這樣，也會得到相同的答案：

```
for index in range(len(lst)):
    print('Got', lst[index])
    print('Hello,', lst[index])
```

只傳入一個引數，則數字序列預設從 0 開始

5.1.4 while 迴圈

當我們不確知迴圈需要執行幾次時，就可使用 while 迴圈，並在 while 關鍵字之後放一個布林條件式（boolean condition，判斷 True 或 False）。當條件為 True 則執行一次迭代，執行之後回到該布林條件，若仍為 True 則執行下一次迭代。如此迭代直到條件式出現 False 就結束 while 迴圈：

Listing 5.4　get_strong_password 函式

```
def get_strong_password():
    """
    Keep asking the user for a password until it is a strong
    password,and return that strong password.
    """
    password = input("Enter a strong password: ")
    while not is_strong_password(password):
        password = input("Enter a strong password: ")
    return password
```

while 迴圈執行次數不確定

我們可以看到此程式一開始用 input 函式要求使用者輸入密碼，並賦值給 password 變數。下一行是一個 while 迴圈，在 while 關鍵字後面跟著一個布林值條件：

狀況	is_strong_password	not is_strong_password
使用者輸入強密碼	True	False
使用者輸入弱密碼	False	True

- 如果使用者輸入的是強密碼，則布林條件式（not is_strong_password）會傳回 False，則直接離開 while 迴圈，繼續執行下一行的 return password 將該強密碼傳回。
- 如果使用者輸入的不是強密碼，則布林條件式（not is_strong_password）會傳回 True，則進入 while 迴圈進行迭代，繼續要求使用者輸入強密碼，然後再回到布林條件判斷 True 或 False。只要條件式為 True 就繼續迭代，直到為 False 才離開迴圈。

在不確知迭代次數的情況下，應該使用 while 迴圈。但即使確知迭代次數，有時也可以使用 while 迴圈，例如處理字串中的字元或串列中的元素。雖然這種情況很適合採用 for 迴圈，但 Copilot 的建議也常有可能採用 while 迴圈處理，畢竟 Copilot 的程式功力來自五湖四海。

以下我們使用 while 迴圈來重新處理 Listing 5.2 的 lst 串列：

Listing 5.5 使用 while 迴圈處理串列

```
>>> lst
['cat', 'dog', 'bird', 'fish']
>>> index = 0
>>> while index < len(lst):      ← index 小於串列元素數時進入迭代
...     print('Got', lst[index])
...     print('Hello,', lst[index])
...     index += 1               ← 人類經常漏掉這一行而出錯
...
```

```
Got cat
Hello, cat
Got dog
Hello, dog
Got bird
Hello, bird
Got fish
Hello, fish
```

如果 while 迴圈內沒有加上 index += 1 這一行程式碼，index 變數就永遠是 0，使得 0 < 4 條件式始終為 True，就會陷入**無窮迴圈（infinite loop）**而不斷輸出 lst[0] 的 'cat' 字串。因此，每迭代一次，就要將 index 累加 1，直到 4 < 4 條件式為 False 才會離開此迴圈。

在 for 迴圈中，因為迴圈變數是由 for 自動更新賦值，我們不需要特別處理，然而在 while 迴圈，就必須由我們自行處理。基於這樣的原因，程式設計師們更傾向於在適合的情況下採用 for 迴圈。

5.2 縮排（Identation）

在 Python 程式碼中的縮排非常重要，它幫助 Python 判斷哪些程式碼屬於同一個程式區塊。因此，函式、if 條件語句、for 或 while 迴圈的內容都需要縮排，這不只是為了格式美觀而已，而是 Python 的特性，如果縮排位置不對，程式碼就會出錯。

5.2.1 縮排代表程式區塊

以下舉個簡單的例子來示範縮排的重要性。假設程式詢問使用者現在幾點鐘（輸入 1~23 的數字），將使用者輸入的字串用 int 函式轉換為數字，並以此數字判斷是早上、下午或是晚上，回答相應的問候語：

- 如果是早上（0~11），顯示「Good morning!」和「Have a nice day.」
- 如果是下午（12~17），顯示「Good afternoon!」
- 如果是晚上（18~23），顯示「Good evening!」和「Have a good night!」

依照以上的要求，我們將程式碼寫成下面那樣，您能看出縮排出了什麼問題嗎？

```
hour = int(input('Please enter the current hour from 0 to 23: '))

if hour < 12:
    print('Good morning!')
    print('Have a nice day.')
elif hour < 18:
    print('Good afternoon!')
else:
    print('Good evening!')
print('Have a good night.')
```

if 的區塊要縮排

elif 的區塊要縮排

else 的區塊要縮排

這一行未縮排，它屬於哪個區塊？

在這個例子中，我們使用 if-elif-else 根據輸入的小時數，執行不同的程式碼區塊，可看出每個區塊都有正確縮排，以確保程式碼能正確執行。然而，問題出在最後一行：它本來應該屬於 else 的區塊，但該縮排卻未縮排！也因此，這最後一行不屬於 if-elif-else 的任何一個區塊，所以不論使用者輸入哪個小時數，最後都會顯示「Have a good night!」。我們需要將這行縮排，將它納入 else 區塊，確保只在晚上時段會顯示。

編註： Python 的縮排是按 4 個空格或是按一個 Tab 鍵皆可，但為了在各編輯器中維持一致性，一般建議使用 4 個空格縮排。

5.2.2 二層縮排

撰寫程式時，我們也會利用多層縮排來表示程式碼與函式、if 語句、迴圈等的相對關係。例如，定義一個函式時，就需要對該函式定義下方的所有程式碼做縮排（也包括 docstring）。有些程式語言（像 C、Java）會用左右括號（如 {}）將各區塊括起來，但 Python 語言僅依賴縮排判斷是否屬於同一個區塊。如果您在函式內寫了一個迴圈（一層縮排），那麼迴圈區塊的程式碼就必須再縮排（二層縮排）以表示不同的區塊，依此類推。

我們在第 3 章討論的函式就展示了這個原則。例如，larger 函式（見 Listing 5.6）的整個內容都做了一層縮排，而其中用到 if 語句（包括 if 區塊和 else 區塊）再做第二層縮排：

Listing 5.6 函式主體要縮排，每一層也要縮排

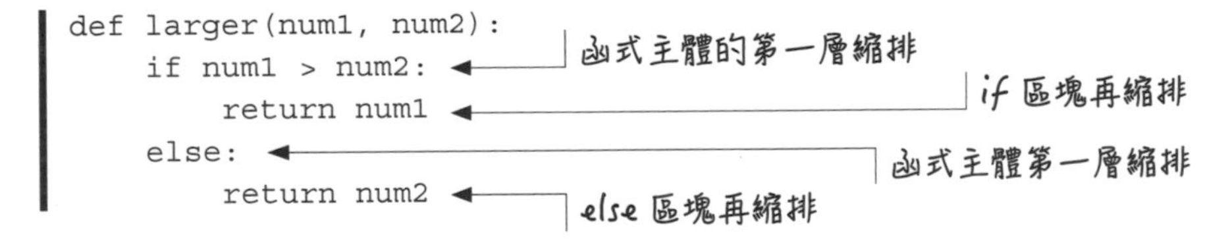

此外，在 Listing 5.4 的 get_strong_password 函式也是在 while 迴圈區塊用到二層縮排。

5.2.3 三層縮排

在 Listing 5.7 的 num_points 函式中甚至有更多層的縮排。這是因為，在遍歷單字每個字元的 for 迴圈內部，我們又用了一個 if 語句。我們已經知道，if 語句的每個部分都需要縮排，這就需要更多層的縮排。

Listing 5.7 num_points 函式有三層縮排

```
def num_points(word):
    """
    Each letter is worth the following points:
    a, e, i, o, u, l, n, s, t, r: 1 point
    d, g: 2 points
    b, c, m, p: 3 points
    f, h, v, w, y: 4 points
    k: 5 points
    j, x: 8 points
    q, z: 10 points

    word is a word consisting of lowercase characters.
    Return the sum of points for each letter in word.
    """
    points = 0
    for char in word:              ◄── 函式主體：一層縮排
        if char in "aeioulnstr":   ◄── 屬於 for 迴圈區塊：二層縮排
            points += 1            ◄── 屬於 if 區塊：三層縮排
        elif char in "dg":
            points += 2
        elif char in "bcmp":
            points += 3
        elif char in "fhvwy":
            points += 4
        elif char == "k":
            points += 5
        elif char in "jx":
            points += 8
        elif char in "qz":
            points += 10
    return points
```

5.2.4　美觀性的縮排

在 Listing 5.8 的 is_strong_password 函式中也有另一種縮排方式，但這主要是為了將一行非常長的程式碼分割成多行之便，主要也是為了程式碼看起來美觀。請注意！當一行程式碼過長的時候，可以適當換行，並在行尾加上一個反斜線「\」字元，表示此行程式延續到下一行。

Listing 5.8 程式碼換行的縮排

```
def is_strong_password(password):
    """
    A strong password has at least one uppercase character,
    at least one number, and at least one punctuation.

    Return True if the password is a strong password,
    False if not.
    """

    return any(char.isupper() for char in password) and \
           any(char.isdigit() for char in password) and \
           any(char in string.punctuation for char in password)
```

行尾以反斜線結束，表示下一行接續

這種縮排雖非必要，但在視覺上看起來整齊，亦能凸顯 return 關鍵字的層次

同理，在 Listing 5.9 的 num_points 函式的另一種解決方案，也用了一些額外的縮排，但這僅是為了將字典的內容分散到多行，使其更容易閱讀。

Listing 5.9 num_points 函式的另一解決方案

```
def num_points(word):
    """
    Each letter is worth the following points:
    a, e, i, o, u, l, n, s, t, r: 1 point
    d, g: 2 points
    b, c, m, p: 3 points
    f, h, v, w, y: 4 points
    k: 5 points
    j, x: 8 points
    q, z: 10 points

    word is a word consisting of lowercase characters.
    Return the sum of points for each letter in word.
    """
    points = {'a': 1, 'e': 1, 'i': 1, 'o': 1, 'u': 1, 'l': 1,
              'n': 1, 's': 1, 't': 1, 'r': 1,
              'd': 2, 'g': 2,
              'b': 3, 'c': 3, 'm': 3, 'p': 3,
```

字典可以分散在多行，行尾不用加斜線

這裡的縮排雖非必要，但對於視覺上呈現字典很有幫助

```
            'f': 4, 'h': 4, 'v': 4, 'w': 4, 'y': 4,
            'k': 5,
            'j': 8, 'x': 8,
            'q': 10, 'z': 10}
    return sum(points[char] for char in word)
```

5.2.5 縮排與巢狀迴圈

縮排對程式執行的順序影響很大。例如，我們可以用兩個連續的 for 迴圈做比較，第一個例子的兩個 for 迴圈是相同層級，而第二個例子則是一個迴圈嵌套（nesting）在另一個迴圈之內。以下先從兩個相同層級的 for 迴圈開始：

```
>>> countries = ['Canada', 'USA', 'Japan']
>>> for country in countries:
...     print(country)
...
Canada
USA
Japan
>>> for country in countries:
...     print(country)
...
Canada
USA
Japan
```

第一次執行 for 迴圈

第二次執行 for 迴圈

上面的例子，由於兩個 for 迴圈是獨立遍歷同一個串列各一次，因此兩次的輸出都相同。但如果利用縮排，讓第二個 for 迴圈嵌套在第一個 for 迴圈內，來看看結果如何：

執行第一個 for 迴圈

```
>>> for country1 in countries:
...     for country2 in countries:
...         print(country1, country2)
...
Canada Canada
Canada USA
Canada Japan
```

第二個 for 迴圈因為縮排，嵌套在第一個迴圈內

這是第二個迴圈的區塊，又被嵌套在第一個迴圈中

```
USA Canada
USA USA
USA Japan
Japan Canada
Japan USA
Japan Japan
```

我們在此例為每個 for 迴圈使用了不同的迴圈變數名稱，分別是 country1 和 country2，以便區分兩者的意義。

在 country1 迴圈變數的第一次迭代中，country1 指到“Canada”。在 country2 迴圈的第一次迭代中，country2 也指到“Canada”，因此第一行輸出是“Canada Canada”。您可能以為接下來的輸出會是“USA USA”，但實際上並非如此！因為 country2 的迴圈是嵌套在 country1 的迴圈中，因此 country2 進入下一次迭代指到“USA”時，country1 的迴圈尚未前進，仍然指到“Canada”。只有當 country2 迴圈變數遍歷之後，country1 迴圈變數才會移動到下一個，因此會先看到“Canada USA”與“Canada Japan”的輸出之後，才會看到“USA Canada”、“USA USA”⋯。

當一個迴圈嵌套在另一個迴圈內時，稱為**巢狀迴圈（nested loops）**。正常情況下，當存在巢狀迴圈時，內部迴圈（第二層 for 迴圈的 country2 變數）會先完成所有步驟，然後外部迴圈（在第一個 for 迴圈的 country1 變數）才會進行到下一步（然後重新執行一遍內部迴圈）。為了呈現這個層級關係，縮排就非常重要。

取得二維表格的每一列資料

雙層巢狀迴圈常用於處理二維資料，也就是依照欄位（column）與列（row）組織的資料，類似於下頁的表 5.1。這種二維資料在應用上經常見到，例如表格資料（如 CSV 檔案）、圖像（如照片或單幀影片）、棋盤遊戲以及電腦螢幕畫面。

在 Python 中，我們可以使用串列來儲存二維資料。此串列的每個元素本身也是個串列，可視為是串列中有多個子串列，每個子串列代表一列（row）資料，子串列中的每個元素則代表欄位（column）值。表 5.1 是 2018 年冬季奧運會花式滑冰獎牌數前五國的資料：

表 5.1 2018 年冬季奧運會花式滑冰獎牌前五國資料

Nation	Gold	Silver	Bronze
Canada	2	0	2
OAR	1	2	0
Japan	1	1	0
Germany	1	0	0
China	0	1	0

編註： 因俄羅斯當年遭奧委會禁賽，但通過藥檢者可用 OAR（Olympic Athlete from Russia）名義參賽。

我們可以將這張表格的資料存為一個串列，每一列代表一個國家：

```
>>> medals = [[2, 0, 2],
...           [1, 2, 0],
...           [1, 1, 0],
...           [1, 0, 0],
...           [0, 1, 0]]
```

medals 串列中包含 5 個子串列的元素都是數字。我們可以利用列與欄位的索引來取得串列中的值。當僅指定一個索引時，則是指列索引：

```
>>> medals[0]      ←— 顯示第 0 列資料（即第 1 筆）
[2, 0, 2]
>>> medals[1]      ←— 顯示第 1 列資料（即第 2 筆）
[1, 2, 0]
>>> medals[-1]     ←— 顯示第 -1 列資料（即最後一筆）
[0, 1, 0]
```

如果我們對 medals 串列用 for 迴圈讀取，就可以一次取得每一列的資料：

```
>>> for country_medals in medals:
...     print(country_medals)
...
[2, 0, 2]
[1, 2, 0]
[1, 1, 0]
[1, 0, 0]
[0, 1, 0]
```

用迴圈取得 medals 串列的每個元素（即子串列）

取得二維表格中的特定值

如果我們想從 medals 串列中取得某列的某個欄位值（而不是整列），我們就需要用到兩層索引：

```
>>> medals[0][0]
2
>>> medals[0][1]
0
>>> medals[1][0]
1
```

第 0 列的第 0 個欄位（即 Canada 的金牌數）
第 0 列的第 1 個欄位（即 Canada 的銀牌數）
第 1 列的第 0 個欄位（即 OAR 的金牌數）

遍歷二維表格中的每個值

如果我們想逐一遍歷 medals 串列每個值，就可以使用巢狀迴圈。為了準確追蹤索引的位置，我們在 for 迴圈中使用 range 函式來產生索引，這樣就可以輸出當前的列與欄位的編號，以及對應的值。

外層迴圈將遍歷串列中的每個列（也就是子串列），我們由 range(len(medals)) 得到共有 5 列、索引值由 0~4，用來控制外層迴圈索引。內層迴圈將遍歷子串列中的每個欄位。如何知道有幾個欄位呢？

欄位的數量就是一列中有幾個值（也就是子串列有幾個元素），可以由 range(len(medals[0])) 得到共有 3 個欄位、索引值由 0~2，用來控制內層迴圈。

每一行的輸出會顯示三個數字：列索引、欄位索引和該指定位置的值。如下所示：

```
>>> for i in range(len(medals)):   ←── 遍歷串列中的各列
...     for j in range(len(medals[i])):   ←── 遍歷各列中的各欄位
...         print(i, j, medals[i][j])   ←── 輸出列索引、欄位索引和值
...
0 0 2   ←── 列索引 0，欄位索引 0，值 2
0 1 0
0 2 2
1 0 1   ←── 列索引 1，欄位索引 0，值 1
1 1 2
1 2 0
2 0 1
2 1 1
2 2 0
3 0 1
3 1 0
3 2 0
4 0 0
4 1 1
4 2 0   ←── 列索引 4，欄位索引 2，值 0
```

在前三行輸出中，外層迴圈的列索引保持不變都是 0，而內層迴圈的欄位索引從 0 變化到 2，這就是遍歷串列中第一列的方式。當外層迴圈的列索引增加到 1，內層索引又會從 0 變化到 2。

巢狀迴圈為我們提供了系統性的方法來處理二維資料中的每個值。

5.3 字典（Dictionary）

Python 程式中的每個值都有一個特定的資料型別，包括用數字處理數值、用布林值處理 True / False 問題、用字串來處理文字，以及用串列處理一系列的值。此外 還有一種常見的資料型別稱為**字典**（**dictionary**），這是具有資料關聯性的高效存儲方式。例如，您想分析某本書籍中一些特定單字的出現次數，就可以利用字典記錄單字與出現次數的關聯性。

以下用一個簡單的例子來說明，請在 Python 提示符號下輸入 freq 字典：

```
>>> freq = {'DNA': 11, 'acquire': 11, 'Taxxon': 13, \
...         'Controller': 20, 'morph': 41}
```

freq 字典共有 5 個元素，每個元素包括一個鍵（**key**）與其對應的**值**（**value**），中間加上一個冒號。freq 字典中的單字（如 DNA、acquire、Taxxon 等）即為鍵，出現次數（如 11、11、13 等）即為各鍵對應的值。一定要切記！字典中的鍵不可重複出現，但值可以重複出現，例如上例中的 'DNA' 與 'acquire' 都可以對應到 11。

還記得嗎？在 2.6.3 小節中，Copiot 給的程式碼就用到字典存放每個四分衛的名字和他的傳球碼數；在 3.6.4 小節 num_points 函式的第二個解決方案中也用到字典（亦可參考 Listing 5.9），將每個英文字母對應到指定的分數。

5.3.1 存取字典的內容

接續前面建立的 freq 字典，我們要在 Python 提示符號下做一些互動練習：

```
>>> freq.keys()  ◀── 呼叫字典的 keys method 取出所有的鍵
dict_keys(['DNA', 'acquire', 'Taxxon', 'Controller', 'morph'])
>>> freq.values()  ◀── 呼叫字典的 values method 取出所有的值
dict_values([11, 11, 13, 20, 41])
>>> freq.pop('Controller')  ◀── 呼叫字典的 pop method 移除指定的鍵及其值
20
>>> freq  ◀── 顯示目前 freq 字典的所有元素
{'DNA': 11, 'acquire': 11, 'Taxxon': 13, 'morph': 41}  ◀── 剩下 4 個元素
```

字典的鍵會區分大小寫，例如 'DNA' 與 'dna' 是不同的鍵名。我們可以用如同索引的中括號直接指定鍵名，以取得其對應的值：

```
>>> freq['dna']  ◀── 大小寫不符，無此鍵名會出現錯誤訊息
Traceback (most recent call last):
  File "<stdin>", line 1, in <module>
KeyError: 'dna'
>>> freq['DNA']  ◀── 取得 'DNA' 鍵對應的值
11
>>> freq['morph']  ◀── 取得 'morph' 鍵對應的值
41
```

字典元素的值是可以改變的，以下是改變 'morph' 鍵值的方法：

```
>>> freq['morph'] = 6  ◀── 將鍵對應的值改為 6
>>> freq
{'DNA': 11, 'acquire': 11, 'Taxxon': 13, 'morph': 6}
```

字典允許指定鍵去取得對應的值，但不能反過來由值取得其鍵。如果想要雙向都能對應，就必須建立一個反向的字典，例如，單字出現次數作為鍵，而其對應的單字則為值。只要記得鍵不可重複出現的原則即可。

5.3.2 用迴圈取得字典的內容

如同字串和串列一樣，我們也可以使用迴圈遍歷字典中的每個元素，並用索引的中括號取得每個鍵所對應的值：

```
>>> for w in freq:
...     print('Word', w, 'has frequency', freq[w])
...
Word DNA has frequency 11
Word acquire has frequency 11
Word Taxxon has frequency 13
Word morph has frequency 6
```

迴圈變數會遍歷 freq 字典的每個元素

w 是鍵，freq[w] 是取值

5.4 檔案（Files）

我們經常需要存取資料集的檔案，作為後續的分析處理之用，這在資料科學中是經常做的事。我們在第 2 章用過一個 NFL 美式足球資料集的 nfl_offensive_stats.csv 檔案，請您確認這個檔案已放在 VS Code 的工作資料夾中，因為我們又需要用到它了。

5.4.1 開檔並讀取資料

處理檔案資料的第一步，就是用 Python 的 open 函式開啟檔案（如果檔名不對或未放入工作資料夾中，則會開啟失敗）：

```
>>> nfl_file = open('nfl_offensive_stats.csv')
```

有時候，Copilot 建議的開檔程式碼會加上一個 'r' 引數（如下頁所示）。這個 'r' 引數表示讀取（read），只能讀取檔案內容，不能更動。如果開檔時沒有加任何存取引數時，預設是 'r'。由於我們並不打算更動此檔案內容，因此用預設的 'r' 即可：

```
>>> nfl_file = open('nfl_offensive_stats.csv', 'r')
```

這一行程式是將打開的檔案指定給一個 nfl_file 變數，此變數是檔案型別，包括一些 method 可用來操作檔案，其中一個 method 是 readline，可用字串的形式取得檔案的下一列內容：

```
>>> line = nfl_file.readline()   ◄── 從檔案中讀取一行內容
>>> line   ◄── 查看 line 字串的內容
'game_id,player_id,position,player,team,pass_cmp,pass_att,pass_
yds,pass_td,pass_int,pass_sacked,pass_sacked_yds,pass_long,pass_
rating,rush_att,rush_yds,rush_td,rush_long,targets,rec,rec_yds,rec_
td,rec_long,fumbles_lost,rush_scrambles,designed_rush_att,comb_
pass_rush_play,comb_pass_play,comb_rush_play,Team_abbrev,Opponent_
abbrev,two_point_conv,total_ret_td,offensive_fumble_recovery_
td,pass_yds_bonus,rush_yds_bonus,rec_yds_bonus,Total_DKP,Off_
DKP,Total_FDP,Off_FDP,Total_SDP,Off_SDP,pass_target_yds,pass_poor_
throws,pass_blitzed,pass_hurried,rush_yds_before_contact,rush_
yac,rush_broken_tackles,rec_air_yds,rec_yac,rec_drops,offense,off_
pct,vis_team,home_team,vis_score,home_score,OT,Roof,Surface,Tempera
ture,Humidity,Wind_Speed,Vegas_Line,Vegas_Favorite,Over_Under,game_
date\n'
```

這一大串的內容看起來是以逗號分隔的欄位名稱，我們要將其分割成各個欄位的資料，這可用字串的 split method 做到。此 method 可接受一個分隔符號作為引數（此例是逗點），將字串依分隔符號分割成一個個小字串，組合成一個串列，此串列中的每個元素就是欄位名稱：

```
>>> lst = line.split(',')   ◄── line 字串用逗點作為分隔符號進行分割
>>> len(lst)   ◄── 此串列中的元素數共有 69 個
69
```

現在我們可以利用串列的索引查看個別的欄位名稱：

```
>>> lst[0]
'game_id'
>>> lst[1]
'player_id'
>>> lst[2]
'position '
>>> lst[3]
'player'
>>> lst[7]
'pass_yds'
```

串列中的索引 0，即第 1 個元素

此欄位名稱最後有個空格，是來自於原始資料

串列索引 3，球員名字欄位

串列索引 7，傳球碼數欄位

接下來，繼續執行 readline 取得下一列資料：

```
>>> line = nfl_file.readline()
>>> lst = line.split(',')
>>> lst[3]
'Aaron Rodgers'
>>> lst[7]
'203'
```

將檔案的下一列放入 line 字串

分割字串成串列

串列索引 3，對應 player 欄位

串列索引 7，對應傳球碼數欄位

一次移動一列對於探索檔案內容來說是可行的，但如果我們期望程式自動讀取並處理每一列內容，就可以使用 for 迴圈每迭代一次就移動一列，直到處理完檔案的每一列內容。

當完成對檔案的處理，記得呼叫 close method 關閉檔案。檔案關閉後，就不能使用該檔案，除非再次開啟：

```
>>> nfl_file.close()
```

關閉 nfl_file，就是關閉對檔案的存取

5.4.2 用迴圈逐列讀取檔案中的資料

現在我們已經討論了讀取、處理和關閉檔案的過程，接下來看一個完整的例子。在 Listing 5.10 中，我們開啟 nfl_offensive_stats.csv 檔案，並計算四分衛 Aaron Rodgers 的總傳球碼數：

Listing 5.10　用 for 迴圈迭代計算 Aaron Rodgers 的傳球碼數

```
nfl_file = open('nfl_offensive_stats.csv')
total_yards = 0
for line in nfl_file:
    lst = line.split(',')
    if lst[3] == 'Aaron Rodgers':
        total_yards += int(lst[7])
nfl_file.close()
print(total_yards)
```

迴圈變數 line 遍歷檔案的每一列

利用分隔符號分割成串列

如果索引 3 等於 'Aaron Rodgers'

就將索引 7 傳球碼數的字串轉換為整數並累加

這一段程式碼的執行結果會與第 2 章的輸出相同。不過，Listing 5.10 的寫法需要將檔案中的每一列資料，用分隔符號分割成串列之後才能處理，而且檔案使用完畢也要關閉（通常容易忘記），確實有點麻煩。

5.4.3 用模組簡化處理 CSV 檔案的過程

由於 CSV 檔案在資料科學中相當常見，因此 Python 提供了一個 csv 模組（module，下一節會繼續談到），可簡化處理開啟 CSV 檔案的過程，使我們不需要處理將字串分割成各個欄位這種瑣事。在 Listing 5.11 就是利用 csv 模組的函式來讀取檔案。此外，我們也用 with 關鍵字做資源管理（此處的資源即 CSV 檔案），檔案使用完畢後就會自動關閉。

Listing 5.11 使用 csv 模組處理 CSV 格式檔案

```
import csv
with open('nfl_offensive_stats.csv', 'r') as f:
    reader = csv.reader(f)
    nfl_data = list(reader)
passing_yards = 0
for row in nfl_data:
    if row[3] == 'Aaron Rodgers':
        passing_yards += int(row[7])
print(passing_yards)
```

載入 csv 模組

用 with 關鍵字做資源管理，此處的資源即 CSV 檔案，並指定給檔案變數 f

用 csv 模組的 reader 函式讀檔，並指定給 reader 讀取器，此讀取器可遍歷檔案中的每一列

用 list 函式將 reader 中的每一列都轉換為串列 nfl_data 的元素

迴圈變數 row 會遍歷 nfl_data 串列中的每個元素

解決問題的寫法不止一種

不管是用哪種寫法，最重要的就是要能做正確的事，之後才會關心程式的可讀性和效率。所以，如果您發現 Copilot 建議的程式碼不容易理解，不妨按 Ctrl + Enter 鍵花一些時間看看其它程式碼的建議，或許會有更簡單或更易看懂的解決方案。

檔案是資料的常見來源而被廣泛使用。這不僅包括 CSV 檔案，還有記錄電腦或網站事件的日誌檔案，以及儲存遊戲圖形規格的檔案等。鑑於檔案使用如此廣泛，也因此有許多模組可以幫助我們讀取不同格式的檔案，例如 JSON、XML、HTML、EXCEL … 等檔案格式。

編註：若需要找開啟各種檔案格式的模組，打開 GitHub Copilot Chat 窗格，直接用自然語言詢問就會有答案與使用範例了。

5.5 模組（Modules）

Python 被廣泛應用於處理各種類型的任務，例如遊戲、資料分析、網站及自動化等。然而，Python 本身只內建了最基礎的功能，它之所以受到歡迎就在於擁有龐大的外部模組可擴展其功能，使其能應對各種開發任務之所需。

Python 中的模組

模組（modules）是針對特定用途而設計的程式碼集合。我們不需要了解函式的運作原理就能夠使用它，對於模組也是同樣的道理。我們只需要了解模組能幫我們做什麼，以及如何撰寫程式碼來正確呼叫模組提供的函式就行。

有些模組是隨 Python 延伸模組一起安裝到電腦中，我們只需要在使用時載入（import）即可，但多數由各路專家撰寫的模組則需要下載後安裝。大多數您能想到的功能，很可能早已有人寫好模組了。表 5.2 列出一些常用的 Python 模組，包括它們是否為預設安裝的模組，如果不是預設的則需另行下載安裝：

表 5.2 常用 Python 模組整理

模組	預設	描述
csv	是	幫助讀取、寫入和分析 CSV 檔案
zipfile	是	幫助建立和解壓縮 ZIP 壓縮檔
matplotlib	否	圖形繪圖庫，為其它繪圖庫的基礎，提供高度自訂功能
plotly	否	用於製作 Web 互動式圖表的繪圖庫
seaborn	否	基於 matplotlib 的繪圖庫，比 matplotlib 更易於製作高品質圖表

模組	預設	描述
pandas	否	專門處理資料框(data frames)的資料處理庫
scikit-learn	否	提供機器學習基本工具(即從資料中學習和進行預測)
Numpy	否	提供高效率的資料處理
Pygame	否	遊戲程式庫，協助在 Python 中建構互動式、圖形化遊戲
Django	否	Web 開發庫，協助設計網站和 Web 應用程式

5.5.1 預設模組可直接載入 - 以 zipfile 模組為例

當人們需要整理檔案時，通常在備份或上傳之前會先打包成 ZIP 壓縮檔。同樣地，我們下載的檔案很多時候也是別人打包好的 ZIP 檔。Python 預設安裝了一個 zipfile 模組，可以幫助我們建立 ZIP 檔。

接下來，我們要練習將幾個 .csv 檔案打包成 ZIP 檔。目前在工作資料夾中已經有一個 nfl_offensive_stats.csv 檔案，請您分別建立以下兩個檔案：actors.csv 與 chores.csv。

在 actors.csv 檔案中包含演員姓名（Actor Name）和年齡（Age）兩個欄位，以及兩筆資料：

```
Actor Name, Age
Anne Hathaway, 40
Daniel Radcliffe, 33
```

欄位

兩筆資料

在 chores.csv 檔案中包含家務清單（Chore）和是否完成（Finished?）兩個欄位，以及兩筆資料：

```
Chore, Finished?
Clean dishes, Yes
Read Chapter 6, No
```

資料的筆數多少並不是重點，而是我們需要有這兩個 .csv 檔。當我們有了三個 .csv 檔之後，就可以在 Python 提示符號下練習用 zipfile 模組的函式來打包檔案了：

```
>>> import zipfile
>>> zf = zipfile.ZipFile('my_stuff.zip', 'w', zipfile.ZIP_DEFLATED)
>>> zf.write('nfl_offensive_stats.csv')
>>> zf.write('actors.csv')
>>> zf.write('chores.csv')
>>> zf.close()
```

建立新的 my_stuff.zip 檔

將第一個檔案寫入 my_stuff.zip

將第二個檔案寫入 my_stuff.zip

將第三個檔案寫入 my_stuff.zip

關閉 my_stuff.zip 檔

在上面程式碼中，用 zipfile 模組的 ZipFile 函式指定三個參數的值，第一個是要打包成的檔名 my_stuff.zip，第二個是 'w'（write）表示 my_stuff.zip 可寫入，第三個是指定檔案壓縮方法，ZIP_DEFLATED 是最常用的壓縮方法，可以在壓縮率與壓縮速度上取得平衡。然後將 my_stuff.zip 檔案賦值給 zf 變數，我們就可以透過 zf 變數來操作 my_stuff.zip 檔。

執行後，在工作資料夾中就會看到一個 my_stuff.zip 的打包檔，裡面就包含該三個被加入的 .csv 檔。以前打包 ZIP 檔需要用專門的軟體處理，但在 Python 中已內建，只需要載入即可使用。

編註：解壓縮 ZIP 檔

如果在程式中需要解壓縮一個下載回來的 ZIP 檔，可以用 zipfile 模組的 extractall 函式。用法如下：

```
import zipfile
with zipfile.ZipFile('my_stuff.zip', 'r') as zf:
    zf.extractall('解壓縮目標資料夾')
```

指定要解壓縮的檔案，設為可讀

指定要解壓縮到哪裡

如果在 extractall 函式中未指定解壓縮目標資料夾，則會解壓縮到當前資料夾。如果指定的目標資料夾不存在，則會自動新增該名稱的資料夾，並將解壓縮後的檔案放入該資料夾。

5.5.2 需要下載並安裝的套件

Matplotlib 是一個功能強大的資料視覺化套件，廣泛為程式設計師和資料科學家用於製作圖表。我們在 2.6.4 小節的 Listing 2.2 中就已經用於將四分衛的傳球碼數做成圖表。Matplotlib 並非預設模組，我們需要下載並安裝，然後在程式碼中用 import 將其載入即可使用。

編註：在 Python 中常會看到模組(modules)與套件(packages)，該如何區分呢？一般所稱之模組只有一個 .py 檔案，而套件會由多個模組組織而成。

除了 matplotlib 以外，還有諸如用於資料科學處理資料的 pandas、數值分析的 numpy、遊戲開發的 pygame、Web 開發的 Django 等等。在開始一個 Python 任務之前，了解該領域中有哪些可用的模組非常重要，由於前人已經處理掉許多棘手的問題，並製作成套件，您只需要下載並安裝就行了。在撰寫提示詞的時候引導 Copilot 使用該套件生成程式碼（當然，如果您不希望 Copilot 使用某些套件，也一樣可以從提示詞下手）。

要判斷應該使用哪些 Python 模組或套件，常見的做法是上 Google 搜尋或詢問 ChatGPT。例如，「Python 建立 ZIP 檔案」可發現這是 Python 的內建功能。「Python 視覺化工具」會查到 matplotlib、plotly、seaborn 等套件，進一步查閱這些套件會發現各自的視覺化範例和適合的用途。當然，也別忘了我們在 VS Code 中安裝了 Copilot Chat 功能可以詢問，並得到建議的使用範例。

5.6 Python 後 5 種構成要素整理

本章介紹了 Python 語言後 5 種構成要素，我們用表 5.3 做個整理。雖然這兩章介紹的 10 種構成要素並未涵蓋所有的 Python 語法，但至少對閱讀與理解 Copilot 生成的程式碼有個良好的基礎。

表 5.3 本章 Python 的後 5 種構成要素整理

<table>
<tr><th>構成要素</th><th>例子</th><th>描述</th></tr>
<tr><td>迴圈</td><td>for 迴圈：<pre>for country in countries:
    print(country)</pre>while 迴圈：<pre>index = 0
while index < 4:
    print(index)
    index = index + 1</pre></td><td>迴圈可以依需要，重複執行相同的程式碼。當我們確知迭代次數時使用 for 迴圈(例如字串中的字元數)；當不確知迭代次數時使用 while 迴圈(例如要求使用者輸入強密碼)。</td></tr>
<tr><td>縮排</td><td><pre>for country in countries:
    print(country)</pre></td><td>縮排用於告知 Python 哪些程式碼歸屬於同一程式區塊。</td></tr>
<tr><td>字典</td><td><pre>points = {'a': 1, 'b': 3}</pre></td><td>字典可以建立一個鍵和一個值的關聯。例如，鍵 'a' 和值 1 相關聯。</td></tr>
<tr><td>檔案</td><td><pre>file = open('chores.csv')
first_line = file.readline()</pre></td><td>檔案包含資料且儲存在電腦中。Python 可以打開檔案，讓程式能讀取並處理檔案中的資料。</td></tr>
<tr><td>模組 / 套件</td><td><pre>import matplotlib</pre></td><td>模組是現成的函式庫，提供許多功能。常用的模組或套件包括 csv、numpy、matplotlib、pandas 和 scikit-learn。</td></tr>
</table>

本章小結

- 迴圈用於重複執行相同的程式碼。
- 當確知會迭代多少次迴圈時使用 for 迴圈；不確知迭代次數時使用 while 迴圈。
- Python 透過縮排來確定哪些程式碼屬於同一區塊。
- 字典是從鍵到值的對應。
- 打開檔案之後才能從中讀取資料。
- 一旦 CSV 檔案被打開，就可以用 csv 模組的函式與迴圈讀取。
- 一些模組（如 csv 和 zipfile）隨 Python 預設安裝，可以透過 import 載入使用。
- 其它非預設安裝的模組或套件，需要先安裝才能載入與使用。

第 6 章

測試與提示工程

本章內容

- 了解測試 Copilot 程式碼的重要性。
- 運用黑盒測試與白盒測試。
- 透過修改提示詞讓 Copilot 改正錯誤。
- 觀察 Copilot 生成的測試程式碼範例。

我們在第 3 章初次認識到測試 Copilot 生成程式碼的重要性。對任何程式開發者而言，測試是確認程式碼能否正常運作的基本技能。本章將學習測試生成程式碼的方法，以及透過修改提示詞讓 Copilot 修正無效的程式碼。

6.1 程式碼測試的重要性

第 3 章提過測試程式碼是為了確認其正確性，然而許多學生對此卻不情不願。究其原因，我們認為牽涉到幾個層面。首先，初學者常有的錯誤認知，即認為電腦能夠理解程式碼的目的並正確執行，這種現象有時被稱為 Superbug（把電腦的智慧想得太好），因此覺得程式碼只要看起來無誤，而且既然能執行就應該一切正常。

而這第一個問題就引出了第二個問題：若堅信自己的程式碼沒問題，那就更不想面對完整的測試了，萬一測出問題不就是自找麻煩？乾脆不要面對最好。

專業工程師的態度就與學生截然不同。他們非常重視測試，因為程式碼錯誤可能對公司造成重大影響。沒有人想成為讓公司蒙受營業損失、讓駭客取得機密資料、或造成自動駕駛車輛事故的人。因為考慮到一旦發生錯誤的成本，合理的作法就是先假設程式碼可能有錯，直到其正確性得到證明。只有在廣泛測試後，我們才應相信程式碼能正確運作。而且不僅測試一次，還會將測試保留在系統中，所以每當有人新增功能、修復錯誤或改進性能時，不僅要對更動的部分測試，還要對可能受影響的任何程式碼做測試，這稱為**迴歸測試**（regression testing），確保沒有帶來新的錯誤以及誘發已修復的問題。

軟體開發者會在撰寫實際功能的程式碼之前先想好測試案例，定義新功能應該如何運作，此過程稱為**測試驅動開發**（TDD，test-driven development），這對寫出良好的提示詞也很有幫助，實際上可以直接在提示詞包含測試案例！不過，我們認為初學者還不需要這麼嚴謹，此處之所以提到 TDD 是為了強調測試在軟體開發中的重要性。

再次提醒：Copilot 會犯錯！我們不應對 Copilot 提供的程式碼的正確性做任何假設，必須通過測試之後才相信。

6.2 黑盒測試與白盒測試

軟體工程師通常使用兩種方法測試程式碼：**黑盒測試**（closed-box testing **或稱** black-box testing）與**白盒測試**（open-box testing **或稱** white-box testing）。

黑盒測試不需了解程式碼內部如何運作，只透過改變輸入值並觀察輸出值來進行測試。因為這種方法依賴於改變輸入值，所以常用於函式或整個程式的測試。黑盒測試的優勢在於不需檢視程式碼，可專注於期望行為。而白盒測試需要檢視程式碼並找出可能出錯的地方，其優勢是透過檢視程式碼的特定結構，發現可能失敗之處，並為該程式碼設計特定測試。

我們會使用這兩種測試來強化測試案例。表 6.1 摘要敘述了這兩種測試方法。本節將探討如何使用此方法測試函式。

表 6.1 黑盒、白盒測試摘要敘述

黑盒測試	白盒測試
■ 需了解函式規格來進行測試。 ■ 不需要了解程式碼如何運作。 ■ 測試者無需具備程式碼的專業能力。 ■ 透過改變輸入值並根據預期結果進行測試。	■ 需了解函式規格與實現函式功能的程式碼來進行測試。 ■ 應根據程式碼的結構進行特定測試。 ■ 測試者需對程式碼有足夠的專業能力，才能確定哪些測試更重要。 ■ 可如同黑盒測試的方法，但也要在函式內部進行測試。

6.2.1 黑盒測試

假設我們要測試一個 longest_word 函式，它接受一系列字串組成的串列，並傳回串列中最長的字串元素。以下是此函式的定義：

```
def longest_word(words):
```

準備輸入的是一個字串串列 words，預期輸出是串列中最長的字串。若有多個字串的長度相同，則傳回第一個。

簡化版的測試案例

編寫函式測試時，標準格式是記錄函式名稱、它的輸入以及預期輸出結果。例如，以下的呼叫與輸出：

```
>>> longest_word(['a', 'bb', 'ccc'])
'ccc'
```

表示如果用輸入串列 ['a', 'bb', 'ccc'] 呼叫 longest_word 函式，那麼從函式傳回的值會是 'ccc'。

我們在撰寫測試案例時，通常會考慮以下兩種情況：

1. **常見案例**（common use cases）：包括函式可能接受的一些標準輸入及其對應結果。
2. **邊界案例、極端案例**（edge cases）：不常見但可能發生的情況，以至於會讓程式崩潰。這些邊界輸入值或非預期的輸入值（例如傳入一個全是空字串的串列），會挑戰函式內的規則。

讓我們思考一些可能用來測試 longest_word 函式的案例。本章後續會看到如何實際執行這些測試案例，以確認程式碼的正確性。

我們先從常見案例開始，例如一個串列中包含三個字串，其中一個字串長度比其它兩個長：

```
>>> longest_word(['cat', 'dog', 'bird'])
'bird' ←— 正確
```

接下來是另一個測試，串列中包含更多字串，最長的字串出現在串列的其它位置：

```
>>> longest_word(['happy', 'birthday', 'my', 'cat'])
'birthday' ←— 正確
```

最後，測試串列中只有一個字串時：

```
>>> longest_word(['happy'])
'happy' ←— 正確
```

如果這些常見案例都正常執行，下一步就是考慮一些邊界案例。

假設我們想檢查函式是否符合一開頭所述：若有多個字串的長度相同，則傳回第一個（此測試要視為常見案例或邊界案例是見仁見智）：

```
>>> longest_word(['cat', 'dog', 'me'])
'cat' ←— 傳回長度相同的第一個，正確
```

如果串列中的所有元素都是空字串（用一對空引號表示）怎麼辦？顯然最長的字串就是空字串，因此這個測試應該傳回一個空字串：

```
>>> longest_word(['', ''])
'' ←— 傳回空字串，正確
```

邊界案例一詞來自於錯誤經常發生在執行範圍的「邊界」，以串列來說就是指第一個或最後一個元素。在迴圈中則在開始（例如，錯誤處理串

列中的第一個元素）或結束時（例如，漏掉最後一個元素或企圖存取串列尾端之後不存在的元素），因此需要特別關注這兩個位置。

不正確輸入測試

另一類測試是檢查函式對不正確輸入的反應。本書不大會討論此類測試，因為我們假設您會正確呼叫自己的函式。但對需要部署給終端用戶使用（稱為生產環境）的程式碼，因為我們無法預期終端用戶會輸入什麼奇奇怪怪的東西，這就需要額外縝密的測試。

不正確輸入的例子可能包括傳入不存在的串列（如使用 None 代替實際串列，例如 longest_word(None)）、傳入空串列（例如 longest_word([ ])）、傳入整數串列（例如 longest_word([1, 2])），傳入包含空格或多於一個單字的字串串列（例如 longest_word(['hi there', ' my ', 'friend'])）。

函式對於不正確輸入應該做何反應是一個難題，取決於開發者是否要花時間和資源來處理這些異常輸入。對於小型專案或是自用的程式碼，開發者可以選擇不去處理每一種可能的異常輸入，因為他們可以控制如何正確呼叫函式。然而部署到生產環境中的程式，處理錯誤輸入就非常重要，因為這關乎程式的穩定性和用戶體驗。

6.2.2 如何決定測試案例要測什麼？

在 3.6.1 小節曾談到一個關鍵點：進行有效測試需涵蓋多種呼叫函式的類型。要找出這些不同的類型，一個行之有效的策略是依據參數的資料型別，並嘗試改變其值。

例如，如果函式接受字串或串列作為參數，那就可以嘗試測試空字串或空串列、只有一個元素的情況，以及有多個元素的情況。要測試多個元素可能使用四個就夠了。只要程式碼能正確處理四個元素，想必增加到五個元素時就不太可能出錯，所以用五個或更多元素進行測試就沒有必要。

有的測試對函式來說可能也不具意義，例如求空串列中最長的字串就沒有意義，所以我們不需要對 longest_word 函式進行空串列的測試。

再舉個例子，如果一個函式接受兩個數字作為參數，那麼測試其中一個數字為零、兩個數字皆為零、一個數字為負數、兩個數字皆為負數，以及兩個數字皆為正數的這幾種情況就是有意義的測試類型。

另一個找出測試類型的方法是深入思考函式的功能。例如 longest_word 函式旨在尋找串列中最長的字串元素。因此，我們需要確保經過測試來驗證它在一般情況下確實能達成此目的。此外，當串列中的最長字串元素有多個時，依函式說明應該只會傳回第一個，那我們就應該設計一個測試案例，用於檢查輸入串列中包含多個最長字串時的函式行為。

確定測試的範疇既是科學也是藝術。雖然我們提供了一些基本原則，但有效測試案例的界定往往依賴於待測功能的特性。只有不斷練習測試技巧，才是提升測試能力的最佳途徑，也才能確保程式碼的品質。

6.2.3　白盒測試

白盒測試與黑盒測試的主要區別在於：白盒測試會檢查程式碼，察看是否需要做額外的測試案例。理論上，黑盒測試或許足以充分測試函式的功能，但白盒測試通常會帶來某些程式碼可能出錯的想法。假設我們請 Copilot 編寫 longest_word 函式如下：

Listing 6.1　找出串列中最長字串的函式 (其中有一個錯誤)

```
def longest_word(words):
    '''
    words is a list of words

    return the word from the list with the most characters
    if multiple words are the longest, return the first
    such word
    '''
```

```
longest = ""
for i in range(0,len(words)):
    if len(words[i]) >= len(longest):   ◄── 此處的 >= 應該改為 > 才對
        longest = words[i]
return longest
```

這個例子故意在程式碼中放入一個錯誤，以展示白盒測試的用途。假設您在思考測試案例時，忘記測試串列中最長的字串有兩個時會發生什麼事，那麼閱讀這段程式碼時，您可能會注意到這段 if 語句：

```
if len(words[i]) >= len(longest):
    longest = words[i]
```

閱讀此 if 語句時，您會發現到：當排在後面的字串元素長度大於或等於目前最長字串時，它會將新的最長字串賦值給 longest 變數，這看起來會發生錯誤（因為應該傳回第一個最長的字串），但實際上會傳回後面的那一個：

```
>>> longest_word(['cat', 'dog', 'me'])
'dog'   ◄── 傳回的不是第一個最長字串
```

所以要將 >= 改為 >。假若您不確定自己的想法是否正確，那就為其寫一個測試案例，實際測試是否會傳回正確的字串。

正如前面所述，白盒測試可以看到程式碼的結構，並據此進行測試。例如，程式碼中用到了迴圈功能，我們就能看到用的是 for 迴圈、迴圈的起始值與終止值，這會提醒我們要測試邊界案例，以確保能正確處理串列的第一個元素、最後一個元素和空串列。總之，閱讀程式碼如何處理輸入值，有助於洞察程式何時可能出錯。

6.3 如何測試您的程式碼

有效測試程式碼的方法有好幾種，從僅需符合自己需求的簡單測試，到需進入公司迴歸測試套件中的系統化測試都有。Pytest 工具是 Python 程式的測試框架套件，可用於簡單的單元測試到複雜的功能測試，幫助開發者有效地執行測試。然而，這部分內容超出了本書的討論範圍，我們僅關注於更為輕量級的測試方法，建立您對 Copilot 生成程式碼能正確執行的信心。本節會在 Python 提示符號下進行測試，以及利用 doctest 工具來達成。

6.3.1 在 Python 提示符號下進行測試

第一種測試方法是在 TERMINAL 面板的 Python 提示符號下進行，其優點在於可快速執行，且可根據前次測試的結果繼續更多測試。例如：

```
>>> longest_word(['cat', 'dog', 'me'])
'cat'
```

當進行某個測試時，假設您期望測試結果顯示為 'cat'，而輸出結果也真的是 'cat'，太好了！但如果測試結果不符預期，就需要修正錯誤以改善程式碼。

修正程式碼後，需要再次進行測試以確認修改是否有效。但這裡有一個陷阱：如果只針對之前失敗的那個測試案例進行測試，可能會忽略其它方面。因為在修正特定錯誤的過程中，可能會不小心帶入新的錯誤，這些新錯誤可能導致先前通過的測試現在無法通過。

因此，當修改程式碼後，不僅之前失敗的案例要通過測試，更重要的是要重新測試之前所有的測試案例，以確保修改沒有對程式碼的其它部分產生負面影響。簡而言之，每次程式碼有所改動時，就應該全面重新進行測試，以確保整個程式的穩定性和正確性。

6.3.2 直接在 Python 檔案中進行測試

如果您想要一次性執行所有的測試案例，可以考慮將這些測試案例直接寫進 Python 程式碼的所有函式外面（類似於 main 函式）。這樣確實很方便，每執行一次就將所有測試案例都重測一遍。但這同時也會帶來新的問題：因為 Python 程式本來就有其本身的功能要執行，而不是僅為測試之用。

因此，一個方法是在測試完畢之後就刪除所有測試程式碼，缺點是如果將來又需要重測時，還必須寫回來。另一個方法是在所有測試程式碼的開頭加上註解符號「#」，缺點是容易造成閱讀干擾。因此我們不建議用這種方法進行測試！

我們真正需要的，是一種能夠在需要時對函式進行測試，同時又不妨礙程式執行其主要功能的方式。解決方法就是使用 6.3.3 小節介紹的 doctest 模組。

6.3.3 用 doctest 模組進行測試

Doctest 是 Python 內建的模組，使用時只需將測試案例加入描述函式定義與參數說明的 docstring 中。如此一來，docstring 就具備雙重目的。首先，我們可以使用 doctest 執行所有的測試案例，再者也可以在您修正既有程式碼時提醒自己要符合測試案例。

測試通過的例子

以下我們將測試案例加入 longest_word 函式的 docstring 中：

Listing 6.2　用 doctest 測試 longest_word 函式

```
def longest_word(words):
    '''
    words is a list of words
    return the word from the list with the most characters
    if multiple words are the longest, return the first
    such word

    >>> longest_word(['cat', 'dog', 'bird'])
    'bird'

    >>> longest_word(['happy', 'birthday', 'my', 'cat'])
    'birthday'

    >>> longest_word(['happy'])
    'happy'

    >>> longest_word(['cat', 'dog', 'me'])
    'cat'

    >>> longest_word(['', ''])
    ''
    '''
    longest = ''
    for i in range(0,len(words)):
        if len(words[i]) > len(longest):
            longest = words[i]
    return longest

import doctest
doctest.testmod(verbose=True)
```

將測試案例一一寫入 docstring

Copilot 產生的程式碼

← 載入 doctest 模組

← 呼叫 testmod 測試模式函式

在這段程式碼中，我們在定義 longest_word 函式的 docstring 中加入提示詞以及各種測試案例，Copilot 就會依據 docstring 生成程式碼。然後我們再手動寫了最後兩行程式碼（請記得！當作 main 的程式碼要與函式標頭對齊，才不會被當成函式的一部份)，也就是載入 doctest 模組，並呼叫 testmod 函式進行測試。執行此程式之後，其輸出會如 Listing 6.3 所示：

Listing 6.3 執行 Listing 6.2 程式後的 doctest 輸出

```
Trying:
    longest_word(['cat', 'dog', 'bird'])
Expecting:
    'bird'
ok      ←———— 第一個 longest_word 測試通過
Trying:
    longest_word(['happy', 'birthday', 'my', 'cat'])
Expecting:
    'birthday'
ok      ←———— 第二個 longest_word 測試通過
Trying:
    longest_word(['happy'])
Expecting:
    'happy'
Ok      ←———— 第三個 longest_word 測試通過
Trying:
    longest_word(['cat', 'dog', 'me'])
Expecting:
    'cat'
ok      ←———— 第四個 longest_word 測試通過
Trying:
    longest_word(['', ''])
Expecting:
    ''
Ok      ←———— 第五個 longest_word 測試通過
1 items had no tests:
    __main__                 ← 在 main 中的程式碼不進行測試
1 items passed all tests:    ←———— 所有的測試案例皆通過
    5 tests in __main__.longest_word
5 tests in 2 items.
5 passed and 0 failed.  ←—— 5 個成功，0 個錯誤
Test passed
```

從以上輸出可看到每個測試案例都執行了，而且也都通過了。寫在 docstring 中的測試案例之所以會執行，都是因為加了以下這兩行程式碼：

```
import doctest
doctest.testmod(verbose=True)
```

在第一行載入 doctest 模組，此模組是為了執行 docstring 中的測試案例而設計。第二行呼叫 doctest 模組的 testmod 函式去執行所有測試案例；傳入 testmod 函式的引數 verbose=True 是告訴 doctest 不論測試是否通過，都要提供所有測試的訊息。如果是設為 verbose=False（此為預設值），就只有在測試案例失敗時才會出現訊息，測試成功就什麼訊息都不會出現。在這個案例中，Listing 6.2 的程式碼通過了測試案例。

測試不通過的例子

接下來，讓我們體驗一下測試不通過會發生什麼事。

再回到 Listing 6.2 的例子，假設 Copilot 生成的程式碼將 if len(words[i]) > len(longest) 中的 > 寫成了 >=，那麼遇到最長字串超過一個時，此函式就會傳回最後一個最長的字串，而不是第一個最長的字串。請您自己動手修改此函式，將

```
if len(words[i]) > len(longest):
```

改成

```
if len(words[i]) >= len(longest):
```

並將最後一行 testmod 函式的引數的 True 改為 False：

```
doctest.testmod(verbose=False)
```

接著執行此程式，就會得到以下的輸出：

```
File "c:\Users\ test_longest_word.py", line 17, in
      main .longest_word
Failed example:
    longest_word(['cat', 'dog', 'me'])
Expected:
    'cat' ←—— 預期是得到串列中第一個最長的字串
Got:
    'dog' ←—— 卻得到串列中後面最長的字串
1 items had failures: ←———————— 發現一個測試出錯
    1 of   5 in  main .longest_word
***Test Failed*** 1 failures.
```

Doctest 的便利之處在於它會明確告訴我們哪個測試被執行了，期望的輸出是什麼，以及實際得到的輸出是什麼。這樣的訊息反饋能夠有效捕捉錯誤，有利於及時修正。

Copilot 不會自動執行測試案例

您可能會想，既然我們在 docstring 中加入了測試案例，那 Copilot 在生成程式碼時，何不先利用這些測試案例進行測試，再提供給我們通過測試的程式碼？如此一來，我們就不用再花時間測試啦！不過，這牽涉到技術上的挑戰，截至我們撰寫本書時，此項功能還未被包含在內。因此，目前 Copilot 建議的程式碼，還是得靠我們測試。

到目前為止，我們已經探討了如何結合 Python 提示詞與 doctest 來執行測試。現在，我們更清楚如何測試程式碼，並思考這對函式設計循環會有什麼影響。

6.4 重新檢視 Copilot 函式設計循環

在第 3 章的圖 3.3 初次介紹了函式設計循環，當時我們對於閱讀與評估程式碼（第 4、5 章學到的知識）以及測試程式碼的認識還不夠深入。而我們現在懂得更多了，就需要將此設計循環做個修正（圖 6.1），以反映目前的理解程度：

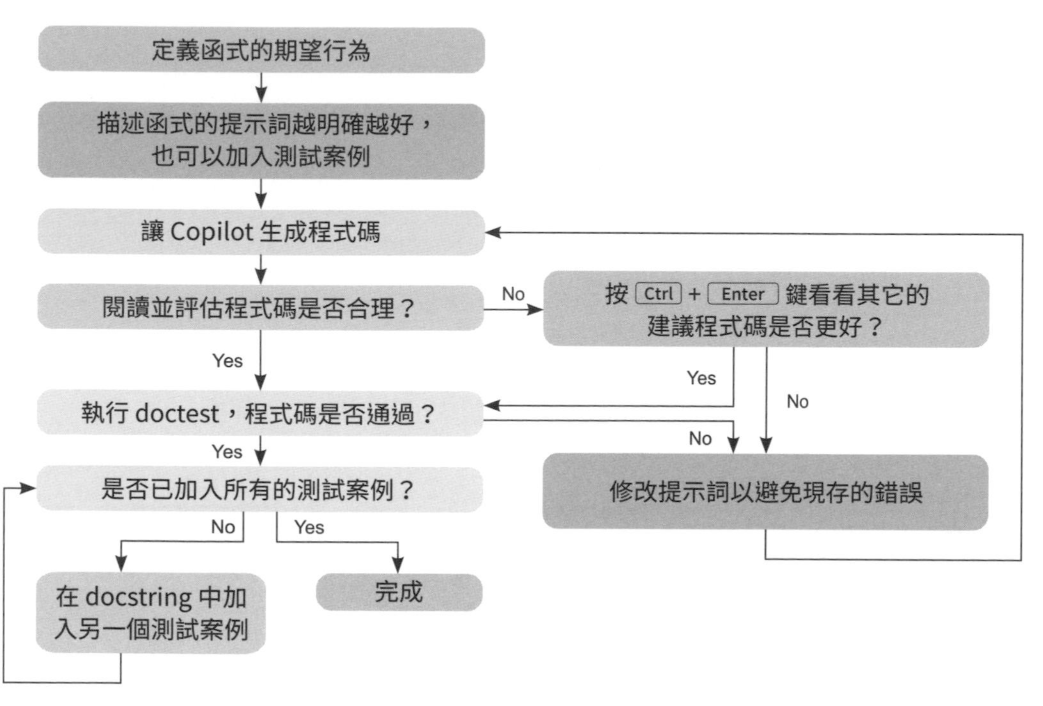

圖 6.1 Copilot 的函式設計循環，增加了測試的環節

雖然圖 6.1 要比圖 3.3 更為複雜，但仔細觀察可以發現大部分原始流程仍被保留。新增或變更的部分包括以下三點：

- 在 docstring 撰寫提示詞時，除了函式的定義說明，也可以加上測試案例，便於利用 doctest 進行測試。
- 經過第 4、5 章的學習，我們有能力閱讀並評估程式碼看起來是否正確，因此增加了一個額外的步驟來處理 Copilot 初始程式碼有錯的情況。如果遇到此類情況，我們可以按 Ctrl + Enter 鍵找找看 Copilot 的其它建議。如果能找到解決方案是最好，但若找不到，則需要修改提示詞，讓 Copilot 產生更好的建議。
- 當我們找到看似正確的程式碼後，可以利用 doctest 來測試是否通過在 docstring 中加入的測試案例。如果測試通過，可以繼續增加更多類型的測試直到皆能正確執行為止。如果測試失敗，我們需弄清楚如何修改提示詞以解決問題（若閱讀程式碼就能看出明顯問題，直接改程式碼最快）。

現在這個新版的函式設計循環，不僅更容易確認程式碼的執行狀況，還可在未能正常執行時進行修正。接下來，我們要將這些結合起來，透過解決一個新的問題，並以此處描述的流程來測試 Copilot 的解決方案。

6.5 測試範例 1 - 安排學生座位

現在我們要來解決一個有趣的問題，幫助學生在實體課教室中選擇座位。想像一下，教室的座位排列如同一個二維串列（two-dimensional lists），其中包含若干列座位。這些座位有的是空位（用空格字串「' '」表示）或已被學生選走（用「'S'」字串表示）。

我們要請 Copilot 開發一個函式，幫助識別哪一列還有最多的空位數。在這個開發過程中，我們也會設計測試案例，以確保能夠正確地執行。

6.5.1　找出一列中最多還可安排幾位新學生

我們的目標是確定教室中每一列座位還能夠容納的最大學生數，也就是需要計算出每一列的空位數。為了達成這個目標，我們可以先從一個稍微含糊的提示詞開始，觀察 Copilot 如何處理這個問題（編註：不熟悉撰寫提示詞技巧的人，很可能沒辦法一次就寫好，因此作者用試誤的方式，瞭解 Copilot 解讀提示詞的邏輯，再逐步修改提示詞，這可以當成學習下提示詞的練習）。

Listing 6.4 找出一列中最多還可安排幾位新學生

```
def most_students(classroom):
    '''
    classroom is a list of lists
    Each ' ' is an empty seat
    Each 'S' is a student

    How many new students can sit in a row?  ◄── 這一句頗為含糊
    '''
    max_students = 0
    for row in classroom:
        students = 0
        for seat in row:
            if seat == 'S':
                students += 1
            else:
                students = 0
            if students > max_students:
                max_students = students
    return max_students
```

我們來看看上面的提示詞。如果是問人類「How many new students can sit in a row?」這樣的問題，即使描述得不夠明確，人類依然能理解此詢問的意圖。不過，對 Copilot 就不是這麼回事了，它可能困惑於這句話是要計算學生數還是計算一列的空位數，或者是每列空位數的總和。因此，Copilot 生成了上面那一段看起來好像不賴，但又不確定在做什麼的程式碼。

對程式碼進行測試

為了弄清楚這段程式碼是否符合期待，我們該思考應該做什麼測試案例，以下是幾個想法：

- 教室內的座位安排，其中既有連續的空位也有不連續的空位，確保測試不僅僅是計算連續的空位，也要將同一列不連續的空位算進來。
- 當教室內已無空位，需確保傳回 0。
- 若教室內有一列座位皆為空位，確保所有座位都被算到，包括第一個和最後一個座位（邊界情況）。
- 若有多列的空位數相同，確保只傳回其中一列的空位數（而不是這幾列的空位數總和）。

接下來，我們要進行測試，確定一列中最多還可安排幾位新學生（找出空位數最多的那一列）。我們將 doctest 程式碼寫入 docstring 中進行測試，如 Listing 6.5 所示：

Listing 6.5　找出一列中最多還可安排幾位新學生（加入測試案例）

```
def most_students(classroom):
    '''
    classroom is a list of lists
    Each ' ' is an empty seat
    Each 'S' is a student

    How many new students can sit in a row?

    >>> most_students([['S', ' ', 'S', 'S', 'S', 'S'], \
                       ['S', 'S', 'S', 'S', 'S', 'S'], \
                       [' ', 'S', ' ', 'S', ' ', ' ']])
    4
    '''
    max_students = 0
    for row in classroom:
        students = 0
        for seat in row:
            if seat == 'S':
                students += 1
```

座位安排例子。要用 \ 串連下一行

```
        else:
            students = 0
        if students > max_students:
            max_students = students
    return max_students

import doctest
doctest.testmod(verbose=False)
```

請注意！ docstring 中的測試案例，如果輸入或期望的輸出長度很長，需要換行時，記得用反斜線「\」符號串連下一行。我們繼續，執行此程式會出現下面的錯誤訊息：

```
**************************************
Failed example:
most_students([['S', ' ', 'S', 'S', 'S', 'S'],
               ['S', 'S', 'S', 'S', 'S', 'S'],
               [' ', 'S', ' ', 'S', ' ', ' ']])
Expected:
4  ←———— 預期答案是 4
Got:
6  ←———— 算出來卻是 6
**************************************
1 items had failures:
   1 of   1 in  main .most_students
***Test Failed*** 1 failures.
```

儘管我們希望程式碼能夠正常運作，但第一個測試案例卻出現錯誤。在測試案例中，第 3 列有 4 個空位是最多的。然而，Copilot 的程式碼錯誤地告訴我們答案是 6。這個結果相當令人困惑。即使不深入閱讀程式碼，我們也可以推測它大概是計算每列的座位數量，或者是每列最多已安排幾位學生。由於測試案例的第 2 列皆已坐滿，這讓我們難以判斷究竟是哪種情況。一個可能的解決方法是更改測試案例的教室佈局，例如：

```
>>> most_students([['S', ' ', 'S', 'S', 'S', 'S'], \
                   [' ', 'S', 'S', 'S', 'S', 'S'], \   ← 將此列第 1 個座位設為空位
                   [' ', 'S', ' ', 'S', ' ', ' ']])
4
```

如此修改測試案例後，第 2 列現在有 5 位學生。當我們再次執行此程式碼時，給出的答案是 5，顯然仍然不符合期望的答案 4。這表示程式碼既不是計算每列的座位數（6），也不是計算每列的最大空位數（4），似乎與座位的安排有關。看來這個程式不行，我們應該修改提示詞，讓 Copilot 重新生成程式碼。

閱讀程式碼哪裡有問題

在修改提示詞之前，我們順便來閱讀一下 most_students 函式的程式碼，瞭解到底是哪裡有問題。

Listing 6.6　閱讀一遍此錯誤的程式碼

```
    max_students = 0  ◀── 初始化該列學生計數變數為 0
    for row in classroom:  ◀── 遍歷教室中的每一列
        students = 0  ◀── 初始化每一列的學生數計數器
        for seat in row:  ◀── 遍歷每一列的座位
            if seat == 'S':
                students += 1   | 若座位已安排學生，則計數器累加 1
            else:
                students = 0    | 若遇到空位，則計數器歸零
            if students > max_students:     | 檢查學生計數器數字是否比
                max_students = students     | 之前任一列都多，如果是，
    return max_students                     | 則將其設為新的最大值
```

從上面的描述中，我們了解到每行程式碼的具體功用，但從整體來看，實際上是在計算每一列中已安排學生的連續座位數。它透過為每一列初始化計數器 max_students 為 0 開始，並當座位上有安排學生時，就增加該計數器數值。當遇到空位時，計數器會被重置為 0。內層 for 迴圈的第 2 個 if 語句是一種常見的用法，可記錄目前的最大值，在這個情況下得到的是 'S' 連續出現的最大數，然而這並非我們期望的空位數。

顯然，不夠精確的提示詞是導致這個問題的主要原因。最重要的是，我們學到用測試案例確認程式碼有錯！（如果您在閱讀程式碼的過程中自己發現了這個錯誤，那表示您已具備一定的程度！）

6.5.2 改進提示詞以得到更佳解決方案

現在，我們要修改提示詞且保留測試案例，看看是否能在下面的例子中做得更好。

Listing 6.7 找出一列中最多還可安排幾位新學生 (第二次嘗試)

```
def most_students(classroom):
    '''
    classroom is a list of lists
    Each ' ' is an empty seat
    Each 'S' is a student

    Return the maximum total number of ' ' characters
    in a given row.

    >>> most_students([['S', ' ', 'S', 'S', 'S', 'S'], \
                       [' ', 'S', 'S', 'S', 'S', 'S'], \
                       [' ', 'S', ' ', 'S', ' ', ' ']])
    4
    '''
    max_seats = 0
    for row in classroom:
        seats = row.count(' ')
        if seats > max_seats:
            max_seats = seats
    return max_seats

import doctest
doctest.testmod(verbose=False)
```

修改的提示詞更加明確，希望找出各列出現' '(空格)的最大數

row 迴圈變數 (會遍歷 classroom 串列中的子串列) 呼叫串列的 count method，傳回該串列中指定元素的出現次數

記錄每列中最多的空位數

很幸運，這次 Copilot 推薦的程式碼可以通過上面的 doctest (詳細測試續看 6.5.3 小節)。萬一仍然有問題，建議您按 Ctrl + Enter 鍵察看其它的建議方案。

讓我們來分析一下為什麼第二個提示詞比第一個來得好。兩個提示詞的前面這幾行都沒變，在此將差異之處列出。

第一個導致錯誤程式碼的提示詞：

```
How many new students can sit in a row?
```

第二個修改過，生成正確程式碼的提示詞：

```
Return the maximum total number of ' ' characters in a given row.
```

由於我們不知道 LLM（大型語言模型）解讀自然語言的內部做法，因此以下是我們對於第一個提示詞出問題的猜測，歸納出以下 3 點：

1. 在第一個提示詞中的問題可能是出在「new」這個字，人類很自然會將整句話解讀為：「既然是新學生要坐，當然是問有多少空位」，但 Copilot 要從新學生轉換為需要多少空位，恐怕還沒那麼行，於是 Copilot 將可確定的焦點放在「students ... in a row」，所以不難想像它第一次生成的程式碼會去計算已有學生的座位數。
2. 另外有一個可能出問題之處是函式名稱。因為我們將函式取名為 max_students，這也可能引導 Copilot 去計算最多學生數。如果我們將函式名稱取為 max_empty_seats_per_row 或許會引導 Copilot 朝我們期望的方向生成。
3. 我們發現第一個提示詞會計算連續的學生座位數，問題也許出在「sit in a row」，我們知道 row 在此處是指 classroom 串列中的一個列，但「sit in a row」在英文中是指連續坐一排，才因此出現只要一讀到空格字串，就將計數器歸零的程式碼。這是提示詞寫得模稜兩可的緣故。

而在第二個提示詞中，我們用「maximum total number of ' ' characters」寫得更具體，明確表示是計算最多個空格字元。此外，我們也將「a row」改為「a given row」，希望 Copilot 不要去想連續坐一排的問題（不過這不見得有效，從 Copilot 的其它建議中還是會看到計算連續座位的例子）。至少比第一個提示詞要具體，而且也能得到正確的程式碼。當然，別忘了都要經過測試階段。

6.5.3 測試新的解決方案

第二個提示詞生成的程式碼已經通過第一個測試案例，但這還不夠，應該對它進行更多的測試，以確保其行為準確無誤。下一個測試將檢查當所有列中都沒有空位時（全滿），是否能正確傳回 0：

```
>>> most_students([['S', 'S', 'S'], \
                   ['S', 'S', 'S'], \
                   ['S', 'S', 'S']])
0  ◄──── 正確
```

接著，要測試程式是否能準確計算出單一列（此例為第二列）的所有 3 個空位，從而避免邊界情況（例如遺漏第一個或最後一個元素）。雖然此程式是用串列型別的 count method 計算數量，照理說應該不會有問題，但我們仍然要實際測試過：

```
>>> most_students([['S', 'S', 'S'], \
                   [' ', ' ', ' '], \
                   ['S', 'S', 'S']])
3  ◄──── 正確
```

最後一個測試案例，當有兩列具有相同數量空位時，此程式會如何回應，例如有兩列的空位數都是 2：

```
>>> most_students([[' ', ' ', 'S'], \
                   ['S', ' ', ' '], \
                   ['S', 'S', 'S']])
2  ◄──── 正確
```

然後，我們將這些測試案例全部寫進 docstring 中（Listing 6.8），執行一遍就全都通過了。提醒！如果發生錯誤，請仔細閱讀錯誤訊息，可能是某個小地方打錯字的關係，在程式編輯區也會有提示出現。

Listing 6.8　找出一列中最多還可安排幾位新學生 (完整測試)

```
def most_students(classroom):
    '''
    classroom is a list of lists
    Each ' ' is an empty seat
    Each 'S' is a student

    Return the maximum total number of ' ' characters
    in a given row.

    >>> most_students([['S', ' ', 'S', 'S', 'S', 'S'], \
    [' ', 'S', 'S', 'S', 'S', 'S'], \
    [' ', 'S', ' ', 'S', ' ', ' ']])
    4
    >>> most_students([['S', 'S', 'S'], \
    ['S', 'S', 'S'], \
    ['S', 'S', 'S']])
    0
    >>> most_students([['S', 'S', 'S'], \
    [' ', ' ', ' '], \
    ['S', 'S', 'S']])
    3
    >>> most_students([[' ', ' ', 'S'], \
    ['S', ' ', ' '], \
    ['S', 'S', 'S']])
    2
    '''
    max_seats = 0
    for row in classroom:
        seats = row.count(' ')
        if seats > max_seats:
            max_seats = seats
    return max_seats

import doctest
doctest.testmod(verbose=True)
```

在這個例子中，我們學習如何從頭到尾編寫一個函式來解決問題。由於剛開始的提示詞不夠明確具體，Copilot 也給出錯誤的建議。經過第一次測試的失敗，我們發現了錯誤的原因。之後改進了提示詞，並利用第 4、5 章學到的程式碼閱讀技巧，選擇符合需求的解決方案。

新生成的程式碼通過了的基本測試，於是加入更多測試案例以檢查在更多情況下的有效性。看到程式碼通過了這些額外測試，包括常見案例和邊界案例的測試，我們對其正確性更加有信心。這個例子展示了如何利用測試幫助我們發現錯誤，是個很好的經驗。

6.6 測試範例 2 - 用到外部檔案

在絕大多數的情況下，您可以像 6.5 節那樣在 docstring 中加入測試案例進行測試。但有時候的情況更具挑戰性，特別是對外部輸入進行測試時，例如測試與外部網站互動。這種情況常見於進階應用，而本處僅討論與外部檔案互動的測試。

讓我們回顧第 2 章中的 NFL 四分衛（QB）範例，來探討如何實施這個測試方法。在 nfl_offensive_stats.csv 資料集中總共有 69 個欄位，我們此處僅呈現前 9 個欄位以便於閱讀（要測試完整的資料集，就必須在測試案例中納入所有的欄位）。此資料集的前三筆記錄如表 6.2：

表 6.2 美式足球 NFL 資料集的前三筆記錄

game_id	player_id	position	Player	team	pass_cmp	pass_att	pass_yds	pass_td
201909050chi	RodgAa00	QB	Aaron Rodgers	GNB	18	30	203	1
201909050chi	JoneAa00	RB	Aaron Jones	GNB	0	0	0	0
201909050chi	ValdMa00ling	WR	Marquez Valdes-Scant	GNB	0	0	0	0

假設我們要寫一個計算某球員傳球碼數（pass_yds）的函式，就必須將資料集檔案名稱與該球員姓名傳入此函式。因此，可知此函式需要有兩個參數：資料集檔案、球員姓名。

在撰寫函式定義與提示詞之前，先想好準備如何進行，以下有兩個方法可選：

1. **使用完整的資料集做測試：**由於資料量很多，為了確認測試結果正確，可以先用 Excel 試算表依球員姓名做排序，再加總他們各自的傳球碼數以得到正確答案。
2. **客製化資料集做測試：**整理出一些已知查詢結果的記錄，並刻意增加一些邊界案例的記錄。雖然原本的資料集不見得會出現邊界案例，但透過這樣的測試，可以因應爾後資料集更新的各種可能。

考慮到客製化資料集具有輕便以及可測試邊界案例的優點，以下我們會採用這個方法。

6.6.1 準備進行的測試案例

以下將準備測試的常見案例與邊界案例條列出來。首先是常見案例，我們希望對這個資料集進行以下幾種測試：

1. 一位球員會出現在不同列的記錄中（不只出現一次），而且不見得會連續出現，也可能會出現在最後一列（換句話說，程式假設資料集並未依球員姓名排序過）。此測試確保程式能夠在給出結果之前，完整遍歷資料集中的每位球員。
2. 一位球員連續出現在數列記錄中。此測試確保當處理連續出現的特定資料時，程式能夠準確無誤地識別每一筆記錄，確保不會因連續出現而錯過或跳過任何一筆。
3. 一位球員只出現一次。此測試確保即使只是對單一值做加總，也能正常運作。

4. 資料集中應包括不是四分衛的球員，確保程式對其它位置的球員都能計算傳球碼數。
5. 一位球員在一場比賽中的總傳球碼數為 0。此測試確保當球員傳球碼數為 0 時，程式仍能正常運作。這算常見案例，因為球員有可能因傷退場。

再來，對於邊界案例打算進行以下幾種測試：

1. **球員不在資料集中：**在這種情況下，我們希望程式如何處理？一個合理的回應是傳回其傳球碼數為 0。例如，詢問資料集中 Lebron James（NBA 籃球員）於 2019 至 2022 年期間在 NFL 中傳了多少碼，顯然 0 是正確的答案。然而，這可能不是最好的解決方案，因為會讓人誤以為真的有一位 Lebron James 在打 NFL。

   或者，查詢 Aron Rodgers（正確應該是 Aaron）的傳球碼數，我們寧願程式回答此人不在資料集中，也不希望得到傳球 0 碼的錯誤，畢竟他在該期間兩度獲得聯盟 MVP，對於這種情況，傳回一個很大的負值（例如 -9999）可能還比較好，不然就做異常處理（exceptions，不在本書討論範圍）。
2. **一位球員在所有比賽中的總傳球碼數為負值，或者一位球員在單場比賽中的傳球碼數為負值，以確保程式碼能正確處理負值：**這確實可能發生。傳球後，接球者被對方防守球員擒抱並阻止於原點或原點之後的情況。這表示球員接到球後並未能向前推進，反而被防守方逼退，導致該次傳接球的碼數為負值。

現在我們知道要做哪些常見案例與邊界案例的測試，接著就來建立客製化的資料集。表 6.3 就是此檔案的內容，將其儲存為 test_file.csv。

編註：此檔案已附在本書補充資源供下載，請放在 VS Code 的工作資料夾內，程式才找得到檔案。

表 6.3 測試 NFL 傳球碼數功能的客製化資料集

game_id	player_id	Position	player	team	pass_cmp	pass_att	pass_yds	pass_td
201909050chi	RodgAa00	QB	Aaron Rodgers	GNB	20	30	200	1
201909080crd	JohnKe06	RB	Kerryon Johnson	DET	1	1	5	0
201909080crd	PortLe00	QB	Leo Porter	UCSD	0	1	0	0
201909080car	GoffJa00	QB	Jared Goff	LAR	20	25	200	1
201909050chi	RodgAa00	QB	Aaron Rodgers	GNB	10	15	150	1
201909050chi	RodgAa00	QB	Aaron Rodgers	GNB	25	35	300	1
201909080car	GoffJa00	QB	Jared Goff	LAR	1	1	-10	0
201909080crd	ZingDa00	QB	Dan Zingaro	UT	1	1	-10	0
201909050chi	RodgAa00	QB	Aaron Rodgers	GNB	15	25	150	0

請注意！這份資料集完全是客製化的（並非球員的真實統計資料），不過我們保留了一些真實球員的姓名，以及原始資料集中的真實 game_ids 和 player_ids，讓此份資料集至少接近真實資料，這樣測試才更能反映完整資料可能發生的情況。

讓我們看看如何在這個資料集檔案中融入所有的測試案例：

1. Aaron Rodgers 在資料集中多次出現，既有連續也有不連續的情況，並且也出現在最後一列。
2. Jared Goff 也多次出現，我們給了他一場傳球碼數為 -10 的比賽（希望他不要介意）。
3. Kerryon Johnson 在真實資料中也是跑鋒（RB），我們給了他 5 碼的傳球碼數，以確保解決方案不僅針對四分衛。而且他在此資料集中只出現一次。
4. 我們將 Leo Porter 加到資料集中，並給了他傳球碼數為 0。
5. 我們還將 Dan Zingaro 加入，並給了他 1 次傳球完成（pass_cmp），但傳球碼數為 -10 碼，做為單場傳球碼數為負值的案例。

右表表示當我們查詢每位球員的傳球碼數時，會得到的結果：

表 6.4 測試資料集中每位球員的傳球碼數

球員姓名	傳球碼數
Aaron Rodgers	800
Kerryon Johnson	5
Leo Porter	0
Jared Goff	190
Dan Zingaro	-10

6.6.2 建立函式

首先，我們要訂出函式的名稱，tot_pass_yds_player（每位球員的總傳球碼數）這個名字有明確表達函式的用途，然後我們要在函式的 docstring 中描述功能。這個函式比較複雜，我們需要讓 Copilot 知道此函式需要開啟一個檔案，處理檔案內的資料並關閉檔案。我們先嘗試寫出提示詞再觀察 Copilot 做何反應，見 Listing 6.9：

Listing 6.9　計算每位球員總傳球碼數的函式

```
def tot_pass_yds_player(input_file, player):
    """
    input_file is a string that is the name of a file
    player is the name of a player
    The file is a csv file with a header row
    Column 4 is the player's name and column
    8 is the number of passing yards for that player


    return the total number of passing yards for the player
    """
    import csv
    with open(input_file, 'r', encoding='utf-8') as csvfile:
        reader = csv.reader(csvfile)
        next(reader)
        total = 0
        for row in reader:
            if row[3] == player:
                total += int(row[7])
        return total
```

這段 Copilot 生成的程式碼，閱讀之後看來相當合理：

1. 用 with 關鍵字開啟檔案，讀檔完畢會自動關閉檔案，所以我們不用處理關檔。
2. 將檔案內容讀入 reader 檔案物件，用 next 函式讀取檔案的下一列內容（跳過標頭列）。
3. 將總傳球碼數 total 變數預設為 0。
4. 進入 for 迴圈，row 迴圈變數遍歷整個檔案，並將索引 3（第 4 欄）與第二個參數值比對球員姓名，姓名符合者就將索引 7（第 8 欄）的傳球碼數累加。
5. 遍歷檔案之後將指定球員的總傳球碼數傳回。

在此例中，我們並未在 docstring 中加入測試案例，是因為我們希望 Copilot 先確實瞭解函式要做什麼：包括是否找得到指定的檔案、是否知道兩個參數的意思、是否瞭解第 4 欄與第 8 欄是指什麼？如果 Copilot 誤解意思的話，還要回頭修正提示詞。因此，在這個階段加入測試案例並沒有好處。

編註：文字檔會有不同的編碼格式

即使是文字檔（例如 CSV、TXT）也會有不同的編碼格式，若開啟檔案時的解碼格式不符，讀取檔案內容時會出錯。Copilot 在生成開檔程式碼時並未考慮到檔案是何種編碼格式，因此預設生成 open(input_file, 'r') 程式碼。但我們是在繁體中文系統下，因此小編在 open 函式中多加一個 encoding 參數，指定使用 UTF-8 國際標準碼（encoding='utf-8'），可兼容國際上的各種語言。

6.6.3 對函式進行測試

為了測試這個函式，我們要在 docstring 中納入測試案例，如下所示：

- 測試案例 1：計算在多筆記錄（包括連續與不連續）中出現的 Aaron Rodgers 總傳球碼數。答案是 800。
- 測試案例 2：計算不是四分衛的 Kerryon Johnson 總傳球碼數。答案是 5。
- 測試案例 3：Leo Porter 總傳球碼數為 0 時是否出錯。答案是 0。
- 測試案例 4：Dan Zingaro 傳球碼數為負值時是否出錯。答案是 -10。
- 測試案例 5：Jared Goff 有多筆資料，其中一筆傳球碼數為負值時是否出錯。答案是 190。
- 測試案例 6：Tom Brady 不在資料集中，是否傳回預期的錯誤值。答案是 0。

這些測試案例能幫助我們確保此函式在各種情況下均能正確運作。

Listing 6.10　計算每位球員總傳球碼數的函式 (包含測試案例)

```
def tot_pass_yds_player(input_file, player):
    """
    input_file is a string that is the name of a file
    player is the name of a player

    The file is a csv file with a header row
    Column 4 is the player's name and column
    8 is the number of passing yards for that player

    return the total number of passing yards for the player
    >>> tot_pass_yds_player('test_file.csv' , 'Aaron Rodgers')
    800
    >>> tot_pass_yds_player('test_file.csv', 'Kerryon Johnson')
    5
```

```
    >>> tot_pass_yds_player('test_file.csv', 'Leo Porter')
    0
    >>> tot_pass_yds_player('test_file.csv', 'Dan Zingaro')
    -10
    >>> tot_pass_yds_player('test_file.csv', 'Jared Goff')
    190
    >>> tot_pass_yds_player('test_file.csv', 'Tom Brady')
    0
    """
    import csv
    with open(input_file, 'r') as csvfile:
        reader = csv.reader(csvfile)
        next(reader)
        total = 0
        for row in reader:
            if row[3] == player:
                total += int(row[7])
        return total

import doctest
doctest.testmod(verbose=False)
```

當您執行這段程式碼並通過所有測試案例後，程式碼的正確性就得到了進一步的驗證。

6.6.4 使用 doctest 容易出現的問題

Doctest 將測試案例寫在 docstring 中，能夠直接展示函式的用法和期望的輸出值。但是，在使用 doctest 時有個很容易出現的問題要注意。我們將 Listing 6.10 做個修改，在第一個測試案例的答案「800」後面多加一個空格（很容易不小心按到）變成「800 」：

```
>>> tot_pass_yds_player('test_file.csv', 'Aaron Rodgers')
800 
```

最後面多了一個空格，但不容易發現

在執行測試時，就會得到下面這個錯誤：

```
Failed example:
    tot_pass_yds_player('test_file.csv', 'Aaron Rodgers')
Expected:
    800
Got:
    800
```

當遇到這種情況時，確實會感覺很奇怪，期望的結果是 800，實際得到的也是 800，看起來應該通過，但 doctest 卻告訴我們測試失敗。這是因為我們在編寫測試案例時犯了一個小錯誤，將預期結果寫成了「800 」(末尾多了一個空格)。Python 會認為此空格也是答案的一部分，從而造成測試失敗。不幸的是，在用 doctest 時，多按到一個空格又是很常發生的事！而好消息是現在您知道了，如果發生類似的問題，表示這個測試案例應該能通過，只需要回去檢查是否有額外的（或缺少的）空格即可。

既然所有的測試案例都通過了，就可以放心回到更大的資料集使用剛剛建立的函式了。再次強調，測試的目的是為了獲得對程式碼的信心，所以要測試自己撰寫的以及 Copilot 建議的任何程式碼。

我們在本章瞭解測試程式碼的重要性、測試程式碼的方法，並用兩個範例詳述測試過程。在這兩個例子中的問題，只需要用一個函式就能解決，如果遇到更大的問題呢？可能就不是只靠一個函式能解決的了，因此下一章會介紹**問題分解（problem decomposition）**來解決複雜的問題。

本章小結

- 使用 Copilot 開發程式時，測試是很關鍵的技能。
- 黑盒測試和白盒測試皆可用來測試程式碼。在黑盒測試中，我們依據對問題的瞭解來制定測試案例；在白盒測試中，我們還會深入檢查程式碼中是否有潛藏的問題。
- Doctest 透過在函式的 docstring 中加入測試案例來測試程式碼。
- 客製化資料集可以自行加入邊界案例，也是用來測試存取外部檔案的好方法。

第 7 章

問題分解

本章內容

- 問題分解（problem decomposition）的概念及其必要性。
- 示範用 Top-Down（由上而下）設計來分解問題並撰寫程式。
- 使用問題分解的方法，撰寫一個作者身份識別程式在第 3 章曾經提過，我們不應該直接將大問題丟給 Copilot 去生成程式碼，例如要求 Copilot 撰寫一個能確定書籍作者的程式。最好的情況可能是有人曾經開發且做過完整規劃的類似程式並開放出來，於是 Copilot 就提供給我們，但又不見得剛好符合需求，且萬一存在問題需要修改將會非常困難。而最壞的情況，Copilot 可能無法提供任何實質的幫助，只是反覆生成註解而非能用的程式碼。

做為程式設計師，依需求客製化內容是職能所在。對於交辦下來的大問題，採用 top-down 設計是常見的設計策略，我們應該將大問題細分為多個子任務，再將子任務交給 Copilot 協助處理，如此就容易多了，最後再將這些組合起來。這種問題分解的方法不僅有助於理解整個大問題，也能更有效地利用 Copilot 建立符合需求的解決方案。

7.1 問題分解的過程

問題分解的過程包括從一個尚未完全明確的大問題出發，將其細分為多個具體且明確定義的子任務，每個子任務完成整體中的局部功能。有些子任務比較單純，可以直接寫成一個函式，然而有些子任務可能仍然過大，難以用一個函式解決（如第 3 章所述，我們希望每個函式的程式碼保持在約 12~20 行之間，這樣既能提高從 Copilot 獲取優質程式碼的可能性，又便於測試與修正），那就需要將該子任務再細分為更小的子任務，形成多層的結構。這樣做的目的就是為了降低複雜度，讓每個函式的功能足夠單純。

將一個大問題進行分解的過程稱為 **top-down（由上而下）設計**。我們的目標是建立一系列的函式，每個函式在整個程式中僅負責一個特定的功能，而且這些函式的行為與功能都定義明確清楚。如此一來，整個架構清楚且容易理解和維護。此外，我們也需要設計一些可共用的小函式供其它函式呼叫用，以避免在不同函式中重複用到相同的程式碼。對於函式的參數數量也需斟酌，利用少量參數就能正確運作，並傳回有利於呼叫方後續運用的結果。

7.2 Top-Down 設計的小例子

7.2.1 用 Top-Down 思考獲取強密碼函式

回想第 3.6.3 小節獲取強密碼的 get_strong_password 函式，當時是藉由呼叫另一個已事先建好、用於判斷密碼強弱的 is_strong_password 函式來完成。現在讓我們改用 top-down 的思考方式，重新建構 get_strong_password 函式。

Top-down 設計首要考量的是大問題，也就是建立一個能獲取強密碼的函式。由這裡可以延伸出一個子任務：強密碼的定義是什麼？要符合什麼規則才算強密碼？這才會衍生出用於判斷強密碼的 is_strong_password 函式（功能明確、具體、單一）。在圖 7.1 用 top-down 設計呈現任務與子任務的關係（雖然此處用橫向展示）：

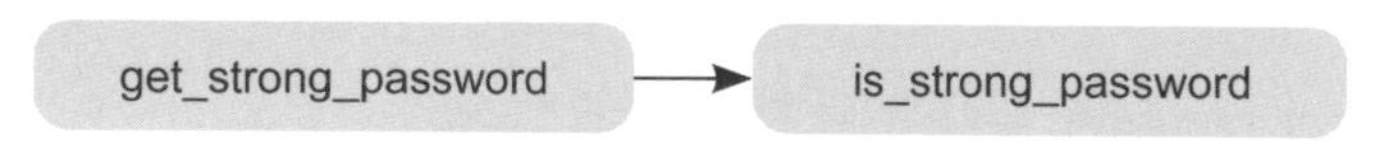

圖 7.1 由 get_strong_password 函式呼叫 is_strong_password 函式

透過 top-down 設計方式，我們將一個大問題（獲得強密碼）分解為兩個較小的部分：一個是獲取用戶輸入的部分，另一個是驗證密碼強度的部分。如此不僅使得問題更容易管理，還提高了程式碼的可讀性和可重用性。當需要修改或增加新功能時更為容易。雖然結果與第 3.6.3 小節相同，但學會 top-down 設計思維，對於以後遇到的所有問題都能派上用場。

7.2.2 用 Top-Down 思考找出分數最高單字函式

我們在第 3.6.5 小節建立過一個找出分數最高單字的 best_word 函式，它接受一個字串串列，並傳回串列中分數最高的字串。現在改用 top-down 設計方式，思考如何建立這個函式。

我們在這個問題中發現了一個子任務：由每個字母多少分算出整個字串多少分？如果有一個子任務專門處理這個問題，就不需要在 best_word 函式中做此計算了。將這個子任務實現之後，就會是第 3.6.4 小節拼字遊戲計分的 num_points 函式。如此一來，best_word 函式只需呼叫 num_points 函式即可獲取每個字串的分數，如圖 7.2。這樣的分工，使每個函式都更專注於一個具體的任務：

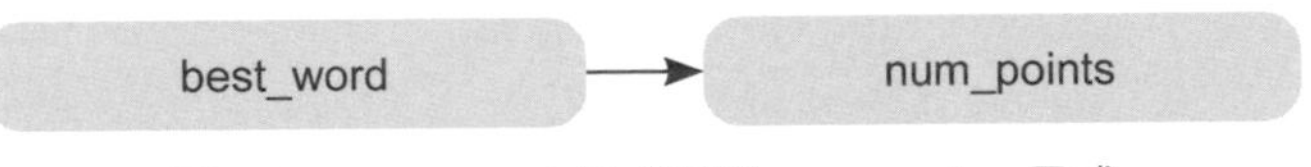

圖 7.2 best_word 函式呼叫 num_point 函式

編註： 第 3 章例子的函式開發順序之所以與 top-down 相反，是基於教學的便利性。實際上在接到任務時，用 top-down 的方式才能確定需要哪些子任務。就如同室內裝潢，設計師一定要先做空間分析與功能區劃分，才能做有效管理。

7.2.3 Top-down 設計可控制複雜性

前面討論的兩個小例子，其實用單一函式也能完成，不見得需要用 top-down 設計。然而，對於大型任務來說，top-down 設計是控制複雜性的唯一方法。不過，top-down 設計過程較為抽象，本章後續會實作一個大型範例，讓這個過程更具體。

這個大型範例將實作一個用於識別神秘書籍作者的程式。在這個程式中會用到 AI 的觀念進行預測（在這本使用 AI 寫程式的書中加入 AI 範例，應該很合理吧）。

希望您從本章獲得的關鍵技能，是如何將一個大問題分解成子任務，而且會利用 Copilot 寫出整個解決方案。希望您能學習利用 top-down 設計思維分解任務，並實作出每個函式，以完成一個能完整運作的程式。

7.3 作者身份識別任務

這個任務是同事 Michelle Craig 出的作業。我們來看看以下兩段書摘（編註：英文書的書摘保留原文）：

- 書摘一

  I have not yet described to you the most singular part. About six years ago—to be exact, upon the 4th of May 1882—an advertisement appeared in the Times asking for the address of Miss Mary Morstan and stating that it would be to her advantage to come forward. There was no name or address appended. I had at that time just entered the family of Mrs. Cecil Forrester in the capacity of governess. By her advice I published my address in the advertisement column. The same day there arrived through the post a small card-board box addressed to me, which I found to contain a very large and lustrous pearl. No word of writing was enclosed. Since then, every year upon the same date there has always appeared a similar box, containing a similar pearl, without any clue as to the sender. They have been pronounced by an expert to be of a rare variety and of considerable value. You can see for yourselves that they are very handsome.

● 書摘二

> It was the Dover Road that lay on a Friday night late in November, before the first of the persons with whom this history has business. The Dover Road lay, as to him, beyond the Dover mail, as it lumbered up Shooter' s Hill. He walked up hill in the mire by the side of the mail, as the rest of the passengers did; not because they had the least relish for walking exercise, under the circumstances, but because the hill, and the harness, and the mud, and the mail, were all so heavy, that the horses had three times already come to a stop, besides once drawing the coach across the road, with the mutinous intent of taking it back to Blackheath. Reins and whip and coachman and guard, however, in combination, had read that article of war which forbade a purpose otherwise strongly in favour of the argument, that some brute animals are endued with Reason; and the team had capitulated and returned to their duty.

請問，這兩段書摘是否可能出自同一位作者之手？您大概會假設：不同作者的寫作風格不同，這種差異應該可以從書摘中的某些**度量值**（**metrics**）反映出來，如果各項度量值都很接近，那是同一位作者的可能性就很高。

比如說，書摘一的句子（sentences）比書摘二的來得短（從一句的字數來看）。書摘一中有像是「There was no name or address appended.」和「No word of writing was enclosed.」的短句，這在書摘二就沒有類似長度的短句。再者，書摘二的句子結構比書摘一來得複雜，用到許多逗號和分號。

這樣的分析大概會讓您猜測這兩個書摘是由不同作者撰寫的，事實也的確如此。書摘一的作者是柯南道爾（他創造了福爾摩斯偵探角色），而書摘二則是狄更斯所寫（雙城記、孤星淚作者）。

以公正的角度來說，雖然柯南道爾確實用過長而複雜的句子，而狄更斯也寫過一些短句，但從我們挑選的這兩本書來說，柯南道爾的短句確實用得比狄更斯多。一般來說，當我們觀察不同作者所寫的兩本書時，通常會期望找出一些可量化的差異。

假設我們手上有幾本已知作者的書籍，卻有一本不知作者的神秘書籍，您覺得會是柯南道爾未發表的福爾摩斯故事？還是狄更斯《霧都孤兒》的續集？亦或是其他人寫的？

問題來了：請找出那位未知作者是誰。

我們的策略是為每本書籍建立一筆記錄，包含該書內容提取出來的各種度量資料，也就是**特徵值**（**feature values**），例如每句的平均字數，平均句子複雜度等，這樣的特徵組合稱為**已知特徵簽名**（**known signatures**）。同樣地，這本神秘書籍也會建立一筆記錄，稱為**未知特徵簽名**（**unknow signatures**）。然後將所有的已知特徵簽名與未知特徵簽名進行比較，算出一個分數，最後用最接近的已知特徵簽名推測神秘書籍的作者。

編註：在機器學習的用語中，會將一組**特徵**（**features**）的組合稱為**特徵向量**（**feature vector**），此處作者稱之為 signature，因此將其譯為特徵簽名，表示代表一組特徵。

當然，我們無法確知神秘書籍的作者是否已被納入已知資料之中，因為也可能是一位全新的作者。話說回來，即使這位作者真的是已知的其中一位，我們也可能推測錯誤。畢竟，同一位作者可能以不同風格寫作，也可能是我們沒捕捉到每位作者寫作風格的真正特點。雖然本章的目的並不是建立一個完美的作者身份識別系統，但是考慮到其複雜性，本章採用的方法仍然有不錯的效果。

機器學習

我們準備進行的作者身份識別是一項機器學習（ML）任務，能夠從資料中學習，並進而做出預測。機器學習有不同類型，此處採用的是監督式學習（supervised learning），訓練用的資料中會包括每筆記錄的特徵與相應的答案。

在本章的案例中，每本書的內容是訓練資料，而作者名稱就是相應的答案。電腦可以透過每本書的內容計算出特徵（features）值，例如每句的平均字數、平均句子複雜度等進行訓練（也就是學習的意思）。訓練完成之後，當我們拿到一本不知道作者的神秘書籍時，就可以讓電腦進行預測。

7.4 作者身份識別程式的三個階段

我們準備撰寫一個判斷書籍作者的程式。這看起來像一項艱鉅的任務，如果我們打算只用一個函式解決這麼複雜的問題，那確實會如此。我們當然不會這麼做，而是系統性地利用 top-down 設計方法，將這個問題分解成容易解決的子任務。

程式的基本運作模式包括：讀取輸入、處理該輸入、產生輸出結果。作者身份識別程式也會依循此模式：

- **輸入階段：**要請使用者提供神秘書籍的電子檔與檔名。
- **處理階段：**我們需要找出神秘書籍的特徵簽名，以及已知作者的特徵簽名。然後將兩者進行比較，找出最接近的那一個。
- **輸出階段：**向使用者回報神秘書籍最可能的作者是誰。

也就是說，為了解決作者身份識別問題，就需要處理這三個子問題。我們將頂層函式命名為 make_guess，然後在此函式中解決這三個子問題。

輸入階段只需要使用者提供一個檔案名稱。這看起來應該能用很短的程式碼完成，所以不需要一個獨立的函式處理。輸出階段也是類似的情況，只要將哪本書的特徵簽名與神秘書籍最接近，直接傳回該書作者名字就行了。相較之下，處理階段是最繁重的工作，接下來就要細分這個問題。

7.5 分解處理階段的問題

我們將處理階段的函式命名為 process_data。此函式會接受兩個參數，第一個是神秘書籍的檔名，第二個是存放已知作者書籍檔案的資料夾名稱，最後會傳回推測的已知作者名字。

根據我們對處理階段的描述，又會有三個子任務需要解決，本節後續會依以下順序進行：

1. 決定神秘書籍的未知特徵簽名（一組特徵值）。將此函式命名為 **make_signature**。
2. 找出每本已知作者書籍的已知特徵簽名。將此函式命名為 **get_all_signatures**。
3. 將未知特徵簽名與每個已知特徵簽名進行比較，找出最接近的已知特徵簽名。由於最接近的已知特徵簽名會有最小的差異，就將此函式命名為 **lowest_score**。

下圖是到目前為止的 top-down 設計架構：

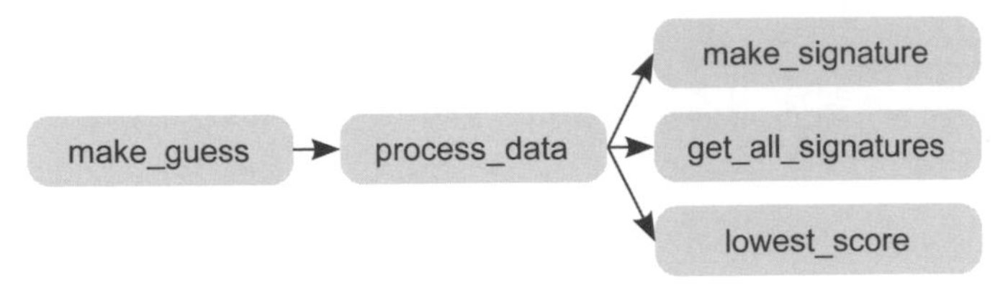

圖 7.3 process_data 函式的三個子任務

7.5.1 決定神秘書籍的未知特徵簽名

這項子任務的 make_signature 函式，會接受神秘書籍的檔名作為參數，並傳回該書的特徵簽名（signature），而每個特徵簽名中要包括哪些特徵（features）呢？

回想一下前面兩段書摘的例子。我們觀察到，不同作者在句子結構的複雜度和長短上有所差異。您可能也想，作者在詞彙運用方式上也存在差異（例如，某作者重複用到某些特定詞彙的次數，可能比其他作者更頻繁）。基於此，我們期望從兩個方面提取特徵：一部分特徵反映作者句子結構的特點，另一部分則依據作者使用的詞彙。後面將對這兩方面的特徵進行詳細探討。

與作者句子結構相關的特徵

在前面提到的柯南道爾與狄更斯的例子中，每句話的平均字數可以做為一個特徵，只要將總字數除以總句數（以句點為準）即可算出。例如，考慮以下內容：

> The same day there arrived through the post a small card-board box addressed to me, which I found to contain a very large and lustrous pearl. No word of writing was enclosed.

這段文字裡有 2 句話共 32 個字，因此**平均句子單字數**特徵的值為 32/2 = 16。

我們還注意到，不同作者的句子複雜度也有所不同（即，一些作者的句子相比其他作者有更多的逗號和分號），因此用這一點做為另一個特徵是有意義的。複雜的句子會用較多的短語（phrases）連接，而要將這些短語拆分出來，本身就是一項挑戰。我們用一個簡單的經驗法則來判斷短語，即一個短語會被逗號、分號或冒號與句子中的其它短語分隔開來。

再次查看上面的內容，我們發現第一句中有一個逗號分隔出兩個短語。第二句沒有逗號、分號或冒號，因此只有一個短語。由於兩個句子包含三個短語，我們會說這段文字的句子複雜度為 3/2 = 1.5。此即為**平均句子複雜度**特徵的值。

與作者詞彙選擇相關的特徵

您可能會有自己對詞彙特徵的衡量標準，不過此處採用的是我們依經驗得到的三個特徵。第一，某些作者使用的平均單字長度可能比其他作者更短。為此，我們將使用平均單字長度（即字元數）做為一個特徵。考慮下面這段文字：

A pearl! Pearl! Lustrous pearl! Rare. What a nice find.

這句話裡面有 10 個單字共 41 個英文字母（不計標點符號）。因此，**平均單字長度**特徵的值為 41/10 = 4.1。

第二，某些作者可能比其他作者更傾向重複使用特定單字。這要怎麼做到？我們採用的方法是以作者使用的不同單字數，除以總單字數。由上面的文句可知，雖然有 10 個單字，但不同單字只有 7 個：a、pearl、lustrous、rare、what、nice、find。因此**平均不同單字率**特徵的值為 7/10 = 0.7。

第三，有些作者可能喜歡換用不同的單字，而其他作者則傾向重複使用同樣的單字。如果我們將只用一次的單字數除以總字數，就會是**單字只用一次的出現率**特徵。以上文例子來說，總共 10 個單字中有 5 個單字僅使用一次：lustrous、rare、what、nice、find。所以這個特徵值為 5/10 = 0.5。

現在整理一下，我們分析出每個特徵簽名（signature）是由 5 個特徵組成。因此，計畫將每個特徵簽名存成一個串列，每個串列中則包含這 5 個特徵的元素。

接下來，為了實作這些特徵，我們先從單字層面開始，再進入句子層面，於是將這 5 個特徵的順序重新排列如下，這也表示我們將 make_signature 函式又分解出處理 5 個特徵的子函式：

1. 平均單字長度：函式取名為 **average_word_length**。
2. 平均不同單字率：函式取名為 **different_to_total**。
3. 單字只用一次的出現率：函式取名為 **exactly_once_to_total**。
4. 平均句子單字數：函式取名為 **average_sentence_length**。
5. 平均句子複雜度：函式取名為 **average_sentence_complexity**。

於是，整個架構如下圖所示：

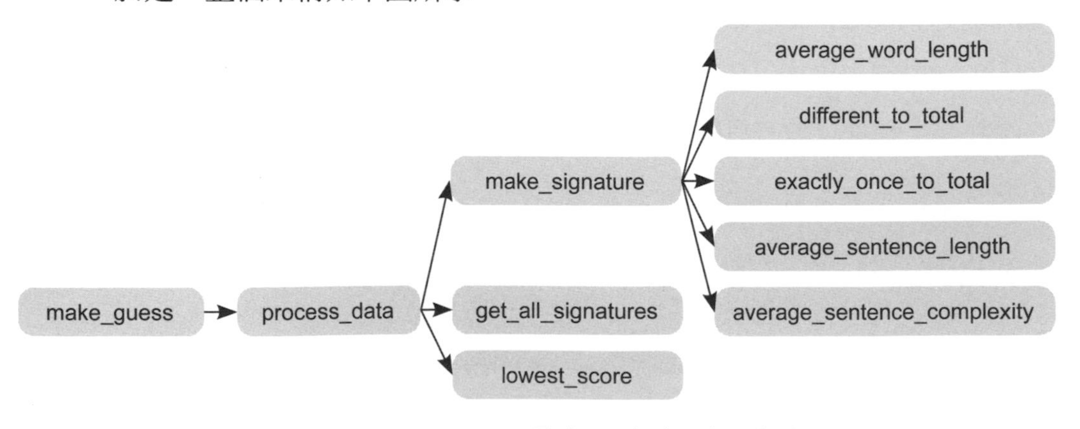

圖 7.4 make_signature 函式又分解出 5 個子任務

7.5.2　5 個特徵函式的詳細說明

接下來，詳細說明這 5 個特徵的處理方式以及注意事項，並進而分解出更小的函式與可共用的函式。

平均單字長度：average_word_length 函式

average_word_length 函式有一個參數，用於接受一本書籍的檔名，並傳回平均單字長度。檔案內容是字串，我們可以利用字串型別的 split method，以字串中的空格做分割，如此可切出一串單字。然後遍歷此單字串列，算出單字數與字母數，再將兩者相除即可得到平均單字長度。

不過，這裡需要小心，我們並不想將標點符號與特殊符號也算為字母。例如，「pearl」有 5 個字母，但「pearl.」、「pearl!!」或「(pearl)」也只能算 5 個字母，因此需要將非英文字母的符號排除才行，這看起來似乎又會是一個子任務！也就是說，我們可以將清理單字的子任務分解出來，成為 average_word_length 自用的函式。我們將這個清理函式取名為 clean_word。

這個 clean_word 函式還可以分辨一個切出來的單字是否真的是單字。例如，檔案內文中出現「...」省略號這種偽單字，只要其前面出現空格，split method 就會將其切為一個單字，因此也可以用 clean_word 函式予以排除（回傳一個空字串），像這樣的偽單字就不應納入單字數計算。

平均不同單字率：different_to_total 函式

different_to_total 函式有一個參數，用於接受書籍的檔名，並計算不同單字數除以總單字數，以傳回平均不同單字率。

就如同 average_word_length 函式需要確保僅計算英文字母，而不計算標點符號與特殊符號一樣，different_to_total 函式也需要用到剛剛的 clean_word 函式。實際上，clean_word 就是 top-down 設計中的共用功能函式，在任何函式中需要清理單字時就可呼叫。在圖 7.5 更新後的架構中即可看到 clean_word 函式可以被這兩個函式呼叫。

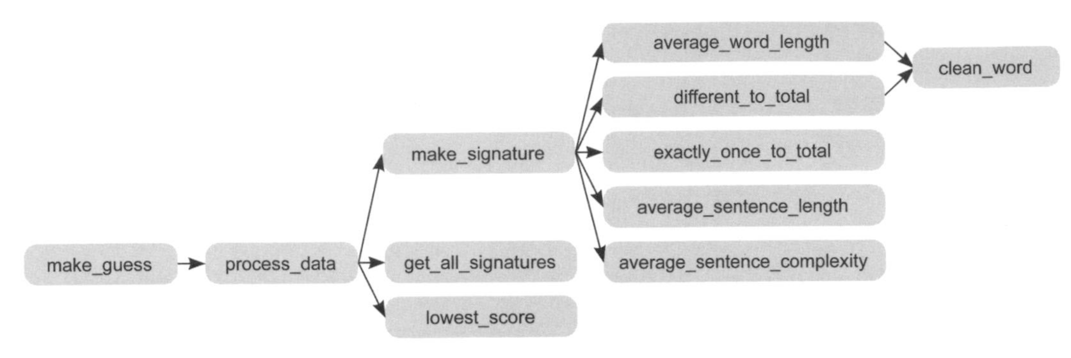

圖 7.5 兩個函式可共用 clean_word 函式

不過，這裡有一個複雜之處，就是遇到相同單字卻大小寫不同時，例如 pearl、Pearl 和 PEARL。我們希望將這三者視為相同的單字，但若僅比較字串，則會被視為三個不同的單字。一個不錯的解決方法是將所有字串轉換為小寫字母，這樣就沒問題了。這個功能可以納入 clean_word 函式的一部分，與去除非字母符號順道執行。因此，clean_word 函式的功能不僅要去除非字母符號，也要將單字轉換為小寫。

您可能會想，是否需要在這裡進一步分解出一個確定不同單字數的子任務？答案是確實可以這麼做。然而，因為即使不繼續分解也不會有函式過大的問題，所以到此即可。隨著實務經驗的積累，您會更能掌握何時該繼續分解函式功能、何時該停。

單字只用一次的出現率：exactly_once_to_total 函式

exactly_once_to_total 函式有一個參數，用於接受書籍的檔名，並傳回單字僅用一次的出現率（僅使用一次的單字數除以總單字數）。由於我們需要確保僅處理英文字母，因此也需要用到 clean_word 函式。雖然可以將僅使用一次的單字數也分解出子任務，但此處並不需要這麼做。

平均句子單字數：average_sentence_length 函式

average_sentence_length 函式同樣只有一個接受書籍檔名的參數，並傳回平均句子單字數。前面處理單字時，我們可以用 split method 將書籍內容分割成一堆單字，那麼該如何分割出句子呢？因為並沒有直接的字串 method 可以完成這一個要求，所以我們需要建立一個 get_sentences 函式專門處理這件事。

get_sentences 函式會將書籍內容，依照我們定義句子的規則：被句號（.）、問號（?）或驚嘆號（!）分隔的內容來進行分割。然而，這個簡單的規則並不完美，例如：

I had at that time just entered the family of Mrs. Cecil Forrester in the capacity of governess.

因為其中 Mrs. 的句號也會被當成一句的完結，所以上面會被錯誤地分割為兩個句子。儘管這個規則有破綻，但對於我們的目的來說，在大多數情況下都仍然有效，偶爾才發生的錯誤並不會產生重大影響。當然您可以自行思考如何妥善此規則，或者採用先進的自然語言處理（NLP）軟體來獲得更好的結果。

平均句子複雜度：average_sentence_complexity 函式

average_sentence_complexity 函式接受一個句子做為參數（與前面的函式接受整個檔案不同），並傳回該句子的複雜度。如之前討論過，使用句子中的短語數來量化句子的複雜度。我們會使用逗號（,）、分號（;）或冒號（:）來標示短語的分隔，因此建立一個將句子分割成短語的子函式會很有幫助，這其實與將書籍內容分割成句子的 get_sentences 函式類似，我們將分割出短語的函式稱為 get_phrases。它會接受一個句子做為參數，並傳回該句子分割後的短語串列。

get_sentences 和 get_phrases 這兩個函式實際上非常相似，區別僅在分隔符號。get_sentences 是以句號、問號和驚嘆號分隔，而 get_phrases 是以逗號、分號和冒號分隔。既然兩者的區別僅在於分隔符號，因此我們打算將兩個函式共通的部分，另建一個 split_string 函式。只要將 '.?!' 參數值傳入 split_string 函式就會進行句子分割，將 ',;:' 傳入 split_string 函式就會進行短語分割。這樣不僅使 get_sentences 和 get_phrases 的實現更為簡單，還減少了重複的程式碼。

到目前為止，我們已經將 make_signature 任務分解出好幾個各自分工的函式，其架構如圖 7.6 所示：

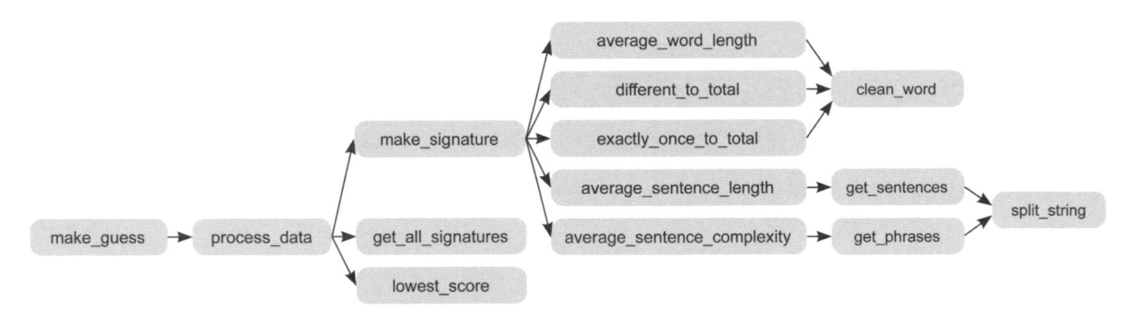

圖 7.6 make_signature 函式的所有支援函式架構

7.5.3 找出每本已知作者書籍的特徵簽名

我們前面投入許多心力在解析 make_signature 函式，並將其分解為 5 個主要子任務，每個子任務對應到特徵簽名中的一個特徵，其目的就是為了識別神秘書籍的作者是誰。

既然已經決定用於評估神秘書籍作者的特徵，接下來就是為每一本已知作者的書籍確定他們的特徵簽名。在本書補充資源的 ch7 資料夾內的 known_authors 子資料夾中，有幾個以人名命名的檔案，就是各該作者的一本書內容。例如，Arthur_Conan_Doyle.txt 是柯南道爾《血字的研究（A Study in Scarlet）》一書的內容。我們需要找出這些書籍的特徵簽名。

解決這個問題實際上比看起來要簡單得多，因為我們可以使用同一個 make_signature 函式，也就是設計來決定神秘書籍未知特徵簽名的函式，來找出任何已知書籍的特徵簽名！

我們將這個任務的函式命名為 get_all_signatures。由於這個函式需獲取所有已知書籍的特徵簽名，因此讓它一次僅接受一本書做為參數值並不適合，我們可以直接指定一個資料夾做為傳入的參數，讓此函式自行遍歷該資料夾內的所有檔案，並算出每個檔案的特徵簽名。

get_all_signatures 函式還需要告訴我們哪個特徵簽名對應到哪本書。換句話說，我們需要將每本書與其對應的特徵簽名連結起來，這我們可以用 Python 的**字典（dictionary）**資料型別來處理。因此，這個函式會傳回一個字典，其中鍵（key）是檔名，值（value）就是對應的特徵簽名。

也因此，在我們的函式架構中，get_all_signatures 函式並不需要任何新函式，直接呼叫 make_signature 函式即可。如下圖所示：

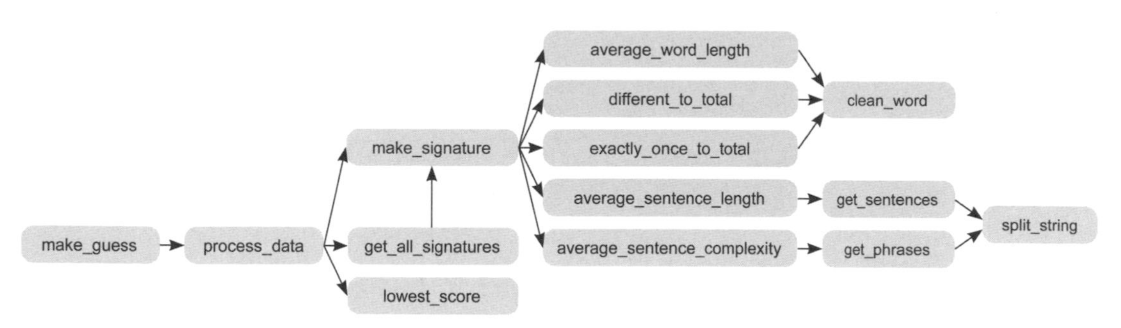

圖 7.7 get_all_signatures 呼叫 make_signature 函式

計算兩個特徵簽名的差異分數

回顧一下到目前為止做了哪些事：

- 設計出 make_signature 函式，獲取神秘書籍的未知特徵簽名。
- 設計出 get_all_signatures 函式，獲取所有已知書籍的特徵簽名。

現在，我們需要設計一個函式，用於確定哪一個已知特徵簽名最接近未知特徵簽名。

每個特徵簽名都是一個串列，裡面包含 5 個數字元素，也就是 5 個特徵的值：平均單字長度、平均不同單字率、單字只用一次的出現率、平均句子單字數、平均句子複雜度。

假設我們有兩個特徵簽名，第一個是 [4.6, 0.1, 0.05, 10, 2]，第二個是 [4.3, 0.1, 0.04, 16, 4]。要衡量這兩個特徵簽名之間的差異，我們要為每個特徵計算差異分數，這 5 個特徵的差異分數分別是 [0.3（4.6-4.3）、0.0（0.1-0.1）、0.01（0.05-0.04）、-6（10-16）、-2（2-4）]。

每個特徵的權重不同

由於每個特徵的重要性不一樣，可以藉由調整**權重**（**weight**）以獲得更好的結果。這些權重只是一個開始，您可根據自己的需要進行調整。最終，我們會實作出一個函式來比較未知特徵簽名與每個已知特徵簽名的差異，並選擇最接近的一個做為最佳匹配，此過程正是作者身份識別系統的核心。

在此假設一組特定的權重為 [11, 33, 50, 0.4, 4]（其中每個權重元素對應到一個特徵），用來將兩個特徵簽名之間的差異做加權計算，有助於強調某些特徵的重要性並降低其它特徵的影響力。以我們的例子來說，第一個特徵（平均單字長度）的差異是 0.3，將此差異乘以其對應的權重 11，得到 0.3*11 = 3.3。如此一來，即使某特徵值的差異較小，但由於它的權重較大，可以提高其影響力。

對於負數差異的處理，我們需要特別小心。例如，第四個特徵（平均句子單字數）的差異計算為 10-16 = -6。直接使用負數差異會抵消其它特徵的正差異，這不是我們希望的。因此，在乘以權重之前，我們需要先用

abs 函式取絕對值轉為正數。因此，第四個特徵的差異計算應該是 abs(10-16)*0.4 = 2.4。

透過這種方式對每個特徵的差異進行加權計算，然後將加權後的差異相加，以獲得兩個特徵簽名差異的總分。這個總分用於比較未知特徵簽名與各個已知特徵簽名之間的相近程度，據此推測應該是哪一位作者。

計算加權後的特徵簽名差異總分

請依下表的方式計算兩個特徵簽名的差異（包含 5 個特徵計算），其差異總分為 14.2。

表 7.1 計算兩個特徵簽名的差異

特徵 #	第一個特徵簽名的特徵值	第二個特徵簽名的特徵值	權重	差異分數
1	4.6	4.3	11	abs(4.6 - 4.3)*11= 3.3
2	0.1	0.1	33	abs(0.1 - 0.1)*33 = 0
3	0.05	0.04	50	abs(0.05 - 0.04)*50 = 0.5
4	10	16	0.4	abs(10 - 16)*0.4 = 2.4
5	2	4	4	abs(2 - 4)*4 = 8
差異總分				14.2

計算差異總分的函式：lowest_score

既然知道如何計算兩個特徵簽名的差異總分，那我們就可以將未知特徵簽名去和每個已知特徵簽名進行比較，以確定最接近的已知特徵簽名。記住！差異總分越低則表示越相似，分數越高則表示越不同。

我們將執行此任務的函式命名為 lowest_score。此函式接受三個參數：第一個是將作者名稱對應到其作品已知特徵簽名的字典；第二個是未知特徵簽名；第三個是一組權重。然後傳回與未知特徵簽名比較之後差異總分最低的已知特徵簽名。

現在，思考一下這個函式要做哪些工作：

1. 此函式需要遍歷所有已知特徵簽名，可以透過一個 for 迴圈來實現。
2. 需要將未知特徵簽名與每個已知特徵簽名進行比較。這裡確實存在一個子任務，即實現表 7.1 中做的比較和計分機制。我們將這個子任務的函式命名為 get_score，此函式會接受三個參數：要比較的兩個特徵簽名與一組權重，並傳回這兩個特徵簽名的差異總分。

7.6 為 Top-Down 設計做個整理

我們成功將最初的大問題，細分為數個更容易以函式形式實現的小任務，這是一個很重要的進展。圖 7.8 呈現出我們在問題分解過程中做的所有努力。

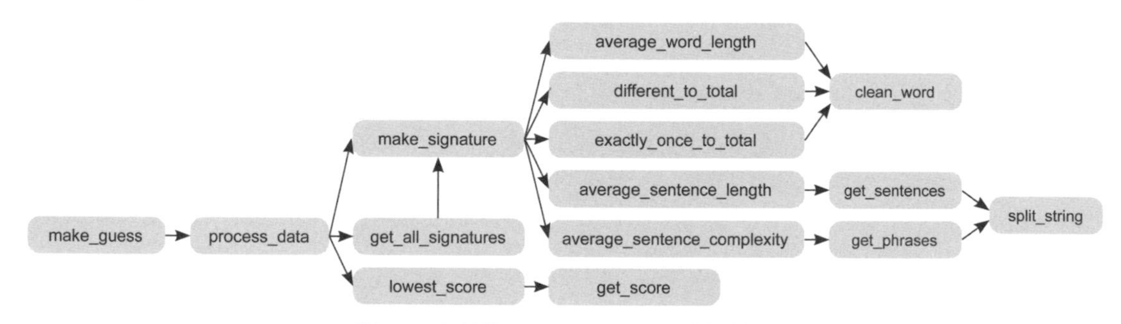

圖 7.8 完整的 make_guess 函式架構圖

我們從頂層的 make_guess 函式開始，此函式的目的是解決作者身份識別問題。為了實現 make_guess，我們建立了一個 process_data 函式為 make_guess 完成一部分工作。為了輔助 process_data，我們進一步建立了三個函式：make_signature、get_all_signatures 和 lowest_score，每個函式都有各自的輔助函式。在勾畫出解決問題所需的每個函式之後，下一步就是將它們實現出來。

7.7 將規劃的函式用 Copilot 實作出來

我們在做問題分解時，是採 top-down 的方式由大問題分解出小任務，設計出所需的函式。但實現函式時的順序剛好反過來，先從底部開始，往上一直到頂層（在圖 7.8 中就是從右到左）。這樣做的原因是為了在編寫上層任務的函式時，已經有子任務函式可供呼叫。

我們在第 6 章學會測試程式碼的知識，在本節雖然也會在函式的 docstring 中加入測試案例，但不會進行全面的測試（或由您自行測試），因為我們想專注在實現這個 top-down 設計。同時，本節也不會深入程式碼的細節，而會將重點放在整體視野。

7.7.1 clean_word 函式

我們由圖 7.8 的右邊函式開始，首先要建立的是 clean_word 函式。

clean_word 函式的目的是移除連接在單字前後的非字母符號，而且要將單字全部轉成小寫字母。不過，我們希望保留兩個單字之間的連字符號（例如 card-board 中間的「-」，寫在測試案例）。clean_word 函式只有一個參數：傳入的單字字串（word）。我們將函式的定義與說明寫在下面的 docstring 中，讓 Copilot 瞭解我們的期望。

Listing 7.1 清理單字的函式

```
def clean_word(word):
    '''
    word is a string.
    Return a version of word in which all letters have been
    converted to lowercase, and punctuation characters have been
    stripped from both ends. Inner punctuation is left untouched.
```

```
    >>> clean_word('Pearl!')
    'pearl'
    >>> clean_word('card-board')
    'card-board'
    '''
    word = word.lower()      ← 將字串轉換為小寫字母
    word = word.strip(string.punctuation)      ← 使用字串的 strip method
    return word
```

此處要注意！Copilot 使用到 string 模組的功能時，有可能漏掉載入而無法運作。如果您也遇到，請在函式前面加上 import string 語句，如下所示：

Listing 7.2　撰寫清理單字的函式 (補上載入模組)

```
import string      ← 記得補上載入模組
def clean_word(word):
    '''
    word is a string.

    Return a version of word in which all letters have been
    converted to lowercase, and punctuation characters have been
    stripped from both ends. Inner punctuation is left untouched.

    >>> clean_word('Pearl!')
    'pearl'
    >>> clean_word('card-board')
    'card-board'
    '''
    word = word.lower()
    word = word.strip(string.punctuation)
    return word
```

如此，clean_word 函式就完成了，我們在圖 7.9 將此函式標記為已完成。

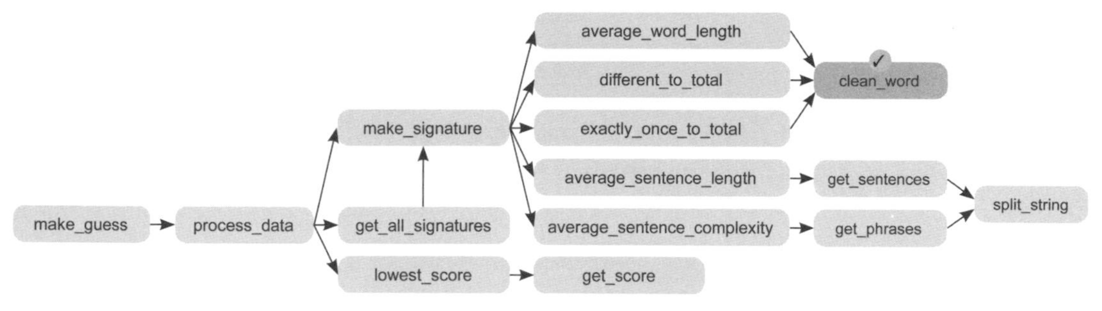

圖 7.9 clean_word 函式完工

7.7.2 average_word_length 函式

接下來要處理 clean_word 函式的上一層函式，也就是五個特徵函式中的第一個：average_word_length 函式。此函式只有一個參數：傳入的書籍字串（text），目的是計算平均單字長度。此處要注意！我們不想把單字前後的非字母符號也算作字母，也不想計算完全沒有字母的偽單字（例如「...」）。同樣，我們將函式定義與說明以及測試案例寫在 docstring 中，引導 Copilot 生成函式內容。

Listing 7.3　平均單字長度的函式

```
def average_word_length(text):
    '''
    text is a string of text.

    Return the average word length of the words in text.
    Do not count empty words as words.
    Do not include surrounding punctuation.

    >>> average_word_length('A pearl! Pearl! Lustrous pearl! \
Rare. What a nice find.')
    4.1
    '''
    words = text.split()        ◄── 分割單字並放入 word 串列
    total = 0                   ◄── 計算所有單字的總字母數變數
    count = 0                   ◄── 計算單字數變數
    for word in words:          ◄── 遍歷所有單字的迴圈
        word = clean_word(word) ◄── Copilot 會呼叫 clean_word 函式
```

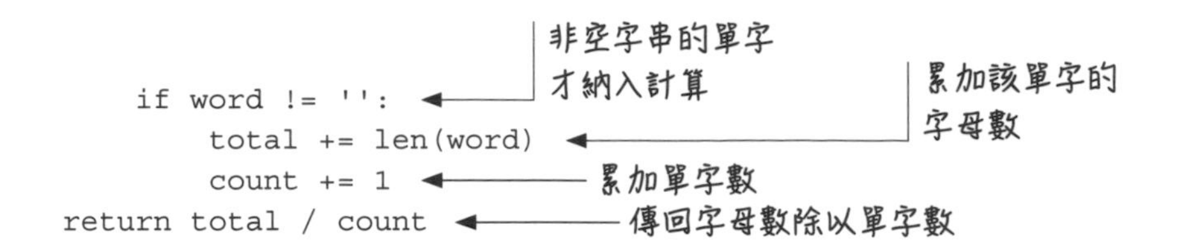

您會發現這裡的 doctest 測試案例中，我們把字串分成兩行是因為書籍排版關係，第一行以 \ 字元結尾以連接下一行，而且下一行也不能有任何縮排，否則 doctest 會把該縮排當作字串中的空格。您在 VS Code 中可以打成一行而毋須換行。

接下來就可以更新函式架構圖，將 average_word_length 函式標記為已完成（圖 7.10）。在書中一一標記這些函式可能過於繁瑣，因此後面只會偶爾回顧這張圖。

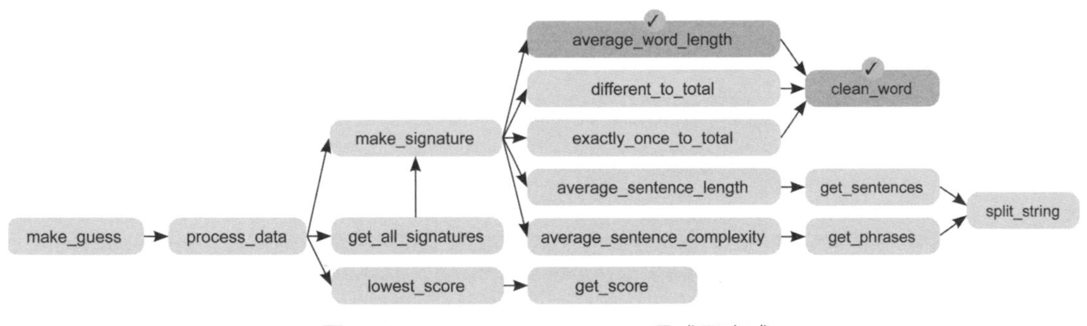

圖 7.10 average_word_length 函式已完成

7.7.3 different_to_total 函式

這是五個特徵函式的第二個。此函式只有一個參數：傳入的書籍字串（text），目的是計算使用不同單字數量除以總單字數量，也就是平均不同單字率。我們同樣不要將單字前後的非字母符號計算在內，也不會計入沒有字母的偽單字。

Listing 7.4　平均不同單字率的函式

```
def different_to_total(text):
    '''
    text is a string of text.

    Return the number of unique words in text
    divided by the total number of words in text.
    Do not count empty words as words.
    Do not include surrounding punctuation.

    >>> different_to_total('A pearl! Pearl! Lustrous pearl! \
Rare. What a nice find.')
    0.7
    '''
    words = text.split()  ◄── 將字串分割成單字串列
    total = 0  ◄── 計算非空單字數
    unique = set()  ◄── 產生一個存放單字的集合
    for word in words:
        word = clean_word(word)  ◄── Copilot 知道要呼叫 clean_word 函式
        if word != '':
            total += 1
            unique.add(word)  ◄── 將單字放入 unique 集合
    return len(unique) / total  ◄── 傳回不同單字數除以總單字數
```

這段程式碼中使用了 Python 的**集合（set）**資料型別（而非串列），來存放唯一的單字。集合中的元素沒有先後順序，且相同的元素只會保留一個，所以即使將相同的單字加入集合中，它也只會保留一個，因此用 len(unique) 可以得到集合中有幾個元素，也就是使用不同的單字數。然後將 len(unique) 除以總單字數，就是平均不同單字率。

7.7.4　exactly_once_to_total 函式

現在準備實現第三個特徵函式。此函式只有一個參數：傳入的書籍字串（text），目的是計算僅使用一次的單字數除以總單字數，也就是單字只用一次的出現率。我們寫好 docstring，Copilot 就幫我們完成了函式。

Listing 7.5 單字只用一次出現率的函式（第一次）

```
def exactly_once_to_total(text):
    '''
    text is a string of text.

    Return the number of words that show up exactly once in text
    divided by the total number of words in text.
    Do not count empty words as words.
    Do not include surrounding punctuation.

    >>> exactly_once_to_total('A pearl! Pearl! Lustrous pearl! \
Rare. What a nice find.')
    0.5
    '''
    words = text.split()
    unique = set()
    total = 0
    for word in words:
        word = clean_word(word)
        if word != '':
            if word not in unique:      ← 如果單字之前沒出現過
                unique.add(word)        ← 將該單字加入集合中
            else:
                unique.remove(word)     ← 如集合中已有該單字，則刪除該單字
            total += 1
    return len(unique) / total
```

當我們閱讀此程式碼時，可看到 unique 是一個用於存放只出現一次單字的集合。然而，當用 doctest 進行測試時並未通過測試。因為測試案例期望的結果是 0.5，但測試結果卻是 0.6，顯然程式碼有誤，我們就要保持警覺：Copilot 也會出錯！

仔細閱讀程式碼之後，就找出了問題所在。我們在腦中思考一下，假設某個單字在文章中出現三次。當程式碼第一次遇到這個單字時，會將它加入 unique 集合。第二次遇到時，表示不只使用一次，就不應該保留在 unique 集合中，因此用 remove 將該單字從集合中移除，到這裡還算正確。但第三次遇到這個單字時，它又會被加入 unique 集合中，因為當下

的 unique 中沒有這個單字！因此，這個程式碼會將實際出現三次的單字誤認為僅出現一次。

於是我們用 Ctrl + Enter 鍵在 Github 的建議中找到一個正確的替代方案，如下所示：

Listing 7.6　撰寫單字只用一次出現率的函式 (第二次)

```
def exactly_once_to_total(text):
    '''
    text is a string of text.

    Return the number of words that show up exactly once in text
    divided by the total number of words in text.
    Do not count empty words as words.
    Do not include surrounding punctuation.

    >>> exactly_once_to_total('A pearl! Pearl! Lustrous pearl! \
Rare. What a nice find.')
    0.5
    '''
    words = text.split()
    total = 0
    unique = set()       ← 用於存放所有單字的集合
    once = set()         ← 用於存放只出現一次單字的集合
    for word in words:
        word = clean_word(word)
        if word != '':
            total += 1
            if word in unique:          ← 如果單字已出現在 unique 集合中
                once.discard(word)      ← 則將此單字從 once 集合中移除
            else:
                unique.add(word)        ← 第一次出現的單字加入 unique 集合
                once.add(word)          ← 也要加入 once 集合
    return len(once) / total    ← 用只出現一次的單字數除以總單字數
```

這段程式碼設計得非常巧妙！它用到了兩個集合：unique 集合存放所有用過的單字，once 集合存放只用過一次的單字。因此遍歷的某單字，若在 unique 集合中已經存在的，就表示不是第一次出現，那就將 once 集合中的該單字移除，但 unique 集合不變。若遍歷的某單字，在 unique 集合中並未出現過，就表示是第一次用到，就將此單字都加入 unique 與 once 集合中。因此，在外層 for 迴圈結束後，unique 是所有用過的不同單字集合，once 只會留下用過一次的單字集合，這樣就對了。

7.7.5 split_string 函式

我們已經完成三個單字層級的特徵函式，接下來是句子層級的兩個特徵函式。請回顧圖 7.10，這兩個特徵函式又分解出子任務（get_sentences 與 get_phrases）與子子任務（split_string）尚待解決，因此我們要由下而上先實現 split_string 函式。

split_string 函式要能依據傳入的分隔符號，將字串分割為句子（sentences）或短語（phrases）的串列，因此主要是與分隔符號相關。split_string 函式包括兩個參數：傳入的書籍字串（text）、分隔符號字串（separators）。我們寫一個 docstring 來試試。

Listing 7.7 依分隔符處分割字串的函式

```
def split_string(text, separators):
    '''
    text is a string of text.
    separators is a string of separator characters.

    Split the text into a list using any of the one-character
    separators and return the result.
    Remove spaces from beginning and end
    of a string before adding it to the list.
    Do not include empty strings in the list.

    >>> split_string('one*two[three', '*[')
    ['one', 'two', 'three']
    >>> split_string('A pearl! Pearl! Lustrous pearl! Rare. \
What a nice find.', '.?!')
    ['A pearl', 'Pearl', 'Lustrous pearl', 'Rare', \
```

```
'What a nice find']
    '''
    words = []          ◄── 記錄所有已分割字串的串列
    word = ''           ◄── 記錄當前字串
    for char in text:       ◄── 以字元遍歷全部文字
        if char in separators:     ◄── 若當前字元位置遇到分隔符號
            word = word.strip()    ◄── 移除當前字串前後的空格
            if word != '':     ◄── 分割的結果若不是空字串
                words.append(word)    ◄── 則納入已分割的字串串列
            word = ''       ◄── 清空當前字串
        else:      ◄── 沒遇到分隔符號
            word += char  ◄── 將當前字元加到當前字串中（尚未分割）
    word = word.strip()  ◄── 已遍歷所有的字元後，為最後一個當前字串清理前後空格
    if word != '':     ◄── 如果最後的當前字串不為空字串
        words.append(word)    ◄── 則納入所有已分割的字串串列中
    return words     ◄── 傳回整個已分割完成的字串串列
```

這段程式碼的重點是以字元為單位，用 for 迴圈遍歷全部的文字。用 if 條件式判斷當前字元是否是分隔符號，如果不是就將該字元加入 word 當前字串後面，如果是就將當前字串前後空格清掉，附加到所有字串串列中，並清空當前字串。如此遍歷直到結束。

注意！如果文字字串不是以分隔符號結尾，則 for 迴圈不會將最後一個字串附加到字串串列中，因此這個程式碼在 for 迴圈之後，也對此做了處理以免遺漏。

現在，我們再來看一下函式架構的進展吧：

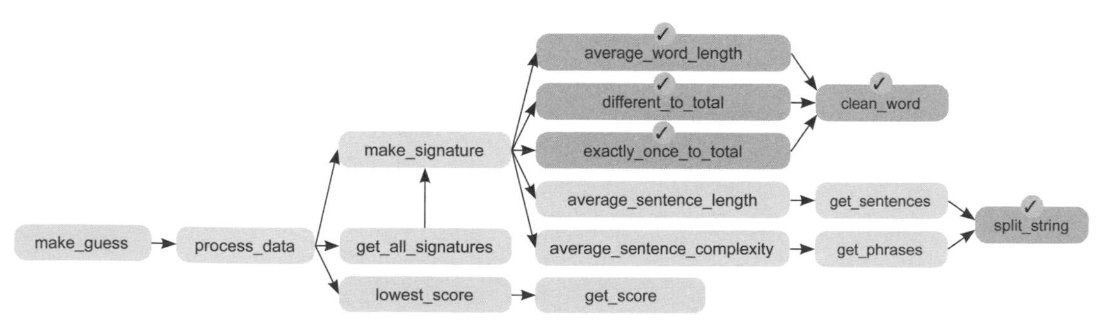

圖 7.11 完整的函式架構圖，完成 5 個函式

7.7.6 get_sentences 函式

在我們的設計中，get_sentences 函式的工作都委託給 split_string 函式處理了，因此 Copilot 只需要在 get_sentences 函式呼叫 split_string 就可以取得分割好的句子串列，然後將結果傳回就行了。

get_sentences 函式只有一個參數：傳入的書籍字串（text），目的是依照指定的分隔符號（包括句點、問號、驚嘆號）將整個文字字串分割成句子串列。我們在 docstring 中寫清楚函式的定義與說明，Copilot 就會自動呼叫 split_string 函式。

Listing 7.8　取得句子串列的函式

```
def get_sentences(text):
    '''
    text is a string of text.

    Return a list of the sentences from text.
    Sentences are separated by a '.', '?' or '!'.

    >>> get_sentences('A pearl! Pearl! Lustrous pearl! Rare. \
What a nice find.')
    ['A pearl', 'Pearl', 'Lustrous pearl', 'Rare', \
'What a nice find']
    '''
    return split_string(text, '.?!')    ◄── 指定分隔符號呼叫 split_string
```

7.7.7 average_sentence_length 函式

有了 get_sentences 函式之後，就可以繼續實現 average_sentence_length 函式，也就是第四個特徵函式。此函式接受一個參數：傳入的書籍字串（text），其目的是計算平均句子單字數。我們將說明寫在 docstring 中向 Copilot 提出要求，並得到相應的程式碼。

Listing 7.9　平均句子單字數的函式

```
def average_sentence_length(text):
    '''
    text is a string of text.

    Return the average number of words per sentence in text.
    Do not count empty words as words.

    >>> average_sentence_length('A pearl! Pearl! Lustrous pearl! \
Rare. What a nice find.')
    2.0
    '''
    sentences = get_sentences(text)     ◄── 取得句子列表
    total = 0
    for sentence in sentences:          ◄── 遍歷句子串列中的每個句子
        words = sentence.split()        ◄── 將每個句子分割出單字串列
        for word in words:              ◄── 遍歷單字串列中的每個單字
            if word != '':              │ 如果是非空字串的單字就累計單字數
                total += 1              │
    return total / len(sentences)       ◄── 將累計的總單字數，除以所有的句子數，即可得到平均句子單字數，並傳回給呼叫的函式
```

7.7.8　get_phrases 函式

在實現第五個 average_sentence_complexity 特徵函式之前，我們需要先將 get_phrases 函式寫出來。它與 get_sentences 很像，接受一個傳入的句子字串（sentence），目的是依照指定的分隔符號（包括逗點、分號、冒號）將句子字串分割成短語串列。

Listing 7.10　取得短語串列的函式

```
def get_phrases(sentence):
    '''
    sentence is a sentence string.

    Return a list of the phrases from sentence.
    Phrases are separated by a ',', ';' or ':'.
```

```
    >>> get_phrases('Lustrous pearl, Rare, What a nice find')
    ['Lustrous pearl', 'Rare', 'What a nice find']
    '''
    return split_string(sentence, ',;:')  ◄── 指定分隔符號呼叫 split_string
```

7.7.9 average_sentence_complexity 函式

隨著 get_phrases 函式的完成，我們就可以著手實現 average_sentence_complexity 函式。此函式只有一個參數：傳入的書籍字串（text），目的是計算每個句子的平均短語數，也就是平均句子複雜度。

Listing 7.11 平均句子複雜度的函式

```
def average_sentence_complexity(text):
    '''
    text is a string of text.

    Return the average number of phrases per sentence in text.

    >>> average_sentence_complexity('A pearl! Pearl! Lustrous \
pearl! Rare. What a nice find.')
    1.0
    >>> average_sentence_complexity('A pearl! Pearl! Lustrous \
pearl! Rare, what a nice find.')
    1.25
    '''
    sentences = get_sentences(text)  ◄── 得到句子串列
    total = 0
    for sentence in sentences:  ◄── 遍歷句子串列中的每個句子
        phrases = get_phrases(sentence)  ◄── 得到短語串列
        total += len(phrases)  ◄── 累加每個短語串列中的短語數
    return total / len(sentences)  ◄── 用總短語數除以總句子數，即句子複雜度
```

目前已經取得很大的進展！完成了 make_signature 函式下的所有函式，如圖 7.12 所示：

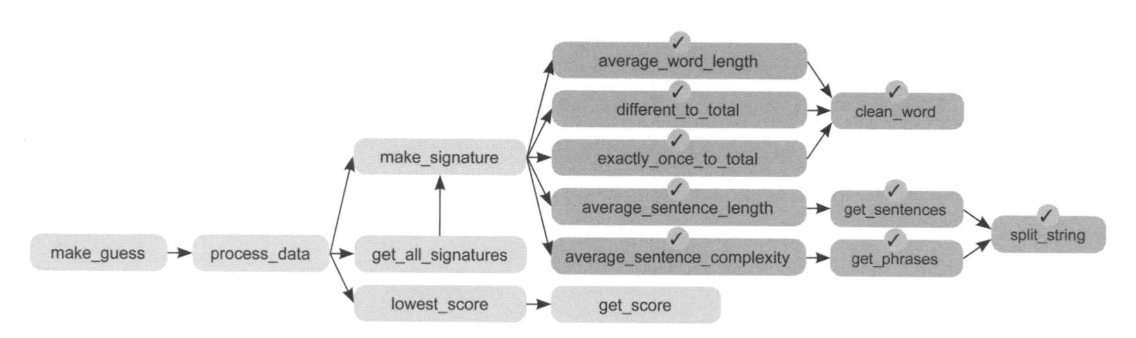

圖 7.12 完成 make_signature 函式需要的所有子任務

7.7.10 make_signature 函式

藉由 Copilot 的輔助，我們寫出 make_signature 所需的 5 個特徵函式子任務與 4 個子子任務，接下來就要完成 make_signature 這個特徵簽名函式了。此函式只有一個參數：傳入的書籍字串（text），目的是從書籍字串中得到 5 個特徵值的串列，也就是特徵簽名：

Listing 7.12　得到特徵簽名的函式

```
def make_signature(text):
    '''
    The signature for text is a list of five elements:
    average word length, different words divided by total words,
    words used exactly once divided by total words,
    average sentence length, and average sentence complexity.

    Return the signature for text.

    >>> make_signature('A pearl! Pearl! Lustrous pearl! \
Rare, what a nice find.')
    [4.1, 0.7, 0.5, 2.5, 1.25]
    '''
    return [average_word_length(text),
            different_to_total(text),
            exactly_once_to_total(text),
            average_sentence_length(text),
            average_sentence_complexity(text)]
```

5 個特徵函式被呼叫了，且放在串列中傳回我們來看看，make_signature 函式的程式碼多麼簡潔啊！ 5 個特徵就直接呼叫個別的特徵函式。如果我們前面沒有先用 top-down 設計分解問題、釐清各層級的功能，而是想到哪裡寫到哪裡，現在肯定會亂成一團。

7.7.11 get_all_signatures 函式

回頭看一下圖 7.12，我們接下來要處理 process_data 函式三個子任務的第二個：get_all_signatures 函式，也就是找出每本已知作者書籍的特徵簽名。

get_all_images 函式要處理的書籍檔案有好幾個，我們將它設計為只有一個參數：書籍檔案存放的資料夾（known_dir），目的是讓程式到該資料夾內讀取各書籍檔案做處理。因此請讀者務必將存放本章書籍檔案的資料夾（ch7）與程式碼，都放在 VS Code 的工作資料夾內，如此才讀得到檔案。此外，因為此函式大多數的工作都可透過 make_signature 函式完成，所以我們期望 Copilot 會自動呼叫 make_signature 函式。

Copilot 確實為我們做了這件事，但第一次得到的程式碼存在兩個問題。以下是最初生成的程式碼：

Listing 7.13 獲取所有已知特徵簽名的函式 (第一次)

```
def get_all_signatures(known_dir):
    '''
    known_dir is the name of a directory of books.
    For each file in directory known_dir, determine its signature.

    Return a dictionary where each key is
    the name of a file, and the value is its signature.
    '''
    signatures = {}  ◄── 建立檔名對應特徵簽名的字典
    for filename in os.listdir(known_dir):  ◄── 遍歷資料夾中的每個書籍檔案
        with open(os.path.join(known_dir, filename)) as f:  ◄── 開啟當前書籍檔案
            text = f.read()  ◄── 讀取檔案中所有內容
```

```
            signatures[filename] = make_signature(text)
    return signatures
```

傳回每本書的檔名對應特徵簽名的字典

每本書依序放入字典

我們可以試著從 Python 提示符號測試此函式，如下所示：

```
>>> get_all_signatures('known_authors')
```

執行時會得到以下錯誤：

```
Traceback (most recent call last):
  File "<stdin>", line 1, in <module>
  File "<stdin>", line 9, in get_all_signatures
Name Error: name 'os' is not defined. Did you forget to import
'os'?
```

這個錯誤表示程式碼中用到未定義的 os 模組，於是我們在函式上頭將此模組載入：

```
import os
```

接下來同樣再試一次，仍然可能會遇到以下錯誤：

```
>>> get_all_signatures('known_authors')
Traceback (most recent call last):
  File "<stdin>", line 1, in <module>
File "<stdin>", line 11, in get_all_signatures
UnicodeDecodeError: 'cp950' codec can't decode byte 0xe2 in
position 1457: illegal multibyte sequence
```

UnicodeDecodeError 是一種常見的錯誤，發生在嘗試以不相符的編碼方式讀取檔案內容時。由於 Copilot 在生成開啟檔案程式碼時，並不曉得我們要讀取哪種編碼格式的檔案，因此就只用預設編碼而出錯。我們可為 open 函式多加一個 encoding 參數，並指定要用 utf-8 編碼（此問題我們在 6.6.2 小節的編註框講過）：

```
with open(os.path.join(known_dir, filename), encoding='utf-8') as f:
```

編碼參數加在這裡

不過，如果您希望由 Copilot 來修正這個錯誤，請在開啟檔案程式碼的上面，補一行解決 UnicodeDecodeError 的註解，並將整個 for 迴圈刪除，讓 Copilot 重新生成程式碼，它就會改正了（因為它記得剛剛錯誤的原因在編碼）：

Listing 7.14 獲取所有已知特徵簽名的函式（第二次）

```
import os

def get_all_signatures(known_dir):
    '''
    known_dir is the name of a directory of books.
    For each file in directory known_dir, determine its signature.
    Return a dictionary where each key is
    the name of a file, and the value is its signature.
    '''
    signatures = {}
    # Fix UnicodeDecodeError
    for filename in os.listdir(known_dir):
        with open(os.path.join(known_dir, filename),
encoding='utf-8') as f:
            text = f.read()
            signatures[filename] = make_signature(text)
    return signatures
```

輸入這一行註解，就會修正了

Copilot 自己改正了編碼

然後，執行 get_all_signatures 函式，就可以看到一個包含檔名及其特徵簽名的字典，如下所示：

```
>>> get_all_signatures('known_authors')
{'Arthur_Conan_Doyle.txt': [4.3745884086670195,
0.1547122890234636, 0.09005503235165442, 15.48943661971831,
2.082394366197183], 'Charles_Dickens.txt': [4.229579999566339,
0.0796743207788547, 0.041821158307855766, 17.286386709736963,
2.698477157360406], 'Frances_Hodgson_Burnett.txt':
[4.230464334694739, 0.08356818832607418, 0.04201769324672584,
```

```
13.881251286272896, 1.9267338958633464], 'Jane_Austen.txt':
[4.492473405509028, 0.06848572461149259, 0.03249477538065084,
17.507478923035084, 2.607560511286375], 'Mark_Twain.txt':
[4.372851190055795, 0.1350377851543188, 0.07780210466840878,
14.395167731629392, 2.16194089456869]}
```

我們並沒有為此函式撰寫測試案例，留給您自己試試看，只要建一個測試用的檔案即可。如圖 7.13 所示，我們完成了 process_data 函式的兩項任務。讓我們繼續前進！

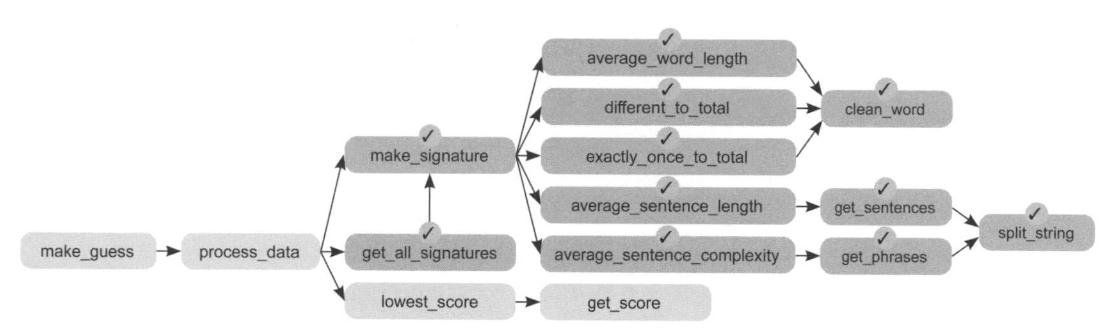

圖 7.13 已完成 make_signature 和 get_all_signatures 函式

7.7.12　get_score 函式

現在要來實現 get_score 函式，此函式會接受三個參數：包括要計算差異的兩個特徵簽名（signature1、signature2）以及權重（weights）。計算公式要先將兩個特徵簽名的 5 個特徵值相減，分別乘以權重之後再計算總和，要在 docstring 中解釋這個公式會是一項挑戰。而且，我們甚至不確定是否該把公式放在 docstring 中，因為 docstring 要用來說明如何使用這個函式，而不是解釋它內部如何運作的。

所以，我們不打算在 docstring 寫公式，而是用簡單的方式描述，試試看 Copilot 會如何處理：

Listing 7.15　計算兩個特徵簽名差異總分的函式

```
def get_score(signature1, signature2, weights):
    '''
    signature1 and signature2 are signatures.
    weights is a list of five weights.

    Return the score for signature1 and signature2.

    >>> get_score([4.6, 0.1, 0.05, 10, 2],\
                  [4.3, 0.1, 0.04, 16, 4],\
                  [11, 33, 50, 0.4, 4])
    14.2
    '''
    score = 0
    for i in range(len(signature1)):        ◄── 遍歷特徵簽名中的每個特徵索引
        score += abs(signature1[i] - signature2[i]) * weights[i]   ◄── 納入加權
    return score
```

看來 Copilot 完全依照我們想的那樣實現了這個函式。這可不是 Copilot 與我們心靈相通，而是因為這是常見的加權計算公式，所以 Copilot 一定學習過。但萬一 Copilot 給了一個不對的公式，那就在 docstring 中描述得更明確吧。

7.7.13　lowest_score 函式

前面實現了計算兩個特徵簽名差異總分的 get_score 函式，接下來就要開發 lowest_score 函式，會將每個已知特徵簽名與未知特徵簽名配對呼叫 get_score 函式（因為範例共有 4 本書，所以會產生 4 個差異總分），然後傳回差異總分最低的已知特徵簽名。lowerest_score 函式接受三個參數：已知特徵簽名的字典（signature_dict）、未知特徵簽名（unknown_sugnature）與權重（weights）

Listing 7.16　取得差異總分最低的作者

```
def lowest_score(signatures_dict, unknown_signature, weights):
    '''
    signatures_dict is a dictionary mapping keys to signatures.
    unknown_signature is a signature.
    weights is a list of five weights.
    Return the key whose signature value has the lowest
    score with unknown_signature.

    >>> d = {'Dan': [1, 1, 1, 1, 1], 'Leo': [3, 3, 3, 3, 3]}
    >>> unknown = [1, 0.8, 0.9, 1.3, 1.4]
    >>> weights = [11, 33, 50, 0.4, 4]
    >>> lowest_score(d, unknown, weights)
    'Dan'
    '''
    lowest = None
    for key in signatures_dict:
        score = get_score(signatures_dict[key], unknown_signature,
                 weights)
        if lowest is None or score < lowest[1]:
            lowest = (key, score)
    return lowest[0]
```

在 doctest 中直接使用變數更容易看懂

遍歷字典中的每一個鍵 (key)

計算差異總分

如果這是第一次比較，或者此次差異總分低於目前最低差異總分

則將當前最低差異總分的鍵 (key) 與差異總分 (score) 組成一個元組 (tuple) 給 lowest

傳回以作者名字命名的檔名

編註：tuple(元組) 資料型別

在上面的程式碼中，lowest 變數被初始化為 None(這是一個特殊值，表示「無」或「空」的狀態)，其具體的資料型別要看後續程式賦值。在程式後面看到 lowest = (key, score) 可知 lowest 被賦值為 **tuple (元組)** 資料型別。

Tuple 也是 Python 中常用的資料型別，在此補充一下。Tuple 中的元素是有序排列，因此 lowest 的第一個元素是 key(索引為 0)，第二個元素是 score(索引為 1)，所以 if 條件式中是用 lowest[1](也就是 score) 做比較，而傳回的是 lowest[0](也就是 key，作者的檔名)。

您可以在 TERMINAL 面板中做以下練習：

```
>>> mytuple = (3,'first')  ◄── 賦值 tuple 給 mytuple
>>> mytuple[0]  ◄── 用索引取出第一個元素的值
3
>>> mytuple[1]  ◄── 用索引取出第二個元素的值
'first'
>>> mytuple[2]  ◄── 用索引取出第三個元素的值
Traceback (most recent call last):
  File "<stdin>", line 1, in <module>
IndexError: tuple index out of range  ◄── 出錯，超出索引範圍
>>> mytuple = (3, 'first', 'end')  ◄── 重新賦值，這次有三個元素
>>> mytuple[2]
'end'
```

7.7.14 process_data 函式

完成 make_signature、get_all_signatures 與 lowest_score 函式之後，我們終於準備好實現 process_data 函式了。此函式會接受兩個參數：神秘書籍的檔名（mystery_filename）和已知作者書籍檔案存放的資料夾（know_dir），然後傳回經過運算後推測出來的神秘書籍作者。

Listing 7.17 推測神秘書籍的作者

```
def process_data(mystery_filename, known_dir):
    '''
    mystery_filename is the filename of a mystery book whose
    author we want to know.
    known_dir is the name of a directory of books.

    Return the name of the signature closest to
    the signature of the text of mystery_filename.
    '''
    weights = [11, 33, 50, 0.4, 4]  ◄── 指定權重
    signatures = get_all_signatures(known_dir)  ◄── 取得已知作者書籍的特徵簽名
    with open(mystery_filename, encoding='utf-8') as f:  ◄── Copilot 學到要用 utf-8 編碼
        text = f.read()  ◄── 讀取神秘書籍檔案內容
```

```
    unknown_signature = make_signature(text)  ◄── 算出神秘書籍的特徵簽名
return lowest_score(signatures, unknown_signature, weights)  ◄── 傳回差異最小的書籍檔名
```

上面簡短的程式碼，把所有的工作都交給下層的函式處理，就只需要安排執行的順序即可完成。在本章的書籍資源中，包含了 4 個未知作者的檔案，從 unknown1.txt 到 unknown4.txt。

讓我們嘗試執行 process_data 函式，推測 unknown1.txt 的可能作者是誰：

```
>>> process_data('unknown1.txt', 'known_authors')
'Arthur_Conan_Doyle.txt'
```

Process_data 函式推測神秘書籍 unknown1.txt 的作者是柯南道爾（其實傳回的是檔名，只是本範例直接將作者名稱當作檔名）。如果您查看 unknown1.txt 的內容，可發現程式的推測是正確的，本書《The Sign of Four（四簽名）》是他的著名作品。

編註： 請讀者試試看其它 3 本神秘書籍，小編測試 unknown2.txt、unknown3.txt 都能推測出正確的作者，但 unknown4.txt 則推測錯誤，顯然還有改善的空間。不過，75% 的正確率也算不錯。

7.7.15　make_guess 函式

為了推測一本神秘書籍的作者，還需要輸入 process_data 函式名稱與兩個參數才能執行，這對終端使用者並不方便，所以我們應該設計能直接請使用者提供神秘書籍檔名的函式才方便，也就是建立最上層的 make_guess 函式來完善此程式。

Listing 7.18　與使用者互動輸入檔名的函式

```
def make_guess(known_dir):
    '''
    Ask user for a filename.
    Get all known signatures from known_dir,
    and print the name of the one that has the lowest score
    with the user's filename.
    '''
    filename = input('Enter file name: ')   ← 請使用者輸入神秘書籍的檔名
    print(process_data(filename, known_dir))   ← 呼叫 process_data 函式處理所有的工作，並輸出推測的結果
```

然後，在呼叫 process_data 函式時指定使用者輸入的檔名，與已知作者書籍檔案所在的 known_authors 資料夾即可。圖 7.14 上的每一個函式都已被打勾，表示已完成這個 top-down 設計的程式。

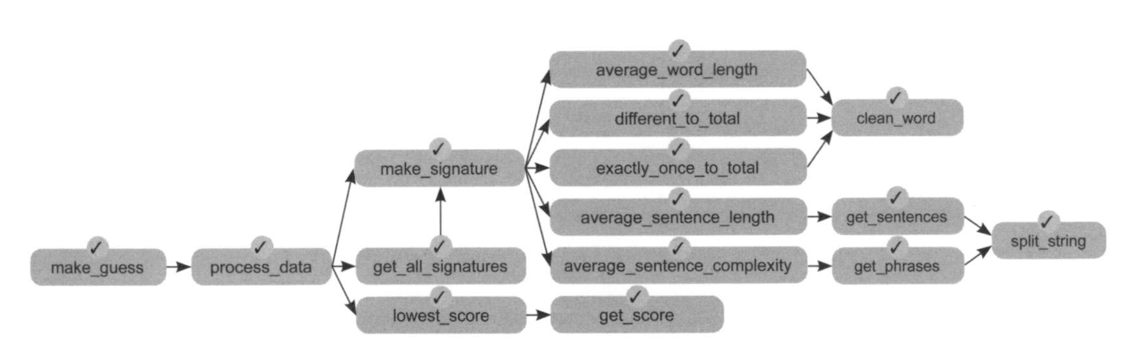

圖 7.14 make_guess 需要的所有函式皆已完成

希望您有一路跟著操作，並建出此範例的完整 Python 程式（或者可在本書補充資源中找到 ch7-7.py 檔），只需在程式最後加上一行執行 make_guess 函式的程式碼：

```
make_guess('known_authors')
```

然後在 VS Code 將右上角的三角形圖示拉下，執行「Run Python File in Dedicated Terminal」命令，就會在下方的 TERMINAL 面板請您輸入檔名，輸入後等個一秒就會輸出推測的作者：

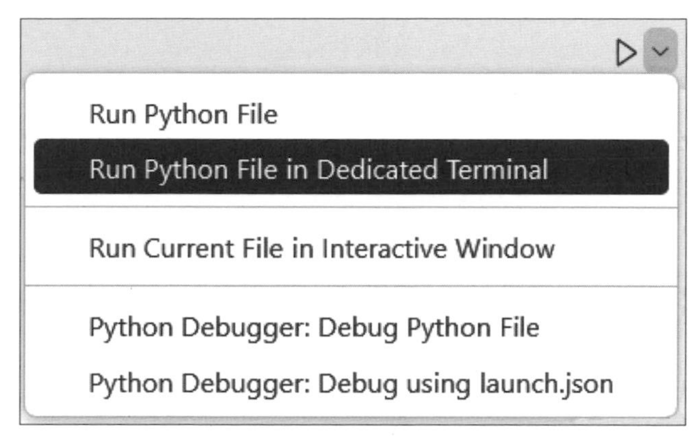

圖 7.15 指定在終端機執行整個程式

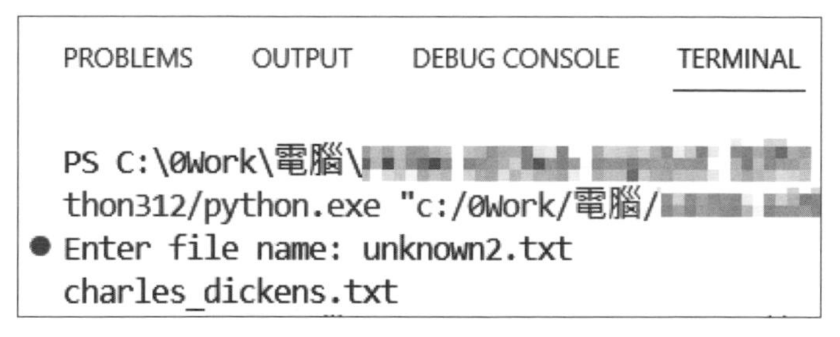

圖 7.16 輸入檔名後得到推測結果

恭喜您！完成了第一個具有一定規模的 top-down 設計：作者身份識別系統。相信任何一位初學者都該感到自豪，也會驚訝於 Copilot 竟然可以幫到這種程度。而且我們用到機器學習的觀念，讓程式算出特徵簽名，藉以比對未知特徵簽名的差異總分，進而推測神秘書籍的作者。這非常酷！我們之所以能夠一路順利做下來，就在於將一個複雜的問題，分解出功能獨立且小巧的函式，讓 Copilot 更容易生成正確的程式碼。

7.8 思考重構程式的可能

當開發者完成 top-down 的設計過程之後，也許會發現某些地方可以重構。重構的目的是在不變更程式原有功能的前提下，提高程式碼的清晰度和結構組織。

例如，我們可能發現功能函式在處理字串時，會先將其分割成單字再排除非字母的單字，這一個重複的功能其實也可以獨立為一個子功能函式。如此不僅能進一步簡化呼叫該子功能的任何函式，也使程式碼更加模組化和易於維護。

而且，我們也可以考慮在呼叫 process_data 函式時才將權重傳入，而不是直接寫在該函式中，如此當需要調整權重時就更有彈性。

此外，我們還能從功能性或效能上對程式進行改善。就功能而言，程式現階段只能提供對神秘書籍作者身份的初步推測。然而，我們對推測背後的訊息一無所知。比如說，是否有另一位作者的差異總分也很接近？如果存在這樣的情況，我們肯定希望能夠得知。更廣泛地說，我們希望了解不僅僅是程式認為最有可能的那一位作者，而是可能性最高的前幾位。這樣一來，即便首選推測不正確，我們仍然有其他可能身份的寶貴訊息。這些都是可以考慮加入程式中的新增功能。

在考慮到效率的角度，我們不妨重新檢視 get_all_signatures 函式。此函式的工作量是最大的！假設資料夾中有五本書的檔案，它需要讀取這五個檔案並計算它們各自的特徵簽名，但畢竟也才五個檔案。但如果有 100 個或甚至 10,000 個檔案呢？如果每次推測神秘書籍的作者，都要重複計算每本書的特徵簽名，那顯然是對電腦資源的浪費。如果能將計算過的特徵簽名儲存起來，從而避免重複計算，將會大大提升效率。確實，若要從效率角度重構程式碼，一個初步的構想就是確保對於已知檔案的特徵簽名只計算一次，並在之後的過程中重複利用。

實際上，這正是像 Copilot 這類 AI 工具的運作方式！OpenAI 對 GitHub Copilot 進行一次訓練，涵蓋了一個龐大的程式碼庫，此過程耗費大量時間。一旦訓練完成之後，便能持續不斷地為我們撰寫程式碼，而無需每次面對新的提問又從零開始學習。

許多電腦專家認為問題分解（problem decomposition）是撰寫優質軟體最關鍵的技能。我們也在本章看到了問題分解的價值：將一個大且複雜的問題，經由分析之後分解成子任務，直到每個子任務都易於解決而可行。當使用像 Copilot 和 ChatGPT 時，此項技能仍然至關重要，因為相比於大問題，這些 AI 工具在解決小巧且定義良好的任務時表現更佳。

雖然問題分解如此好用，但它更像是一門藝術而非科學，需要多加練習才能掌握訣竅。在後面的章節中，我們會也會進行問題分解，以幫助您更直觀了解該如何進行。

本章小結

- 要有效實現一個大型的程式問題，我們必須將其分解為較小的子任務。
- Top-down 設計是系統性地將問題分解為子任務函式的技術。
- 在 Top-down 的設計中，我們找出可以明確定義任務的小函式，可以被一個或多個其它函式呼叫。
- 作者身份識別是推測一本神秘書籍作者的程式。
- 我們可以用與單字、句子有關的特徵，描述每位已知作者的寫作風格。
- 機器學習是從資料中學習並進行預測。
- 在監督式學習中，我們有一些以實體（如：書籍）及其分類項目（如：每本書的作者、出版日期）的訓練資料。從這些資料中學習，然後對新實體進行預測。
- 特徵簽名（signatures）由特徵（features）串列組成，每個實體都有一個特徵簽名。
- 要實現 Top-down 設計出來的函式，要從底層開始著手；也就是說，我們要先寫出葉子函式，然後才是呼叫葉子函式的函式，以此類推，直到實現頂層函式。
- 重構程式碼就是改進程式碼的設計（如：減少重複的程式碼）。

第 8 章

除錯 - 使用 Copilot Chat 與 debugger

本章內容

- 找出 bugs 的來源。
- 讓 Copilot 協助除錯。
- 用 Copilot 協助修正錯誤。
- 使用 VS Code debugger 檢查程式碼執行狀況。

每位程式設計師在學習期間與職業生涯中，都會遇到程式碼不如預期執行的情況，這是寫程式的必經過程。那我們在 VS Code 該如何修正程式碼呢？有時候只要像前幾章所學，調整提示詞或將問題分解就能讓 Copilot 協助解決。但如果 Copilot 給的程式碼有錯，而且硬是無法給出更好的改善方案，此時與其束手無策，不如想辦法利用工具解決。

本章有兩個目標：第一個目標是學習如何找出並修正程式碼中的 bugs；而為了抓出 bugs，就需要達成第二個目標，就是更深入追蹤程式碼的運作方式。

由於程式碼出錯的情況相當普遍，因此許多程式開發環境（如：VS Code）就提供工具幫助我們找出錯誤所在。本章採用的是 debugger 除錯工具（一般也稱為調試器或偵錯器）。我們會透過一些範例學習找出和修正 bugs。

8.1 造成 bugs 的原因

程式設計師通常把程式中的問題或錯誤稱為 bugs。這個字源於六十年前，當時電腦還用到許多真空管，曾經發生飛蛾（與一般人以為的臭蟲無關）卡進真空管導致電腦故障的事件，這個事件被稱為第一個電腦 bug 而流傳下來。如今的 bugs 幾乎都是由程式設計師生出來的，鮮少會由電腦硬體產生。

程式的 bugs 主要分為兩種類型：

- **語法錯誤（syntax errors）**：當程式碼未遵守語法規範時就會發生這類錯誤，例如在 Python 的 for 迴圈首行尾端漏掉冒號，就會出現語法錯誤的訊息。以前手刻程式碼的時代，這種錯誤很常見（畢竟人類很容易漏東忘西)，即使像我們這種寫了幾十年程式的人，有時也會犯語法錯誤。而在使用 Copilot 之後，這種情況幾乎完全消失，因為它已經被訓練成語法專家了。語法錯誤很容易被開發工具抓出來，真正麻煩的是邏輯錯誤。

- **邏輯錯誤 (logical errors)**：程式碼可以執行，但執行結果卻不如預期。例如原本要計算一個單字串列中出現“Dan”這個元素的次數，但程式卻將串列中所有包含“dan”這個字串的元素都算進來。這樣的程式會有兩個錯誤：它可能把“dan”和“DAN”都當作有效匹配計算進去(未區分大小寫)；同時也會將單字中任何一部分包含“dan”字串的都算進去，例如“Daniel”、“danger”與“Jordan”，而這些並不是我們要的。

  類似這種情況表示程式在語法上沒錯，但程式中某部分的邏輯不對，這通常也是最難處理之處。所以邏輯能力很重要！如果提示詞描述的邏輯不夠清楚，會使 Copilot 誤解意思而生成其它目的的程式碼。

8.2 如何找出 bugs

這相當有挑戰性！基本上，不論是由開發者或是 Copilot 編寫的程式碼，自己製造的 bugs 通常自己最不容易發現，而需要由其他人的角度才容易發現問題。

本書進行到現在，其實我們對語法錯誤的 bugs 並不陌生，而且也透過閱讀程式碼和進行測試來找出問題。而在本章，我們要轉向探討那些在測試過程中發現，卻難以確定錯誤原因的問題。

有時候，嘗試挑選 Copilot 提供的其它建議、改寫提示詞或直接請 Copilot 修正，似乎問題就能迎刃而解，然而基於我們的經驗，這些方法並不見得奏效。

8.2.1 使用 print 語句來瞭解程式碼行為

根本上來說，程式設計師以為程式會做的事與程式實際做的事不符，就叫做邏輯錯誤。要找出這種問題一個常見的方法，就是在程式的不同位置用 print 語句輸出變數的值，藉以觀察程式實際在做什麼。讓我們嘗試一下剛才提到的查找單字串列中“Dan”這個字的例子。以下是發生邏輯錯誤的程式碼：

Listing 8.1　計算串列中出現 Dan 這個單字的次數

```
def count_words(words):
    count = 0
    for word in words:
        if "dan" in word.lower():   ← 字串的 lower method 會將單字轉換為全部小寫
            count += 1
    return count
```

您可能已經看出程式碼哪裡有問題了，但假設我們還不知道發生了什麼，而試圖找出程式碼執行結果為何不符預期。假設我們是在 TERMINAL 面板中測試時發現上面的程式碼有錯：

```
>>> words = ["Dan", "danger", "Leo"]
>>> count_words(words)
2
```

在這個串列中符合“Dan”的元素只有一個，我們預期的答案是 1，但實際卻得到 2。這裡要注意！因為在測試案例中包括“danger”這個字，才幫我們發現程式碼的錯誤（否則可能還發現不到），然而問題出在程式碼的哪個部分呢？

為了找出答案，我們可以在程式碼中加上 print 語句。那應該加在哪個位置呢？請仔細閱讀 Listing 8.1 的程式碼，根據觀察到的錯誤是與計數有關（也就是應該是 1，但卻出現 2 的結果）。因此，我們想在 for 迴圈區塊中加上 print 語句，看看迴圈變數 word 迭代的每個單字是否被計數了，而計數的 count 變數是在 if 層級中，因此決定將 print 語句加在 if 區塊內的第一行，看看是哪兩個單字被計數。

Listing 8.2　用 print 語句找出程式碼 bugs 的例子

```
def count_words(words):
    count = 0
    for word in words:
        if "dan" in word.lower():
            print(word,"is being counted")   ← 加在這個位置
            count += 1
    return count
```

然後，用相同的測試案例重新執行 count_words 函式：

```
>>> words = ["Dan", "danger", "Leo"]
>>> count_words(words)
Dan is being counted
danger is being counted
2
```

如此一來，就發現程式在計數時也將“danger”這個單字算了進去。接下來，我們可以利用註解的方式加上提示詞，讓 Copilot 修正此問題：

Listing 8.3　加上提示詞註解修正已知問題

```
def count_words(words):
    count = 0
    for word in words:
        # only count words that are exactly "Dan"   ← 加一個註解的提示詞
        if word == "Dan":
            count += 1
    return count
```

加上註解指定必須是“Dan”這個單字才計算。然後將原本 for 迴圈的區塊（也就是 if 語句那兩行）刪除，讓 Copilot 重新產生程式碼，而它也確實做了修正。

以上雖然是個簡單的例子，但同樣適用於更複雜的程式。這個過程通常需要反覆進行，讓程式輸出一些變數值，用以檢查變數階段性的變化是否與預期一致。使用 print 也可以找出哪些地方不是錯誤所在，進而限縮出現錯誤的範圍。這是一種有效的除錯方法。

8.2.2 用 VS Code 的 debugger 觀察程式行為

VS Code 除了適合程式初學者，亦是專業程式設計師常用工具，其內建了功能強大的除錯工具。就本書的目的而言，我們僅關注在一些常用功能，若您對 VS Code debugger 很有興趣，請查閱官網：https://code.visualstudio.com/docs/editor/debugging。為了展示除錯工具，我們要利用 Listing 8.4 的例子（同 Listing 8.1）進行除錯。請您在 VS Code 輸入下面的函式：

Listing 8.4 用於除錯示範的 count_words 函式

```
def count_words(words):
    count = 0
    for word in words:
        if "dan" in word.lower():
            count += 1
    return count

words = ["Dan", "danger", "Leo"]
print(count_words(words))
```

用於呼叫 count_words 函式，並輸出結果

開始使用 debugger 並設置中斷點

啟動 debugger 之前需要在程式中設置**中斷點**（breakpoints），用於告訴 debugger 在程式執行到該中斷點處暫停，讓您可以檢查變數的值並逐行追蹤程式碼。像第 7 章作者身份識別那種大程式，您大概不會想要逐行檢查，因為會花費大量時間，此時只需在您認為特別重要之處設置中斷點，就可以只追蹤程式執行到該位置的行為。

在 VS Code 為程式設置中斷點的方法是，將滑鼠移到程式碼行號的左側，可以看到一個淺紅色的小圓點，會出現提示訊息：「Click to add a breakpoint.」，移動滑鼠到您要設置中斷點的那一行按滑鼠左鍵，該小圓點就會固定且變成紅色，如圖 8.1 所示，如此就設置了一個中斷點：

```
count_words.py 1 ×
count_words.py > ...
  1   def word_counts(words):
● 2       count = 0
  3       for word in words:
  4           if "dan" in word.lower():
  5               count += 1
  6       return count
```

圖 8.1 在 VS Code 中為程式設置中斷點

中斷點可以設置好幾個，此例我們只在第 2 行程式碼設置一個中斷點。若要移除中斷點，只要在中斷點小圓點上按一下即可。接下來就可以啟動 debugger，看看它是如何運作的。

Debugger 視窗的工作區

啟動 debugger，請執行「Run / Start Debuggung」命令，如圖 8.2 所示：

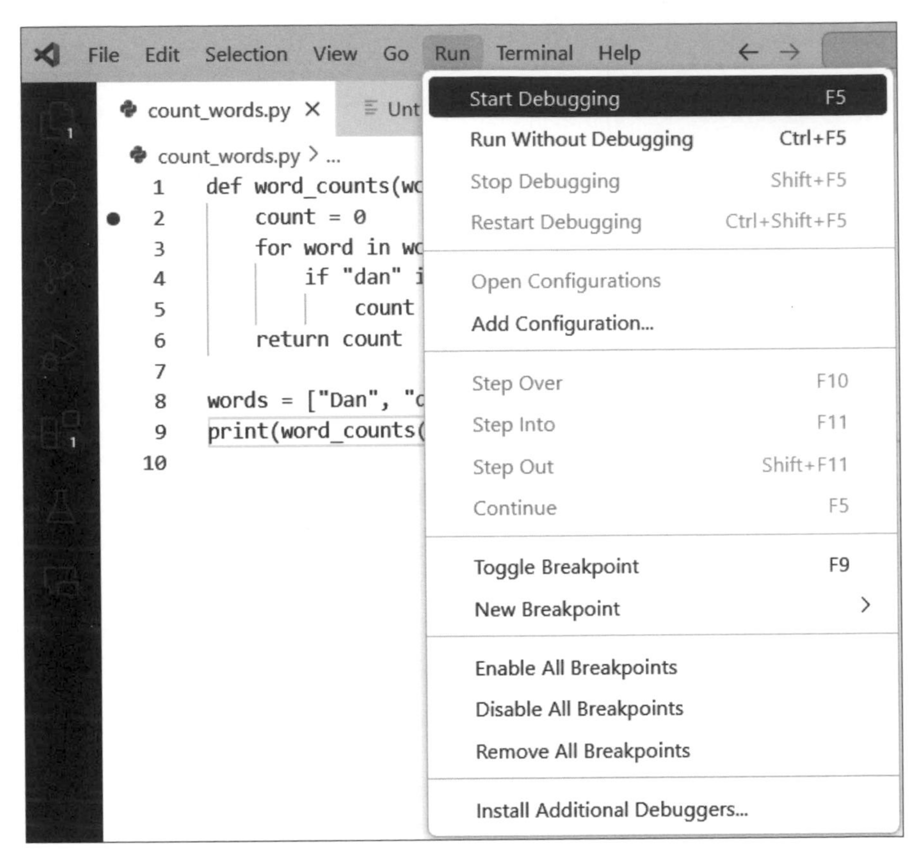

圖 8.2 在 VS Code 中啟動 debugger

第一次啟動時，會詢問您要用哪一個 debugger，我們選擇用 Python debugger：

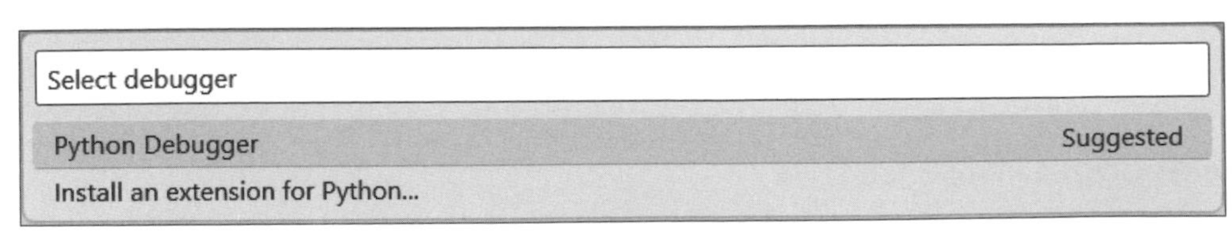

圖 8.3 選擇 debugger

選擇要對目前這個 Python 檔案進行除錯：

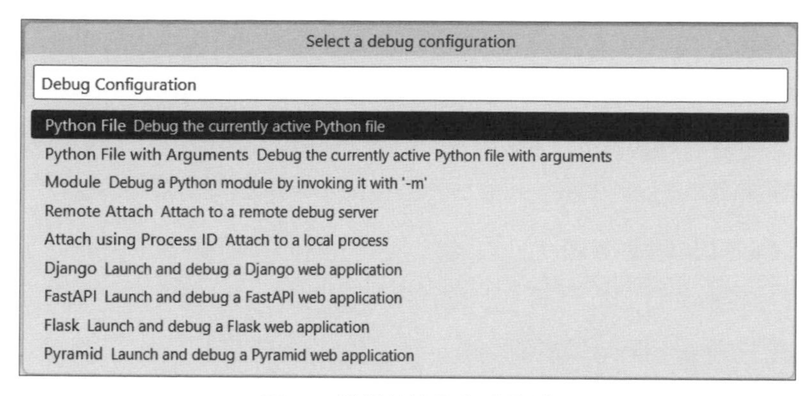

圖 8.4 對當前這個程式除錯

debugger 啟動後就會看到如同圖 8.5 的視窗介面：

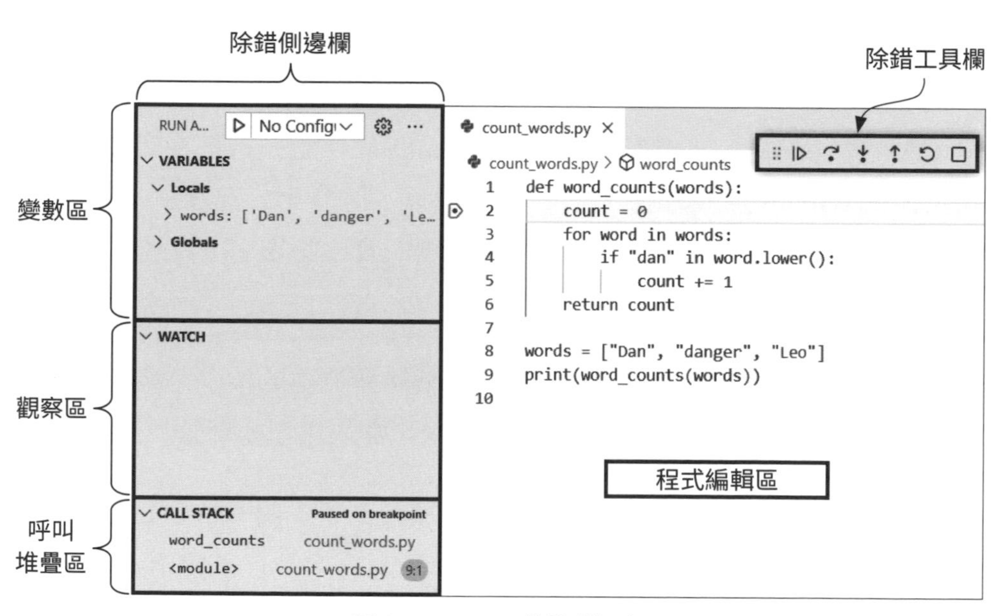

圖 8.5 VS Code 的除錯視窗

VS Code debugger 左側的除錯側邊欄包含 VARIABLES（變數區）、WATCH（觀察區）與 CALL STACK（呼叫堆疊區），以下簡單介紹這三個區塊的用途：

- **VARIABLES 區（變數區）：**此區塊是當前作用域（scope，例如在 count_words 函式內）中的變數及其當前值。例如，words 參數被賦值為 ['Dan', 'danger', 'Leo'] 串列。您可以點按 words 左邊的箭頭（>）查看該變數的更多細節（例如此串列中每個索引對應的元素）。
- **WATCH 區（觀察區）：**此區塊包含您特別想要監控的任何表達式（expression）。例如，可在此區加入表達式："dan" in word.lower()，然後就能看到 word 的每個值，以及該表達式是 True 或 False。要加入表達式，請將滑鼠停在觀察區，按 + 號（Add expression）。
- **CALL STACK 區（呼叫堆疊區）：**此區塊顯示到當前程式碼所執行的函式。在這個例子中，我們有 main 函式（在 VS Code 中顯示為 <module>）在第 9 行呼叫了 count_words 函式。在 count_words 函式內目前停在第 2 行。點按這兩處，可切換程式碼的焦點。

在視窗中間的程式編輯區，可看到 count = 0 這一行程式碼被用黃色底色強調出來。這是因為我們在這一行設置了中斷點，當啟動 debugger 後，程式會執行到中斷點的位置暫停（此時設置中斷點這一行程式碼尚未執行），等待我們下一步指示。

視窗右邊有一個除錯工具欄，這是整個除錯過程的核心，能讓您控制程式的執行流程。除錯工具欄包含幾個按鈕，從左到右分別是：

- **Continue（繼續，F5）：**讓程式繼續執行到下一個中斷點。在我們的例子中，由於 count_words 的第 2 行不會再次執行，按下 Continue 會讓程式和除錯執行到結束。
- **Step over（步過，F10）：**讓程式前進到當前函式的下一行程式碼。如果當前行程式碼呼叫了另一個函式（比如在第 4 行呼叫 word.lower()），debugger 會留在 count_words 函式內，只執行被呼叫的函式（如 word.lower()）而不追進該函式內部。

- **Step into（步入，F11）：**讓程式前進到下一行程式碼，包括進入任何被呼叫的函式。與 Step over 不同之處是 debugger 會進入呼叫的其它函式。例如，如果在呼叫另一個函式時用 Step into，它會進入該函式並從內部繼續逐行追蹤。
- **Step out（步出，Shift + F11）：**執行程式碼直到當前函式結束，然後從這個函式的退出點繼續除錯。
- **Restart（重啟）：**重新啟動除錯過程，將程式重啟並執行到第一個中斷點暫停。
- **Stop（停止）：**停止除錯過程。

逐行執行程式碼

現在我們認識了 debugger 的工作環境，可以繼續進行下去。按下除錯工具欄的 Step over 鈕後，下一行要執行的程式碼會被強調（第 3 行），見下圖：

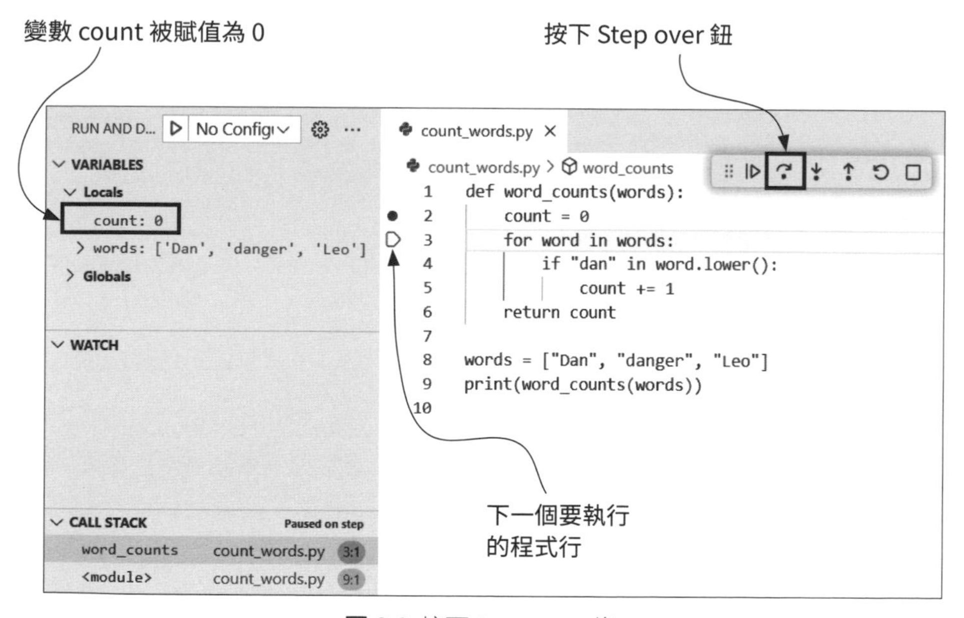

圖 8.6 按下 Step over 後

我們可以看出 count = 0 這一行已經執行，在 VARIABLE 區的 Locals（函式內的區域變數）會多出一個 count: 0，表示變數 count 的值目前是 0，而且在 CALL STACK 區也可看到由原本 word_counts 的第 2 行變成第 3 行（編註：沒看清楚的話，按除錯工具欄的 Restart 鈕再執行一次）。

請再按一次 Step over 鈕，程式就會停在第 4 行：

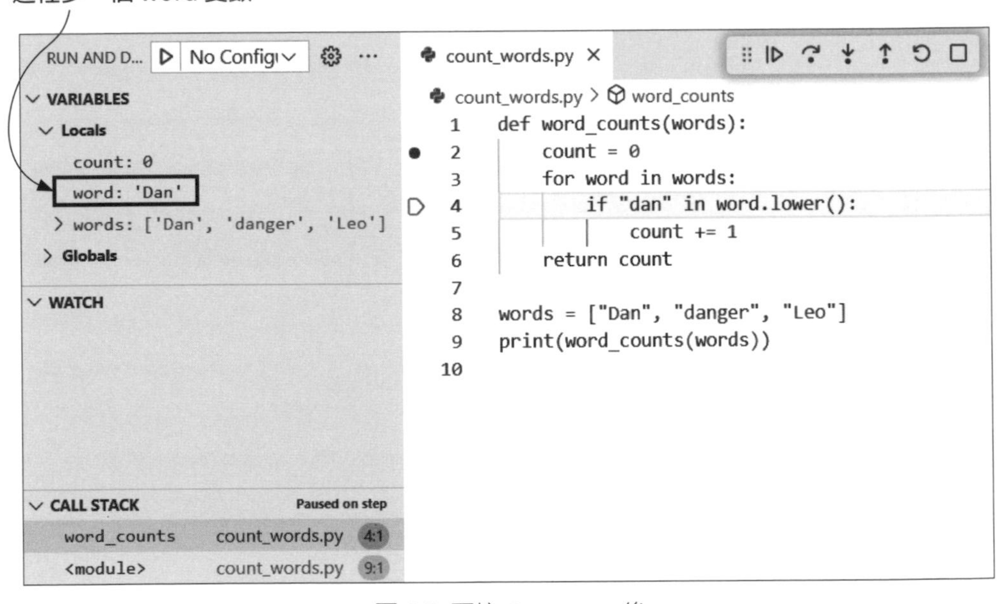

圖 8.7 再按 Step over 後

我們可以看到，VARIABLES 區多了一個新變數 word，這就是迴圈變數，其值為 'Dan'，也就是 words 串列的第一個元素。我們除了能在 VARIABLES 區閱讀變數的值以外，還可以將滑鼠停在程式碼中的變數名稱上，也會顯示該變數當前的值：

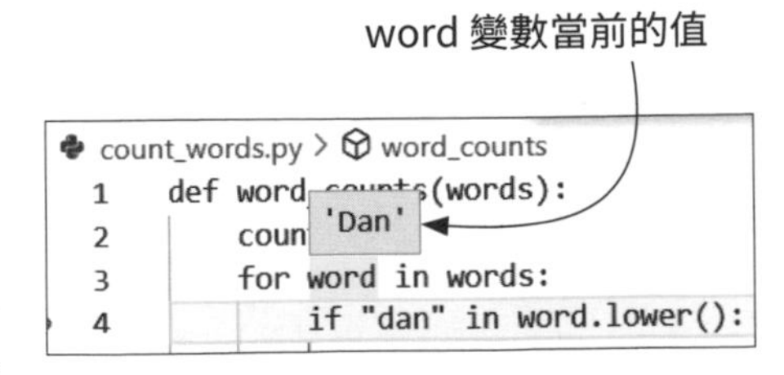

圖 8.8 滑鼠停在變數上，可以顯示該變數當前的值

我們再按 Step over 鈕，看看 if 語句中的條件 "dan" in word.lower()，是否被評估為 True，從而執行 count += 1，接著回到 for 迴圈的開頭。此時 VARIABLES 區的 count 變數已變成 1。再按 Step over，word 變數就變成 words 串列的第二個元素 'danger'。

如果我們想觀察 if 語句會做什麼事，可以將滑鼠停在 WATCH 區，然後按右側的加號箭頭，加入想要觀察的表達式，我們輸入 "dan" in word.lower()"，然後按 Enter 鍵加入此觀察表達式，如下圖：

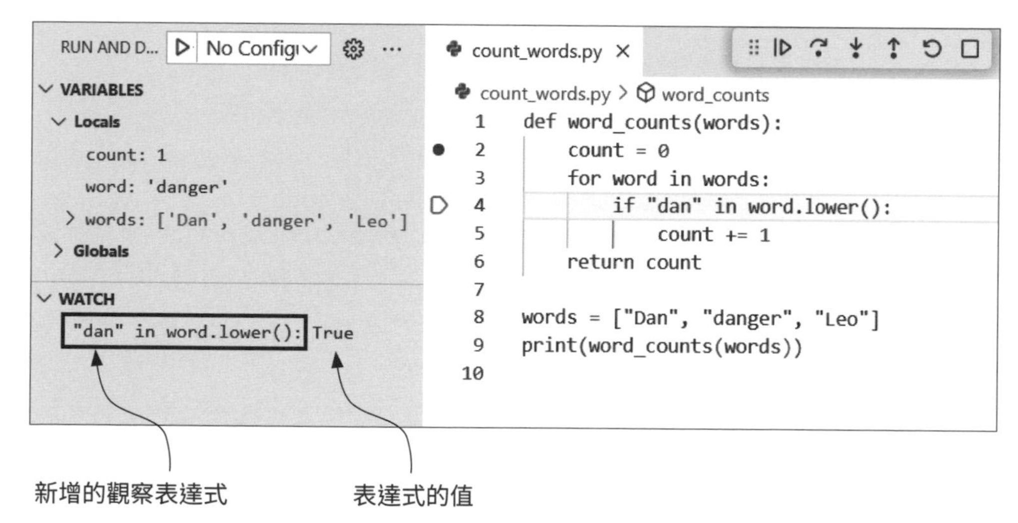

圖 8.9 加入觀察表達式後可察看表達式的行為

現在我們發現，當 VARIABLE 區的 word 值是 "danger" 時，在 WATCH 區的表達式 "dan" in word.lower() 被評估為 True，這表示 count 變數會加一，顯然這不是我們期望的，因為我們只想要 "Dan" 這個單字的精準匹配，而不想將 "danger" 計入，於是抓到問題所在了！

這是一種完全合理的除錯方式。但萬一串列中有好幾百個元素，那我們不就要按 Step over 按到手抽筋？為了解決這種挑戰，我們需要在最好的位置設置中斷點。請您按除錯工具欄中的 Stop 鈕停止這次除錯，並將第 2 行的中斷點移除（再按一次紅圓點），我們要嘗試設置不同的中斷點。

使用中斷點進行選擇性除錯

這次，我們想將中斷點放在更好的位置。考慮到測試案例的重點是串列中的哪些單字會被計數，因此我們將中斷點改放在 count += 1 那一行，如下圖：

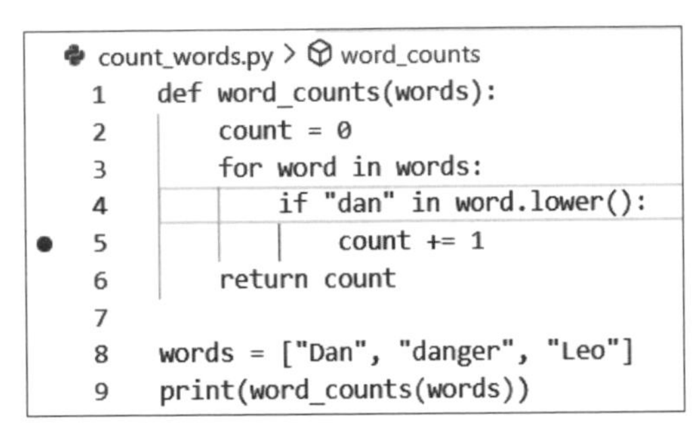

圖 8.10 在計數那一行放置中斷點

這樣的好處是，所有 if 條件（"dan" in word.lower()"）為 False 的單字都不用觀察，只需要觀察 if 條件為 True 的就好。請執行「Run / Start Debugging」命令，程式就會執行到進入 if 程式區塊的中斷點停住：

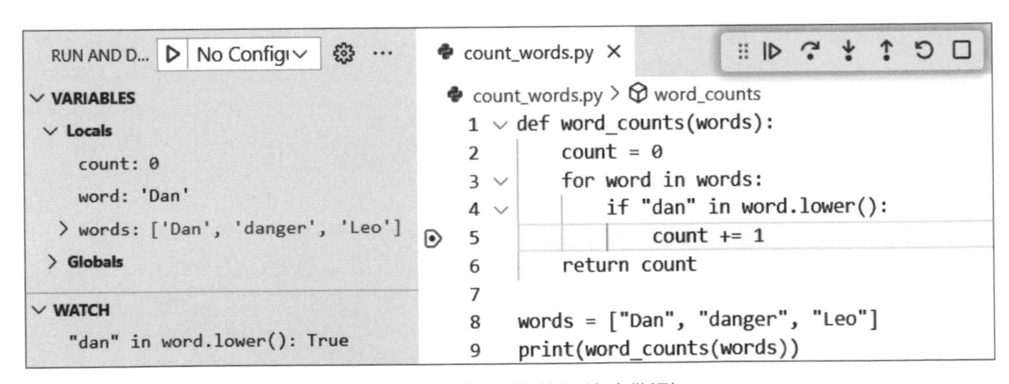

圖 8.11 停在 if 條件內的中斷點

要觀察下一次停在中斷點的是哪個單字，請按除錯工具欄的 Continue 鈕（而不是 Step over 鈕）。每按一次 Continue 鈕，就會停在下一個符合 if 條件為 True 的單字：

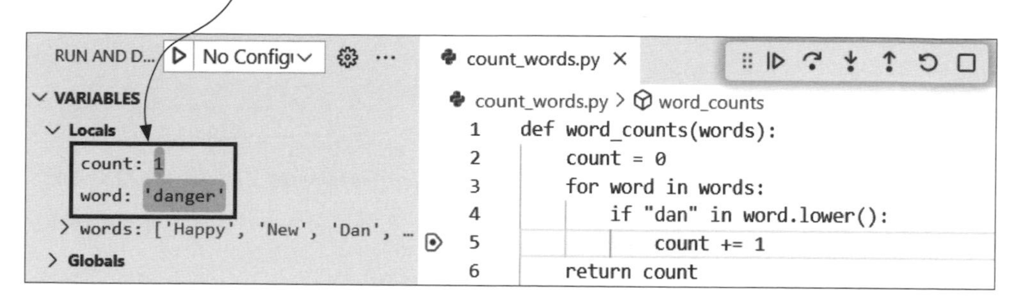

圖 8.12 下一次停在中斷點

編註：作者的例子較不容易看出 Continue 鈕的用途，建議您自行將 words 串列修改為 ["Happy", "New", "Dan", "danger", "Leo", "Peace", "Jordan"]。執行除錯後，會直接跳過前兩個單字停在 'Dan'，之後按 Continue 鈕就只會停在 'danger' 與 'Jordan'。也就是說，這種方法可以自動略過條件為 False 的部分。

找到適合的中斷點位置，可以更快找到邏輯錯誤的所在位置，但需要一些時間的練習與經驗才行。

8.3 利用 GitHub Copilot Chat 修正程式碼

找出 bugs 之後，接下來就要修正之。傳統程式設計的時代，修正程式碼靠的是個人本事，但現在我們有 Copilot Chat。

我們要先叫出 GitHub Copilot Chat 功能，可按下 Ctrl + Shift + I 鍵叫出命令窗，或是按 VS Code 右下角工具列的 Copilot 圖示，執行「GitHub Copilot Chat」命令開啟視窗左下角的 Copilot Chat 交談區，這兩處都可以讓我們詢問問題。

以下是我們要詢問 GitHub Copilot 的問題，並貼上需要修正的程式碼。然後 GitHub Copilot 就會回答這個問題：

我有一個函式如下，它應該計算在串列"words"中"Dan"這個字出現的次數。但它似乎是在計算"dan"這幾個字元在串列中出現的次數。你能幫我修正這個問題嗎？

```
def count_words(words):
    count = 0
    for word in words:
        if "dan" in word.lower():
            count += 1
    return count
```

圖 8.13 詢問 GitHub Copilot 的問題

GitHub Copilot

Used 1 reference >

當然可以。問題在於 `"dan" in word.lower()` 這個條件會檢查 "dan" 是否為 `word` 的子字串，而不是檢查 `word` 是否等於 "dan"。要修正這個問題，你應該將整個單詞轉換為小寫後再與 "dan" 進行比較。以下是修正後的程式碼：

```
def count_words(words):
    count = 0
    for word in words:
        if word.lower() == "dan":
            count += 1
    return count
```

在這個修正後的程式碼中，`word.lower() == "dan"` 會檢查整個單詞是否為 "dan"，而不是檢查 "dan" 是否為單詞的子字串。

圖 8.14 GitHub Copilot 的回答

由 GitHub Copilot 的回答可看出它做了以下修改：

```
if "dan" in word.lower():
```

改為：

```
if word.lower() == "dan":
```

雖然這個變化看起來很小，但影響很大。原本的程式碼會找出串列中只要局部包括 "dan" 的元素就計數，而改正後的程式只找出元素改成小寫後剛好是 "dan" 的才計數。

雖然程式碼有改善了，但仍不符字母大小寫必須剛好是 "Dan" 的要求，我們希望 Copilot 用剛剛的程式碼修改為區分大小寫（用英文就是 case-sensitive）。所以把需求繼續向 Copilot 提出：

你能給我相同的程式碼, 但只計算區分大小寫的 "Dan" 這個字嗎？ 

圖 8.15 繼續向 GitHub Copilot 提問

GitHub Copilot

Used 1 reference >

當然可以。要做到這一點，你只需要移除 `.lower()` 方法。以下是修正後的程式碼：

```
def word_counts(words):
    count = 0
    for word in words:
        if word == "Dan":
            count += 1
    return count

words = ["Dan", "danger", "Leo"]
print(word_counts(words))
```

在這個修正後的程式碼中，`word == "Dan"` 會檢查整個單詞是否為 "Dan"，並且會區分大小寫。

▲ 圖 8.16 GitHub Copilot 的回答

這次它確實依照我們的期望改正了這個程式。從使用 print 語句或用 debugger 找出問題所在，再透過 GitHub Copilot Chat 提出問題，只要問題越明確，Copilot 就會給出越正確的答案。

編註：讓 GitHub Copilot 寫出函式的提示詞

回想前面撰寫函式時，都是先在 docstring 中描述函式定義與參數說明，讓 Copilot 生成程式碼。其實我們寫好函式之後，也可以反向請 GitHub Copilot 寫出 docstring，或許比您寫的更好。下面是用 3.6.1 小節計算股票獲利的例子來示範：

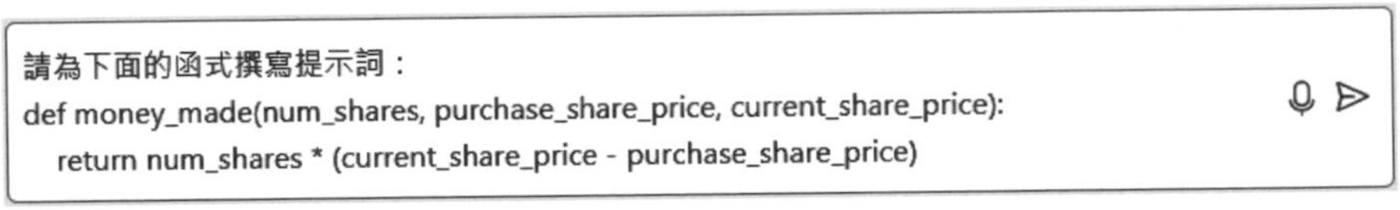

```
請為下面的函式撰寫提示詞：
def money_made(num_shares, purchase_share_price, current_share_price):
    return num_shares * (current_share_price - purchase_share_price)
```

圖 8.17 請 GitHub Copilot 寫函式的提示詞

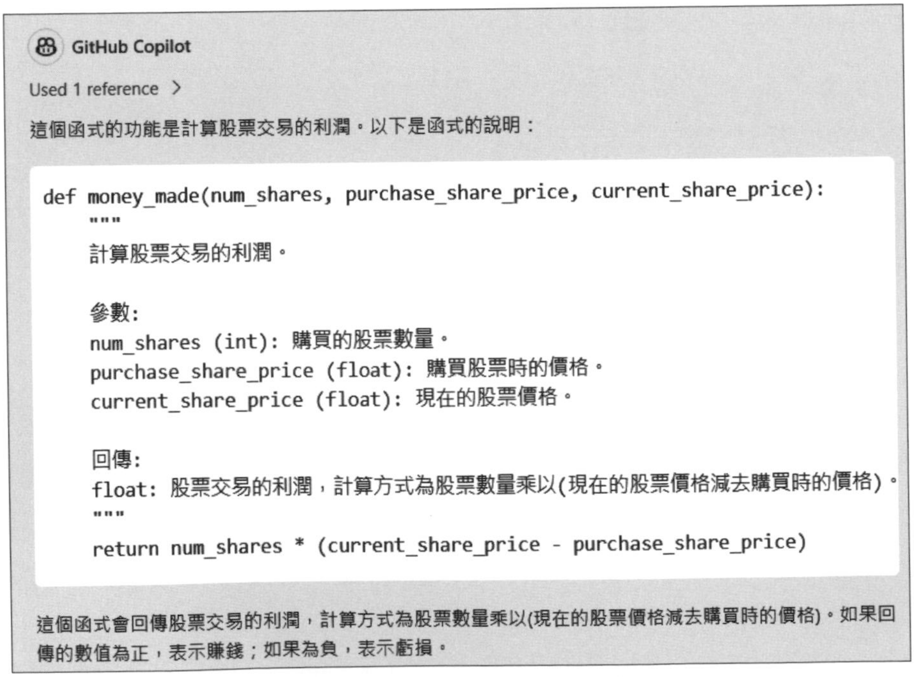

GitHub Copilot

Used 1 reference >

這個函式的功能是計算股票交易的利潤。以下是函式的說明：

```python
def money_made(num_shares, purchase_share_price, current_share_price):
    """
    計算股票交易的利潤。

    參數:
    num_shares (int): 購買的股票數量。
    purchase_share_price (float): 購買股票時的價格。
    current_share_price (float): 現在的股票價格。

    回傳:
    float: 股票交易的利潤，計算方式為股票數量乘以(現在的股票價格減去購買時的價格)。
    """
    return num_shares * (current_share_price - purchase_share_price)
```

這個函式會回傳股票交易的利潤，計算方式為股票數量乘以(現在的股票價格減去購買時的價格)。如果回傳的數值為正，表示賺錢；如果為負，表示虧損。

圖 8.18 GitHub Copilot 的回答

8.4 將除錯融入工作流程

我們已經學會如何針對性地找出程式碼的錯誤，並請 Copilot 協助修正，現在應該重新檢視第 6 章圖 6.1 的函式設計循環。在此要將第 7 章的問題分解以及本章的除錯步驟也加進此循環中（如圖 8.19）。

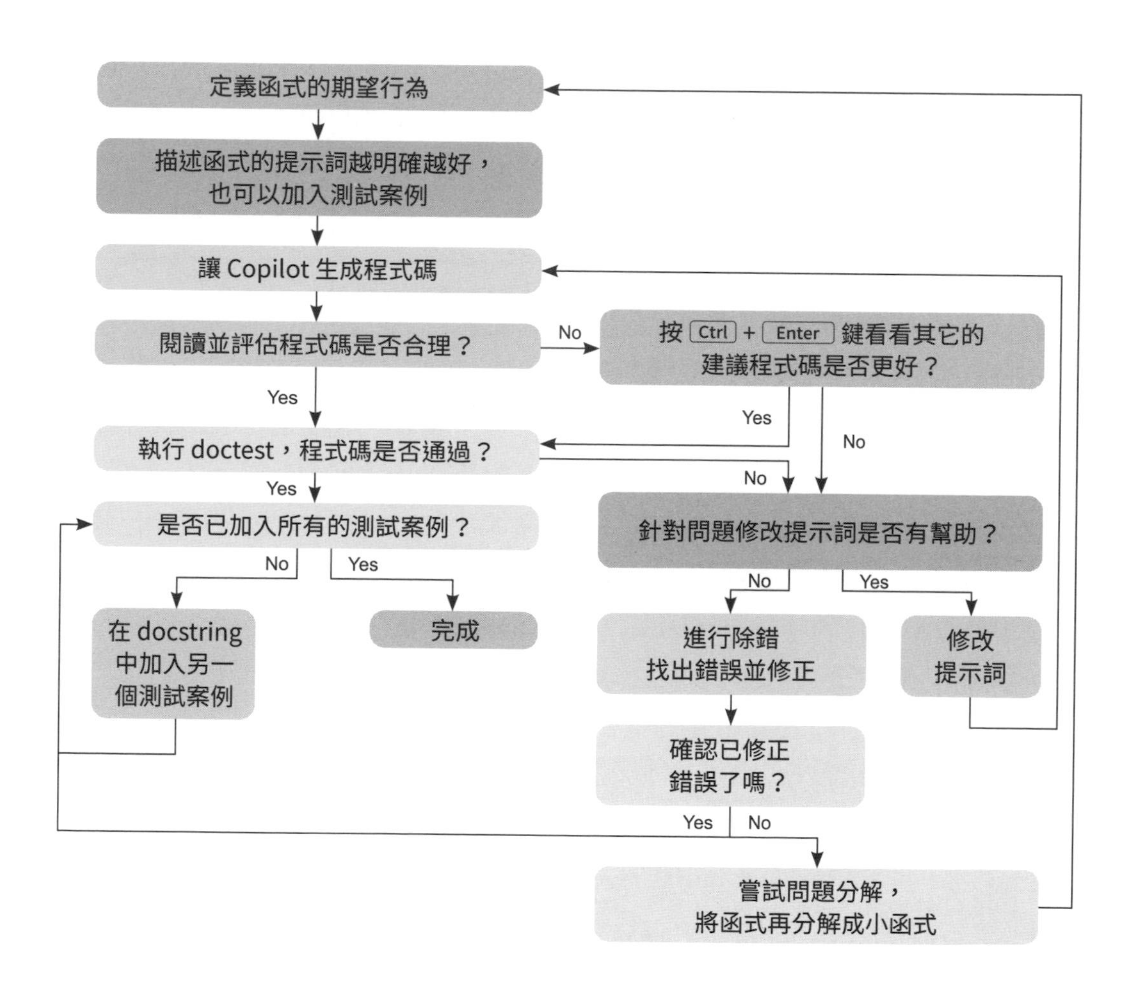

圖 8.19 Copilot 函式設計循環，加入除錯環節

雖然函式設計循環變得更加複雜，但大部分的內容已在圖 6.1 見過，這裡唯一的變化是加入右下角除錯與問題分解的環節。簡單來說，如果您發現修改提示詞後仍然無法得到有效的程式碼，那就是該除錯的時候了。只要善用 print 語句以及 debugger 工具，通常都能成功找出 bugs（但不見得能抓出所有的錯誤，特別是邏輯錯誤）。

如果您挑出 bugs 並認為已成功修正，那麼這個流程會引導回到測試階段，以確保此修正對所有測試案例都有效。如果修改提示詞之後仍然無法讓程式碼正常運作，而且除錯無效，那麼就請進行問題分解，讓函式功能更單純，也更容易解決問題。

8.5 將除錯技巧應用於新問題

學會除錯技能和新的函式設計循環之後，讓我們嘗試解決一個比剛才更具挑戰性的除錯問題。回想一下第 6.5 節安排學生座位的例子，現在我們要解決一個類似的問題。不過這次不是尋找空位，而是計算一列中已安排連續座位（consecutively in a row）的學生數，以便在考試前適度分散學生的座位。我們已經寫好提示詞和一個測試案例，而且 Copilot 生成了建議的解決方案如下：

Listing 8.5 計算一列中連續座位的學生數（一開始）

```
def most_students(classroom):
    '''
    classroom is a list of lists
    Each ' ' is an empty seat
    Each 'S' is a student

    Find the most students seated consecutively in a row
```

我們給 Copilot 的提示詞

```
    >>> most_students([['S', ' ', 'S', ' ', 'S', 'S'],\
                       ['S', ' ', 'S', 'S', 'S', ' '],\
                       [' ', 'S', ' ', 'S', ' ', ' ']])
    3
    '''
    max_count = 0
    for row in classroom:
        count = 0
        for seat in row:
            if seat == 'S':
                count += 1
            else:
                if count > max_count:
                    max_count = count
                count = 0
    return max_count

import doctest
doctest.testmod(verbose=True)
```

第一個測試案例

Copilot 提供給我們的程式碼

加上 doctest 做測試

執行上面這個程式的結果確實符合測試案例得到答案 3，看起來應該是對的，但其實中間隱藏了一個不易察覺的 bug。如果您已經發現 bug 在哪裡，那太好了！但如果沒發現也不用擔心，接下來的內容對您非常有用。

我們仔細閱讀上面的程式碼，看來是在追蹤最多連續座位的學生數。程式碼的邏輯是：每當在一列中發現一個座位是 'S'，就增加計數（count）；當座位是空字串 '' 時，檢查此列計數若大於前面幾列的最大計數（max_count），就將此列計數指定給最大計數，然後重置計數為 0。看起來非常合理，而且我們的測試案例也通過了。

不過，我們知道光是一個測試案例還不夠，特別是還需要測試邊界案例（也就是不常見但可能讓程式崩掉的情況）。

當處理串列時，檢查程式碼在串列的開頭和結尾是否正確運作非常重要。為了測試串列尾端的情況，我們增加了一個測試案例如下（請在 Listing 8.5 加入第二個測試案例），其中最大的連續學生座位包含最後一個座位：

```
>>> most_students([['S', ' ', 'S', 'S', 'S', 'S'],\
                  ['S', ' ', 'S', 'S', 'S', ' '],\
                  [' ', 'S', ' ', 'S', ' ', ' ']])

4
```

最長連續學生座位數是 4

當我們再次執行此程式時，第一個測試案例仍然通過，但第二個測試案例失敗了，錯誤訊息如下（為了易讀性，我們整理過輸出訊息）：

```
...
Trying:
    most_students([['S', ' ', 'S', 'S', 'S', 'S'],
                   ['S', ' ', 'S', 'S', 'S', ' '],
                   [' ', 'S' , ' ', 'S' , ' ', ' ']])
Expecting:
    4
**********************************************************************
****
File "c:\Copilot\max_consecutive.py",
Failed example:
    most_students([['S', ' ', 'S', 'S', 'S', 'S'],
                   ['S', ' ', 'S', 'S', 'S', ' '],
                   [' ', 'S', ' ', 'S', ' ', ' ']])
Expected:
    4
Got:
    3
```

怎麼回事？接下來繼續探討！

8.5.1 列出可能出現錯誤的假設

這確實很奇怪！程式碼可以執行，但對邊界案例卻計數錯誤。我們在動手除錯之前要先有想法，假設哪些情況會導致這樣的結果，才知道該從何處下手（萬一您毫無頭緒，就在函式區塊第一行設置中斷點，再按 Step over 鈕一步步追蹤吧）。以下是我們提出的兩個假設：

1. 程式碼在更新計數（count）時，忽略了串列中的最後一個元素。
2. 程式碼在更新最大值（max_count）時，忽略了串列中的最後一個元素。

為了簡化除錯過程，我們暫時移除通過測試的第一個測試案例（等測完再貼回來），只對失敗的測試案例除錯。以下 Listing 8.6 就是我們除錯的程式碼：

Listing 8.6　計算一列中連續座位的學生數 (除錯用)

```
def most_students(classroom):
    '''
    classroom is a list of lists
    Each ' ' is an empty seat
    Each 'S' is a student

    Find the most students seated consecutively in a row

    >>> most_students([['S', ' ', 'S', 'S', 'S', 'S'],\
                       ['S', ' ', 'S', 'S', 'S', ' '],\
                       [' ', 'S', ' ', 'S', ' ', ' ']])
    4
    '''
    max_count = 0
    for row in classroom:
        count = 0
        for seat in row:
            if seat == 'S':
                count += 1
            else:
                if count > max_count:
                    max_count = count
                count = 0
    return max_count

import doctest
doctest.testmod(verbose=True)
```

只放第二個測試案例

8.5.2 對假設進行除錯

我們從第一個假設開始，即 count 變數在計數時，忽略了串列中的最後一個元素。因此，我們在 count += 1 那一行設置中斷點。然後執行「Run / Starting Debugging」命令，程式就會執行到中斷點的位置停住：

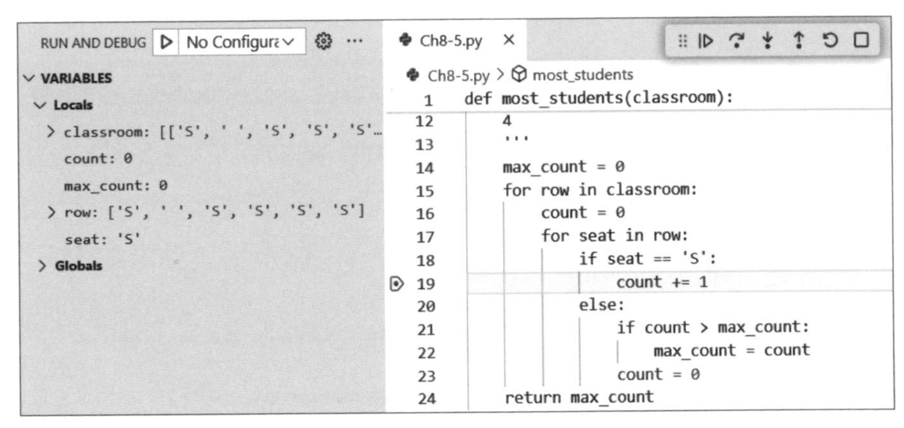

圖 8.19 debugger 在第一次更新 count 值之前暫停

左側 VARIABLES 區的 count 變數值仍然是 0，表示尚未被更新。我們目前處於測試案例的第一列，即 row: ['S', ' ', 'S', 'S', 'S', 'S']，且 seat: 'S'，表示 count 值接下來就要加 1 了。 我們在除錯工具欄按 Continue 鈕，以查看下一次 count 的更新：

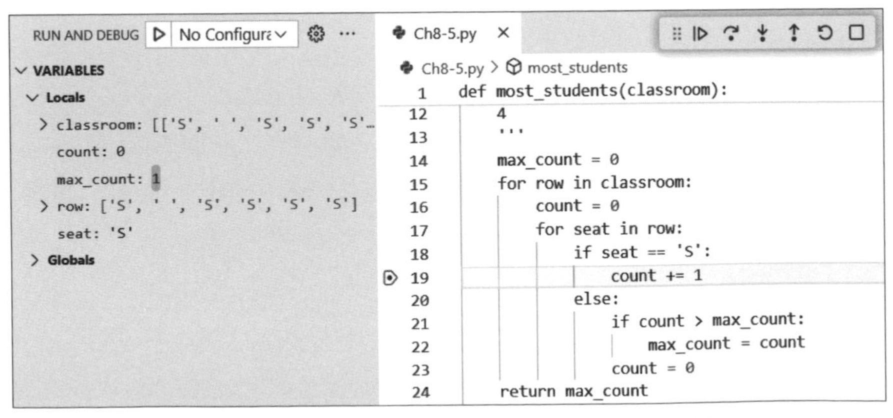

圖 8.20 debugger 在第二次更新 count 值之前暫停

我們發現 max_count 更新為 1 了。由於 max_count 只會在出現空位時才更新，可看出第一列座位的第二個位置是空位，因此 max_count 更新為 1，且 count 被重設為 0。此時，則停在下一個出現 'S'（也就是第一列第三個座位）的地方，count 即將被更新。

我們繼續按 Continue 鈕，看到 count 增加為 1；再按 Continue 鈕，count 增加為 2；再按 Continue 鈕，count 增加為 3。此時，程式停在第一列的最後一個 'S'，我們想看看 count 是否會增加到 4。為了仔細確認這一點，這次我們按 Step over 鈕（而不是 Continue 鈕），我們發現 count 確實更新為 4 了：

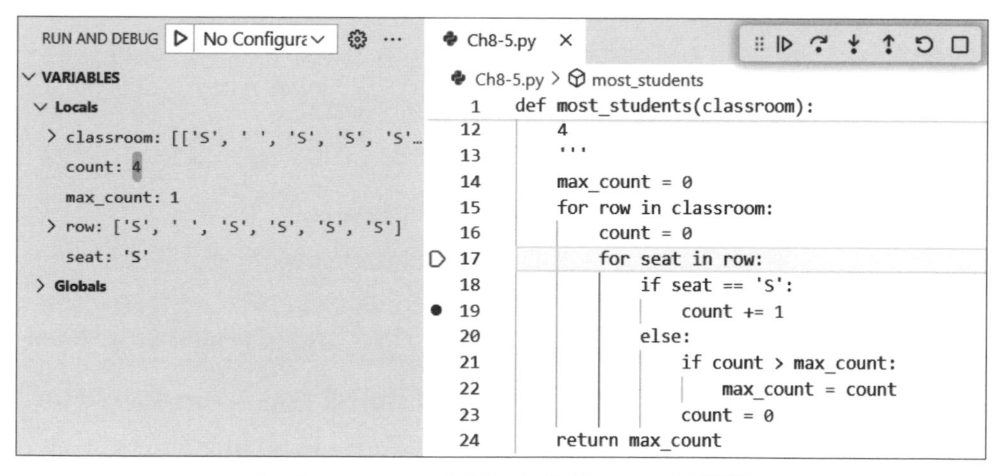

圖 8.21 debugger 在第四次更新 count 之後暫停

此時對我們來說，好消息是 count 真的有更新到 4，而壞消息是我們的第一個假設不成立，表示還沒有找到錯誤所在。此時我們有兩個選擇：

1. 結束第一個假設的除錯，並將中斷點設置到 max_count 那一行，開始第二個假設的除錯。
2. 繼續第一個假設的除錯，觀察 count 更新為 4 之後，為何 max_count 沒有被更新為 4。

我們想多看幾步，所以選擇繼續第一個假設的除錯。在按下 Step over 之前，我們看到了一個線索，因為現在是第一列最後一個位子，表示內層 for seat in row 迴圈要結束，然後回到外層 for 迴圈。看出來了嗎？這表示寫在內層 for 迴圈中的 max_count 並不會被更新！讓我們按 Step over 繼續追查：

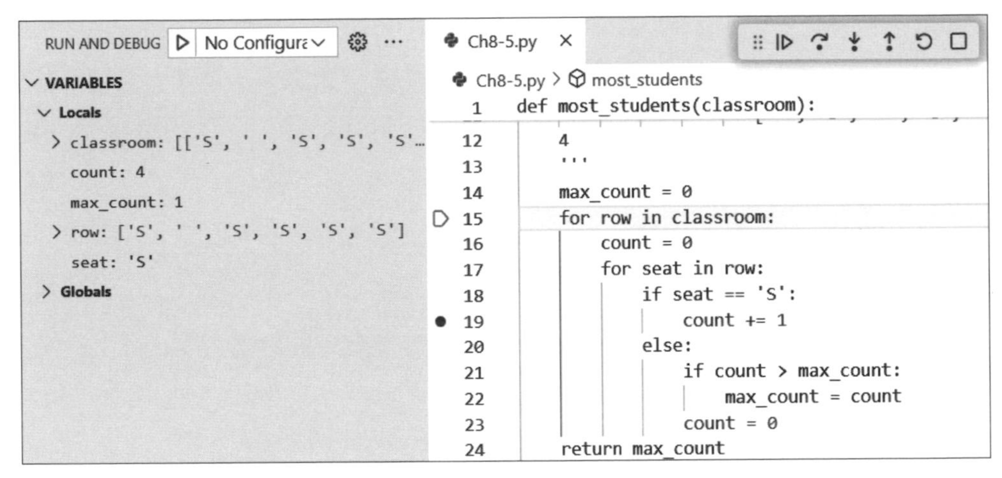

圖 8.22 debugger 完成第一列後回到外層 for 迴圈暫停

現在程式執行完第一列座位，回到外層 for 迴圈準備開始檢查第二列座位了，max_count 確實沒有更新為 4。而繼續按 Step over 鈕，就會發現 count 又被重設為 0。也就是說，只要每一列最後一個位置為 'S'，就不會進入內層 for 迴圈的 else 去更新 max_count。

所以，更新 max_count 應該在 if-else 語句外部，或是當 count 更新後立即檢查是否需要更新 max_count。我們發現了這個邏輯錯誤，於是手動修改一下就好了：

Listing 8.7　修正的函數，用以找到一排中最大連續學生數

```
def most_students(classroom):
    max_count = 0
    for row in classroom:
        count = 0
        for seat in row:
            if seat == 'S':
                count += 1
                if count > max_count:
                    max_count = count
            else:
                count = 0
    return max_count
```

只要 count 一更新，就檢查是否大於 max_count，若為 True 就更新 max_count

這段新的程式碼成功通過了邊界情況的測試案例，也更增加我們對此函式的信心了。

8.6 線上除錯工具 PythonTutor

經過實際操作之後，相信您對 debugger 的印象應該很深刻了。當學生以傳統方式學習程式設計時，通常需要花費大量時間學習使用 debugger 這一類除錯工具，追蹤程式碼並瞭解變數在執行過程中的變化。其實，網路上還有免費的線上工具叫做 PythonTutor，它可以建立記憶體狀態的圖表，比 debugger 更視覺化，專門為幫助程式新手而設計。

無論您是喜歡用 debugger，或傾向於使用像 PythonTutor 的視覺化工具，我們鼓勵您拿前面幾章寫過的一些程式碼來試試看。根據我們與學生的經驗，逐行追蹤一個程式並視覺化觀察變數狀態的變化，非常具有啟發性，希望您也能從中受益。

編註：PythonTutor 線上視覺化工具

前面作者提到的 PythonTutor 網址為 https://pythontutor.com/，連上之後可選擇要用的程式語言，請按 Python 進入。您可在這個網頁的下方輸入要測試的程式碼：

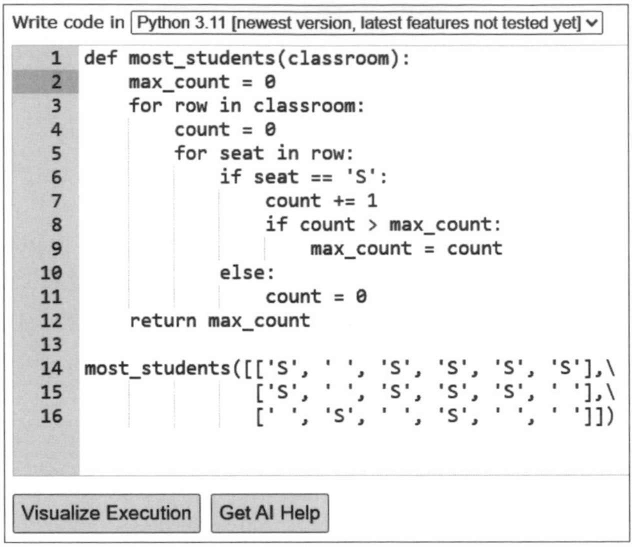

Write code in Python 3.11 [newest version, latest features not tested yet]

```
1  def most_students(classroom):
2      max_count = 0
3      for row in classroom:
4          count = 0
5          for seat in row:
6              if seat == 'S':
7                  count += 1
8                  if count > max_count:
9                      max_count = count
10             else:
11                 count = 0
12     return max_count
13
14 most_students([['S', ' ', 'S', 'S', 'S', 'S'],\
15                ['S', ' ', 'S', 'S', 'S', ' '],\
16                [' ', 'S', ' ', 'S', ' ', ' ']])
```

Visualize Execution　Get AI Help

圖 8.23 PythonTutor 線上工具

按下 Visualize Execution（視覺化執行）鈕開始執行程式，然後繼續按 Next 鈕，網頁右邊就會以視覺化的方式逐步執行：

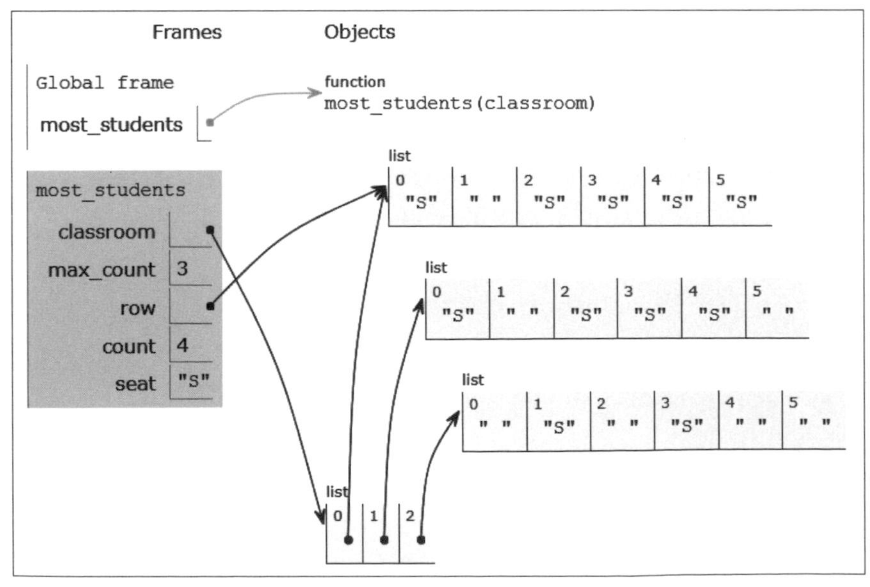

圖 8.24 PythonTutor 視覺化執行

8.7 降低除錯的挫折感

我們從教學的經驗中發現，除錯過程對初學者通常會帶來挫敗的經驗。在學習程式設計的過程中，每個人都希望自己的程式能夠正常運作，但在發現並修正 bugs 時，卻通常需要耗費大量時間（甚至比寫程式的時間還久）而導致挫敗感。

要克服這種問題，首先應做好第 7 章的問題分解，這確實可以幫助學生從 Copilot 取得正確性更高的程式碼，從而減少除錯的需要。其次，請記住！包括我們在內的每個人的程式碼有時都會出錯，這只是程式設計過程的一部分，也是需要練習和經驗積累之處。

最後而且是最重要的，永遠要測試撰寫的每個函式。學生們之所以會陷入除錯困境，通常是因為沒有對每個函式做充分的測試，導致多個函式相互呼叫而變得錯綜複雜，當這種情況發生時，找出並糾正錯誤就會非常困難。避免的最佳方式就是嚴格測試每個函式。只要做好問題分解並嚴格測試函式，就不會經常遇到需要除錯的情況（除非您的邏輯能力有待加強），即使需要除錯，通常每次也只在單一函式中進行。相信您能確實掌握以上這些技能。

本章小結

- 除錯是一項重要技能，包括找出並修正程式碼中的 bugs。
- 善用 print 語句是了解程式碼中發生什麼事情的有效方法。
- VS Code debugger 的強大功能可觀察變數在程式執行過程的變化。
- 一旦發現程式中的錯誤，可以請 GitHub Copilot Chat 協助處理，或者手動修正。
- 函式設計循環的流程增加了除錯與問題分解環節。

第 9 章

製作自動化工具

本章內容

- 程式設計師自製工具進行自動化。
- 選擇具備特定功能的 Python 模組。
- 清理電子郵件多餘符號。
- 為數百個 PDF 報告加上封面頁。
- 合併圖片庫中內容不重複的檔案。

假設您是公司的管理部或財務部人員，因工作需要為一百個人製作每人一份的報告。除了報告本身每個都是獨立的 pdf 檔，每份報告還要加上客製化的封面 pdf 檔（例如報告上與封面上的姓名要配對）。您若是一份一份將封面 pdf 檔與報告 pdf 檔合併做一百次，那可能需要幾個鐘頭才行。

諸如此種不斷重複的瑣事，大部分工程師都不願意傻傻的這麼做，而會想辦法做到自動化處理，這就是本章的重點，利用 Python 與 Copilot 做對工作自動化有用的事，或許有一天可以幫助到其它部門的同仁。

9.1 程式設計師自製工具的原因

程式設計師通常不喜歡做重複、無聊、繁瑣的工作，因此他們對於這一類事情發展出特殊的感知能力。比如說，要他們從數百張照片中刪除內容相同的重複照片，或是發送定制的電子郵件給一群人 ... 等等，當他們發現手指正重複著相同的動作時，就自然產生製作工具自動化的想法。

製作工具本身通常不是他們的目的，而且也可能有點無趣，不過一旦寫好之後就能達到節省時間的目的，這會讓他們很開心，即使有時候這個工具只會用一次而已。以往這種工具是靠程式設計師自己寫，但現在可以交給 Copilot 來做，而且也可以做得很好。

9.2 用 Copilot 開發自動化工具

在開發工具時，常常會遇到需要處理特定資料格式（如 ZIP 檔、PDF 檔、Excel 試算表或圖檔）或是進行特定任務（如：發送電子郵件、與網站互動或是搬移檔案）。對於這些需求，大多數情況下我們都可以借助某些 Python 模組做到。但問題來了，我們應該使用哪些模組？這些模組是內建的還是需要另外安裝？

確定這個基本問題是我們首要的任務。幸運的是，我們可以利用 Copilot Chat 或 ChatGPT 來幫忙。選擇使用 Copilot Chat 的優勢在於它就在 VS Code 開發環境中，而且能夠直接存取當前編輯的程式碼。我們可以透過與 Copilot 交談，確定一個特定任務會需要用到哪些模組。然後就可以撰寫函式標頭與 docstring，讓 Copilot 善用模組為我們撰寫工具程式碼了。

再次提醒！我們要遵循前面幾章相同的步驟，包括檢查程式碼的正確性、修正 bugs，有需要時進一步做好問題分解。不過，我們本章不討論這些，而是將注意力集中在讓 Copilot 撰寫自動化工具上。

9.3 自動化工具 1：清理電子郵件多餘符號

當一封電子郵件被回覆與轉發多次，過往的交談內容免不了會多出許多大於符號和空格，例如下面這樣：

```
> > > Hi Leo,
> > > > > Dan -- any luck with your natural language research?
> > > Yes! That website you showed me
https://www.kaggle.com/
> > > is very useful. I found a dataset on there that collects
a lot
> > > of questions and answers that might be useful to my
research.
> > > Thank you,
> > > Dan
```

假設您想保存這封電子郵件的內容以供未來查詢，應該不希望被一大堆多餘的大於符號與空格干擾閱讀吧。比較簡短的信件內容或許還可以手動一一刪除，難道每封信都要這麼做嗎？其實這正是開發自動化工具的好時機，無論您的電子郵件有五行、一百行還是一千行，每當需要執行這項任務時就可以用到。

9.3.1 與 Copilot 交談取得協助

我們計畫的做法是先選取電子郵件的全部內容，並用 Ctrl + C 鍵複製到剪貼簿（clipboard），然後讓此工具清除剪貼簿中每行開頭的大於符號與空格，最後再用 Ctrl + V 鍵將清理好的郵件內容貼到要保存的檔案中。

Python 的處理方式是先將剪貼簿的內容（在記憶體中）複製成一個字串，清理完畢之後再將新內容貼回剪貼簿取代原先的內容。那麼，我們如何在 Python 程式中存取剪貼簿呢？所以這就是我們與 Copilot 交談的重點。在交談時，我們可以先做廣泛的探索，用不同方式詢問 Copilot，然後再選擇一個解決方案進行。

編註：作者共詢問 Copilot 三次，依據小編測試，每次的答案不一定與書上相同，這裡只是做個示範，請以您得到的答案做判斷。由於詢問的英文很容易看懂，只做重點提示。但我們在英文提問的結尾補上「in Traditional Chinese」請 Copilot 用繁體中文回答，以節省解說的篇幅。此處提醒！ Copilot 在用繁體中文回答時，多少可能帶有中國大陸用詞，此處並不刻意修改成臺灣用詞，以符合您使用 Copilot 時實際看到的回答。

第一次詢問解決方案

我們想知道 Python 如何存取剪貼簿（clipboard），例如複製與貼上，請 Copilot 提供協助。

對 Copilot 的詢問

I would like to write a Python program that accesses the clipboard and lets me copy and paste using the clipboard. How can I do this? in Traditional Chinese.

Copilot 的回答

你可以使用 Python 的 `pyperclip` 模組來訪問剪貼簿。以下是一個簡單的例子：

```
import pyperclip

# 複製文字到剪貼簿
pyperclip.copy('Hello, world!')

# 從剪貼簿取得文字
text = pyperclip.paste()
print(text)  # 輸出：'Hello, world!'
```

在這個例子中，pyperclip.copy('Hello, world!') 將文字 'Hello, world!' 複製到剪貼簿，然後 pyperclip.paste() 將剪貼簿中的文字貼上。

請注意，pyperclip 模組不是 Python 標準庫的一部分，你可能需要使用 pip 來安裝它：pip install pyperclip。

此外，某些系統可能需要額外的設定才能使用 pyperclip。如果你在使用 pyperclip 時遇到問題，請參考其官方文檔：https://pyperclip.readthedocs.io/en/latest/。

這方法看起來簡單易懂，應該可以採用，不過我們再多探索一下。

第二次詢問解決方案

是否有其它不需要額外安裝 Python 模組的方法呢？

對 Copilot 的詢問

Is there a way I can do it without having to install a Python module? in Traditional Chinese.

Copilot 的回答

如果你不想安裝任何 Python 模組，可以使用操作系統的剪貼簿功能。在 Windows 上，可以使用 clip 命令將文字複製到剪貼簿，並使用 Get-Clipboard 命令從剪貼簿貼上文字。以下是一個例子：

```
import os

# 將文字複製到剪貼簿
os.system('echo 你好，世界！ | clip')

# 從剪貼簿貼上文字
text = os.popen('powershell Get-Clipboard').read().strip()
print(text)  # 輸出：'你好，世界！'
```

請注意，這種方法只適用於 Windows。在其他操作系統上，剪貼簿的命令可能會不同。此外，這種方法可能會受到命令列環境的限制，並且可能不適用於所有情況。

這個方法也很簡單，不過僅適合 Windows 系統，如果您只需要撰寫 Windows 的小工具就可列入考慮之一，若是想要跨平台就不適合。

第三次詢問解決方案

再問問看，還有沒有不需要額外安裝 Python 模組的方法？

對 Copilot 的詢問

Is there another way I can do it without having to install a Python module? In Traditional Chinese.

Copilot 的回答

如果你不想安裝任何 Python 模組，並且使用的是 Windows 系統，可以使用內建的 ctypes 模組來訪問剪貼簿。以下是一個例子：

```
import ctypes

# 將文字複製到剪貼簿
def copy_to_clipboard(text):
    ctypes.windll.user32.OpenClipboard(0)
    ctypes.windll.user32.EmptyClipboard()
    ctypes.windll.user32.SetClipboardData(1, text)
    ctypes.windll.user32.CloseClipboard()

# 從剪貼簿貼上文字
def paste_from_clipboard():
    ctypes.windll.user32.OpenClipboard(0)
    text = ctypes.windll.user32.GetClipboardData(1)
    ctypes.windll.user32.CloseClipboard()
    return text

copy_to_clipboard('你好，世界！')
print(paste_from_clipboard())  # 輸出：'你好，世界！'
```

請注意，這種方法只適用於 Windows。在其他操作系統上，剪貼簿的操作可能會不同。此外，這種方法可能會受到操作系統的限制，並且可能不適用於所有情況。

決定選擇的解決方案

由於後面兩個方案都只能用在 Windows 系統，我們還是希望這個工具能夠跨平台使用。我們可以繼續透過不同角度詢問，不過現在看來，安裝 pyperclip 模組算是最好的解決方案，因此選擇第一個方案。請記得！此處的示範是告訴您，在決定開始撰寫工具之前，探索可能的解決方案是很有價值的事。

為何需要探索並了解選項的可行性？

通常我們不會只詢問 Copilot 一次就採用，有以下幾個理由：

1. 第一個答案不見得通用於各作業系統。由於 Python 語言本身就可以跨平台，因此我們也希望找到能跨平台執行的模組，以後不需要修改就能轉移到其它系統上。
2. 第一個答案不見得適用於我們的專案。當遇到障礙時，與其投入過多時間苦苦掙扎，至少有其它可行的方法做備案。
3. Python 的模組與套件經常更新。更新是為了增加新功能或修正錯誤，有時原本可用的函式被棄用或換成另一個函式，此時原本的寫法就不能用了。由於 Copilot 的訓練頻率趕不上模組的更新頻率，可能導致 Copilot 建議的程式碼用到舊的模組版本，多一種選項總是比較好。

9.3.2 實際撰寫程式

我們要做的第一件事是安裝 pyperclip 模組。請在 TERMINAL 面板輸入「pip install pyperclip」命令，就會自動安裝 pyperclip 模組。

安裝完成之後，我們就可在程式中載入此模組。我們將函式名稱訂為 clean_email，而且不需要傳入參數。然後在 docstring 中描述此函式的用途：將每行行首出現的大於符號和空格刪除。

Listing 9.1　清理剪貼簿中電子郵件內容的函式

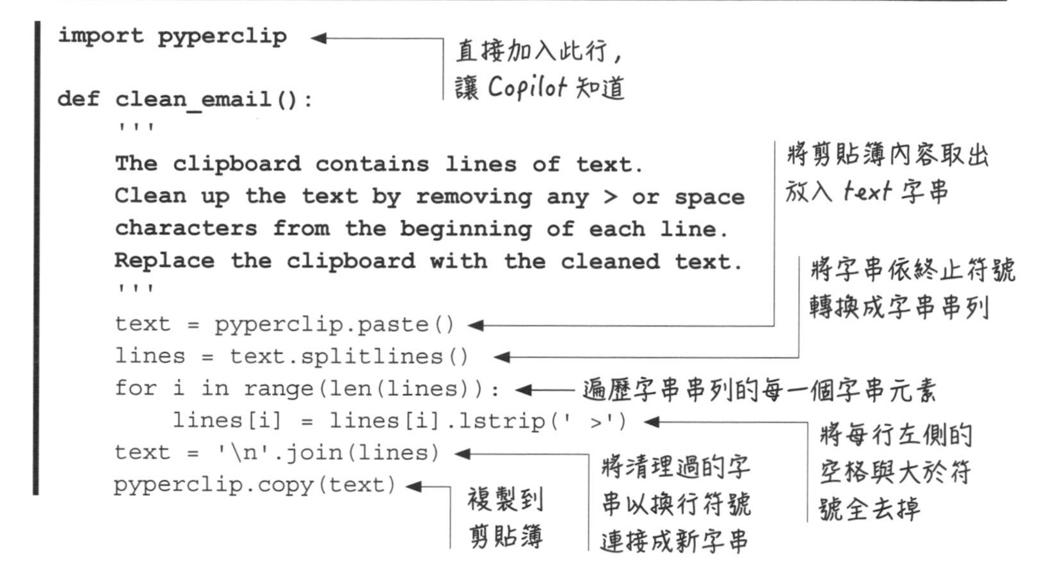

```
import pyperclip

def clean_email():
    '''
    The clipboard contains lines of text.
    Clean up the text by removing any > or space
    characters from the beginning of each line.
    Replace the clipboard with the cleaned text.
    '''
    text = pyperclip.paste()
    lines = text.splitlines()
    for i in range(len(lines)):
        lines[i] = lines[i].lstrip(' >')
    text = '\n'.join(lines)
    pyperclip.copy(text)
```


以下做重點解說：

1. 字串呼叫 text.splitlines method 會依終止符號（包括 \n、\r、\r\n）切割字串，並將每個切割後的字串放入 lines 字串串列。此處也可以寫為 text.split('\n') 只對換行符號切割。
2. for 迴圈變數會遍歷 lines 字串串列中的每個字串，並用 lstrip method 將字串左側出現的空格以及大於符號全部去掉，例如「> > > Hi Leo」會被清理成「Hi Leo」。
3. 當整個 for 迴圈結束後，用 '\n'.join(lines) 將 line 字串串列中的每個字串，用換行符號連接成一個大字串。然後再用 pyperclip.copy 貼回剪貼簿中。

要測試這個功能，請您先準備一個文字檔案，內容就用 9.3 節一開始的那段 email 內容，每一行的前面有空格與大於符號。然後用滑鼠將檔案內容選取複製，此刻該內容就已經在剪貼簿了。然後呼叫 clean_email 函式（您可以在 Listing 9.1 的最下面補一行呼叫 clean_email() 函式的程式碼：

```
def clean_email():
    … 省略
    … 省略
    text = '\n'.join(lines)
    pyperclip.copy(text)

clean_email()  ◀── 要呼叫 clean_email 函式才會執行
```

執行此程式之後，剪貼簿中的內容就會被整理過，然後將剪貼簿的內容用 Ctrl + V 鍵貼回文字檔，就可以看到如下清理後的 email 內容了。至此，這個工具已製作完成。

```
Hi Leo,
Dan -- any luck with your natural language research?
Yes! That website you showed me
https://www.kaggle.com/
is very useful. I found a dataset on there that collects
a lot
of questions and answers that might be useful to my research.
Thank you,
Dan
```

練習字串的 join method

Listing 9.1 的程式碼中有用到字串物件的 join method 連接字串：text = '\n'.join(lines)。這是將 lines 字串串列中的每個字串中間用換行符號 '\n' 做連接。以下我們在 Python 提示符號，用幾個不同的符號連接字串，以幫助您熟悉 join method 的用法（編註：還記得嗎？按 Ctrl + Shift + P 鍵開啟命令選擇欄，執行「Python: Start REPL」命令）：

```
>>> lines = ['first line', 'second', 'the last line']  ◀── 有三個字串的字串串列
>>> text = ' '.join(lines)  ◀── 將每個字串元素用空格連接
>>> text  ◀── 輸出字串
first line second the last line
```

我們換成 '*' 試試看：

```
>>> print('*'.join(lines))  ◀── 用星號連接三個字串並輸出
first line*second*the last line
```

由於 email 中本來各行就是用換行符號斷開的，因此我們要用 '\n' 換行符號連接字串，才能保持 email 內容原來的斷行位置：

```
>>> print('\n'.join(lines))
first line
second
the last line
```

9.4 自動化工具 2：為數百個 PDF 報告加上封面頁

回到本章開頭的場景：為一百個人製作每人一份的報告。除了報告本身是獨立的 pdf 檔，每份報告還要加上為每人客製化的封面 pdf 檔，我們的任務是將封面與報告合併。圖 9.1 即為此任務的示意圖：

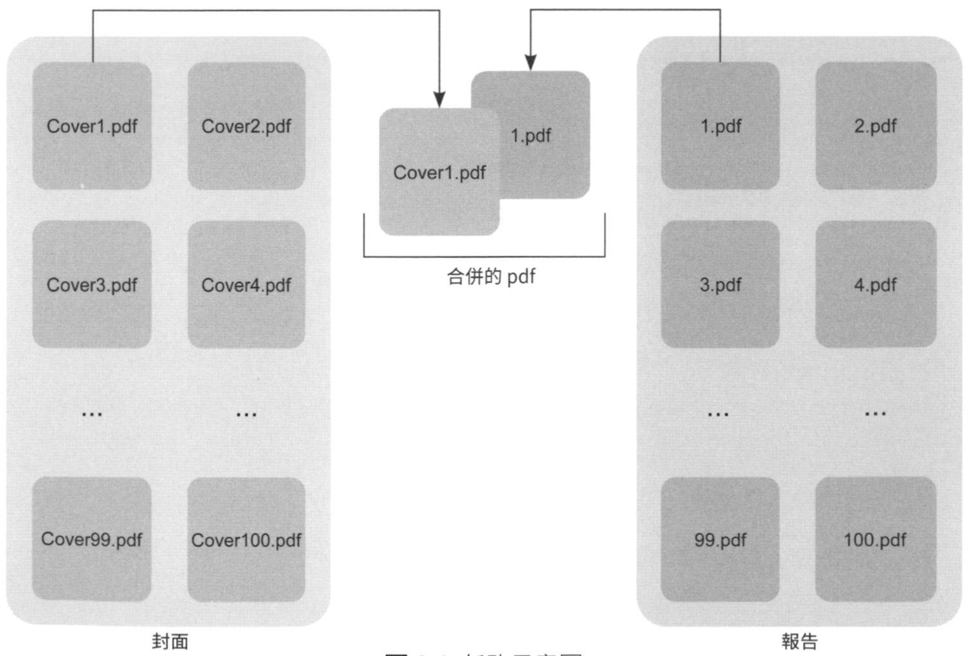

圖 9.1 任務示意圖

在本書補充資源中的 ch9 資料夾裡，您會找到兩個子資料夾。其中 reports 子資料夾包含一百份 pdf 格式的報告檔，檔名為 1.pdf、2.pdf、...、100.pdf。另一個 covers 子資料夾裡面包含為每一份報告準備的一百個封面 pdf 檔，檔名為 cover1.pdf、cover2.pdf、...、cover100.pdf。而且 1.pdf 報告必須搭配 cover1.pdf 的封面，2.pdf 必須搭配 cover2.pdf 的封面，依此類推。本節就要自動化合併封面與報告，並將結果產生新的一百的檔案。

由於封面 pdf 檔只有一頁，但報告 pdf 檔可以有好幾頁內容（我們僅以一頁做示範），因此在寫程式的時候，必須讓 Copilot 知道這個報告可以是多頁的，否則 Copilot 可能會假設報告和封面一樣都各只有一頁。

9.4.1 與 Copilot 交談取得協助

我們如何讓 Python 合併兩個 pdf 檔案呢？讓我們問問 Copilot，看它能給出什麼答案。

第一次詢問解決方案

對 Copilot 的詢問

I need to write a Python program that merges .pdf files. How do I do this? In Traditional Chinese.

Copilot 的回答

你可以使用 Python 的 PyPDF2 模組來合併 PDF 文件。以下是一個簡單的例子：

```
import PyPDF2    ← 載入 PyPDF2 模組
```

```
# 開啟準備要合併的 PDF 檔案
pdf1 = open('file1.pdf', 'rb')  ← 'rb' 表示讀取二位元檔
pdf2 = open('file2.pdf', 'rb')

# 為每個檔案創建一個 PDF 讀取器物件
reader1 = PyPDF2.PdfFileReader(pdf1)
reader2 = PyPDF2.PdfFileReader(pdf2)

# 創建一個寫入器物件
writer = PyPDF2.PdfFileWriter()

# 遍歷每個PDF的頁面並將它們添加到寫入器物件中
for i in range(reader1.getNumPages()):  ← 遍歷第一個檔案中的每一頁
    page = reader1.getPage(i)  ← 讀取每一頁內容
    writer.addPage(page)  ← 加入合併後的檔案物件

for i in range(reader2.getNumPages()):  ← 遍歷第二個檔案中的每一頁
    page = reader2.getPage(i)  ← 讀取每一頁內容
    writer.addPage(page)  ← 加入合併後的檔案物件

# 將合併好的內容寫入檔案
output = open('merged.pdf', 'wb')  ← 新增一個檔案用於寫入二位元檔('wb')
writer.write(output)  ← 將合併的檔案物件寫入檔案

# 關閉所有的檔案
pdf1.close()
pdf2.close()
output.close()
```

在這個例子中，我們首先使用 open() 函數打開要合併的兩個 PDF 文件。然後，我們使用 PyPDF2 的 PdfFileReader() 函式為每個檔案創建一個 PDF 讀取器物件。

接下來，我們使用 PdfFileWriter() 函式創建一個 PDF 寫入器物件。然後，我們使用讀取器物件的 getNumPages() 和 getPage() 方法遍歷每個 PDF 檔案的頁面，並使用 addPage() 方法將每個頁面添加到寫入器物件中。

最後，我們使用寫入器物件的 write() 方法將合併的 PDF 寫入一個檔案，並使用 close() 方法關閉所有輸入和輸出檔案。

第二次詢問解決方案

雖然方案一看起來不錯，但我們也想知道有沒有不需安裝額外模組的其它方法。

對 Copilot 的詢問

Is there a way I can do it without having to install a Python module? in Traditional Chinese

Copilot 的回答

是的，你可以使用 subprocess 模組來呼叫像 pdftk 這樣的命令行工具來合併 PDF 文件。以下是一個使用 pdftk 合併兩個 PDF 文件的示例代碼片段：

```
import subprocess

# 呼叫 pdftk 合併 PDF 檔案
subprocess.call(['pdftk', 'file1.pdf', 'file2.pdf', 'cat',
'output',
'merged.pdf'])
```

在這個例子中，我們使用 subprocess.call() 函式來呼叫 pdftk，並提供適當的參數來合併兩個 PDF 檔案 file1.pdf 和 file2.pdf。cat 參數告訴 pdftk 合併輸入檔案，而 output 參數指定輸出檔案名為 merged.pdf。

請注意，你需要在系統上安裝 pdftk 才能運行。如果還沒有安裝 pdftk，可以從官方網站下載說明：https://www.pdflabs.com/tools/pdftk-the-pdf-toolkit/。

Copilot 的第二個建議需要安裝一個 pdftk 的軟體（並不是模組或套件），在 Python 就可以用 subprocess.call 去呼叫外部程式 pdftk，再用 cat 命令將兩個 pdf 檔合併成一個 pdf 檔。由於此方案還需要在系統另外安裝軟體，所以我們暫時認為第一個方案只要安裝 PyPDF2 模組比較簡單。

第三次詢問解決方案

與其一個一個問，我們也可以直接請 Copilot 提供還有哪些可處理 pdf 檔的函式庫。

對 Copilot 的詢問

Are there other Python .pdf libraries that I should consider? In Traditional Chinese.

Copilot 的回答

1. PyPDF2 - 用於處理 pdf 檔的函式庫，支源文字、圖形和影像。

   優點：
   - 容易使用，適合簡單的工作（例如合併 pdf 檔）。
   - 提供良好的說明文件與範例。
   - 支援多數 pdf 功能。

   缺點：
   - 對進階 pdf 功能（如表單和額外註釋）的支援有限。
   - 處理大的 pdf 檔會比較慢。

2. ReportLab - 可用於建立全新 pdf 檔的函式庫，支援文字、圖形和影像。

   優點：
   - 可靈活建立複雜的 pdf 檔。
   - 支援多數 pdf 功能。
   - 提供良好的說明文件與範例。

   缺點：
   - 初學者的學習曲線陡峭。
   - 處理大的 pdf 檔會比較慢。

3. FPDF - 可用於建立全新 pdf 檔的函式庫，支援文字、圖形和影像。

   優點：

   - 簡單易用。
   - 提供良好的說明文件與範例。
   - 支持多數 pdf 功能。

   缺點：

   - 對進階 pdf 功能（如表單和額外註釋）的支援有限。
   - 處理大的 pdf 檔會比較慢。

4. PDFMiner - 用於從 pdf 檔中提取文字和**元資料（metadata）**的函式庫。編註：所謂元資料是指檔案本身的資訊，例如標題、作者、建立日期等。

   優點：

   - 專門用於從 pdf 檔提取文字和元資料。
   - 支援多數 pdf 功能。
   - 提供良好的說明文件和範例。

   缺點：

   - 初學者的學習曲線陡峭。
   - 對建立或處理 pdf 檔的支援有限。

5. PyMuPDF - 用於處理 pdf 檔的函式庫，支援文字、圖形和影像。

   優點：

   - 處理 pdf 檔非常快速高效。
   - 支援多數 pdf 功能。
   - 提供良好的說明文件和範例。

   缺點：

   - 初學者的學習曲線陡峭。
   - 對建立或處理 pdf 文件的支援有限。

6. pdfrw - 用於讀寫 pdf 檔的函式庫，支援文字、圖形和影像。

   優點：

   - 讀寫 pdf 檔非常好用。
   - 支持多數 pdf 功能。
   - 提供良好的說明文件和範例。

   缺點：

   - 學習曲線陡峭。
   - 處理大的 pdf 檔會比較慢。

基於以上 Copilot 的分析，我們會排除 PDFMiner，因為以目前的任務來說，它對處理 pdf 檔的支援有限，而其它幾種都保留為選項。接下來，我們採用第一個方案 PyPDF2 進行。

9.4.2　實際撰寫程式

在這個任務中，我們需要將兩個資料夾中各一百個 pdf 檔合併成新的一百個 pdf 檔，因此處理此任務的函式需要有三個參數：報告 pdf 檔所在的資料夾、封面 pdf 檔所在的資料夾、合併後 pdf 檔所在的資料夾。因此在函式的 docstring 中，需要說明每個參數（資料夾）的用途，以及資料夾中的檔名格式。如此 Copilot 才知道如何將報告檔與封面檔兩兩匹配。

安裝 PyPDF2 套件

由於 PyPDF2 並非 Python 內建的模組，而是需要額外安裝的套件。因此請在 VS Code 執行「Terminal / New Terminal」命令，開啟視窗下方的 TERMINAL 面板，執行以下命令安裝 PyPDF2 套件（寫此書時安裝的是 3.0.1 版）：

```
C:\...> pip install PyPDF2
```
← 會自動安裝

撰寫合併 pdf 檔的函式

我們將此函式命名為 add_covers，第一個參數 report_dir 是報告所在的資料夾，第二個參數 cover_dir 是封面所在的資料夾，第三個參數 final_dir 是合併後檔案要放入的資料夾。這三個資料夾都要位於 VS Code 的工作資料夾內。

以下我們寫出函式標頭與 docstring，並讓 Copilot 生成程式碼。請注意要告知 Copilot 幾個重點：報表檔的檔名規則是 1.pdf、2.pdf...，每個檔可以有一或多頁；封面檔的檔名規則是 cover1.pdf、cover2.pdf...，每個檔只有一頁。合併方式則是將封面加到報告檔的最前面，然後將新檔放入指定的資料夾。

Listing 9.2　為 pdf 檔加上封面的函式

```
import PyPDF2

def add_covers(report_dir, cover_dir, final_dir):
    '''
    report_dir is a directory of reports named 1.pdf, 2.pdf, and
    so on. These files may be one page or more than one page.

    cover_dir is a directory of covers, with one cover per report.
    The filenames in this directory are cover1.pdf, cover2.pdf,
    and so on.
    Each of these files is one page.

    Add the cover to the beginning of each report,
    and store all resulting pdfs in final_dir.
    '''
    import os
    report_files = os.listdir(report_dir)
    cover_files = os.listdir(cover_dir)
    report_files.sort()
    cover_files.sort()
    for report_file, cover_file in zip(report_files, cover_files):
        report_path = os.path.join(report_dir, report_file)
        cover_path = os.path.join(cover_dir, cover_file)
```

（註：import PyPDF2 — 我們特意寫出來，讓 Copilot 知道要用 PyPDF2 生成程式碼）

（註：import os — Copilot 自動載入 os 模組）

```
        final_path = os.path.join(final_dir, report_file)
        with open(report_path, 'rb') as report, open(cover_path,
'rb') as cover, open(final_path, 'wb') as final:
            report_reader = PyPDF2.PdfReader(report)
            cover_reader = PyPDF2.PdfReader(cover)
            report_writer = PyPDF2.PdfWriter()
            report_writer.add_page(cover_reader.pages[0])
            for i in range(0, len(report_reader.pages)):
                report_writer.add_page(report_reader.pages[i])
            report_writer.write(final)

add_covers('reports', 'covers', 'final')  ←── 加這一行可執行此函式
```

Copilot 生成的這段程式碼有幾個重點說明如下：

1. 開頭直接寫出 import PyPDF2，讓 Copilot 知道我們要用此模組撰寫程式。
2. 因為要處理資料夾的路徑並讀取資料夾內的檔案，需要與作業系統互動，因此 Copilot 自動載入 os 模組。
3. 第 2、3 行是用 os.listdir 函式分別將 report_dir 與 cover_dir 兩個資料夾中的所有檔案名稱建立串列。
4. 第 4、5 行將 report_files、cover_files 兩個串列中的元素做排序，目的是讓兩個串列中的元素可以一對一配對（編註：這也表示檔案名稱必須一個對一個剛好，如果其中有缺檔案就會配錯）。
5. 接下來就進入 for 迴圈。我們用 zip 函式將 report_files、cover_files 這兩個串列組成 tuple（元組），也就是這兩個串列中的元素會形成一對一對的：("1.pdf", "cover1.pdf")、("2.pdf", "cover2.pdf")、... ("100.pdf", "cover100.pdf")。然後用兩個迴圈變數 report_file、cover_file 遍歷這一百個 tuple。
6. 在迴圈內，用 os.path.join 函式將傳入的資料夾路徑與檔名結合成完整的檔案路徑，分別放入 report_path、cover_path 字串中。另外，也將合併結果的檔名（沿用報告檔名格式）的路徑放入 final_path 字串。

7. 再來就進入重頭戲。利用 with 語句將報表檔與封面檔用 'rb'（二位元讀取）開啟，以及產生一個結果檔用 'wb'（二位元寫入）開啟。
8. 繼續用 PyPDF2.PdfReader 分別讀取報告檔與封面檔，指定給 report_reader、cover_reader 兩個檔案物件，並用 PyPDF2.PdfWriter 產生 report_writer 物件（要寫入的新檔）。
9. 接下來要開始合併了。先將封面的第一頁（索引 0）用 add_page(cover_reader.pages[0]) 加入 report_writer，接著用 for 迴圈將報告的每一頁（因為有一到數頁）依序用 add_page(report_reader.pages[i]) 加入 report_writer。然後用 report_writer.write(final) 函式將合併的結果寫入 final。
10. 由於是用 with 語句開檔，系統會自動將已開啟的檔案關閉。
11. 最後一行是呼叫 add_covers('reports', 'covers', 'final') 函式，將三個資料夾傳入即可。

由於範例檔是放在 VS Code 工作資料夾之下的 ch9 資料夾中的 reports 與 covers 子資料夾內，因此在測試之前，請先在 ch9 資料夾中建立一個 final 子資料夾用來存放合併後的 pdf 檔。並在呼叫 add_cover 函式時，以當前工作資料夾為基準，指定正確的資料夾，否則會找不到檔案。例如此處是放在 ch9 資料夾下，因此應執行：

```
add_covers('ch9/reports', 'ch9/covers', 'ch9/final')
```

然後在 final 子資料夾內就可以看到合併後的 1.pdf、2.pdf… 等 100 個檔案。您可打開檢查一下是否已將封面與報告合併了。不論您選擇採用哪一個 pdf 模組或套件，請記得在函式前面明確告訴 Copilot 要載入該模組，否則它可能隨意使用其它模組或套件生成程式碼，那前面問了一堆就白問了。

9.4.3 更新函式開發循環

我們讀到這裡學到很寶貴的經驗，就是在開發工具之前可以先詢問 Copilot（或 ChatGPT）的意見，看看有哪些模組或套件可以使用（因為您的任務很可能別人早就做過了），如此一來，我們就可以選擇適合的模組或套件再開發函式。因此，我們修改了圖 8.19 的函式開發循環，將尋找模組或套件列為開發函式之前的步驟，如圖 9.2：

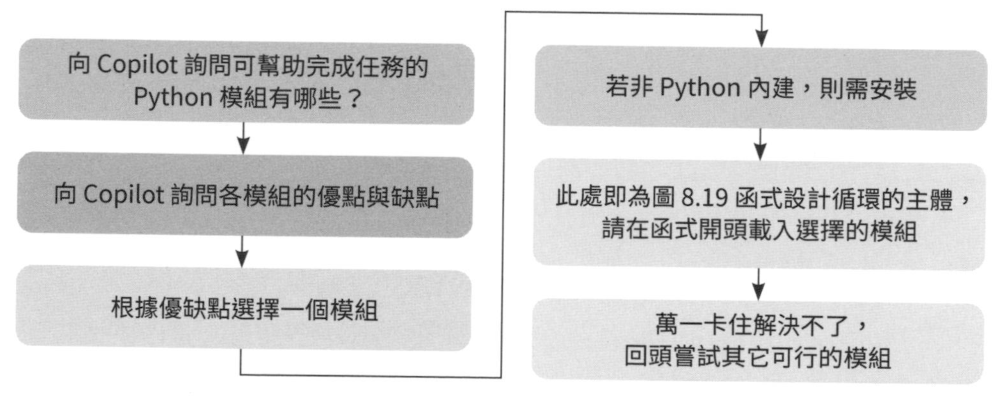

圖 9.2 納入選擇模組或套件的函式開發循環

9.5 自動化工具 3：合併圖片庫中內容不重複的檔案

由於手機拍照的便利性，與朋友或家人出去遊玩時幾乎每個人都會拍攝許多照片，有時朋友拍的照片也會請對方傳給自己。如果想製作一份旅遊集錦，最好是能組合每個人拍的照片建立一個圖片庫，這樣每個人就都能看到所有人拍的此次出遊照片了。

但是彼此手機內的照片有可能出現檔名相同（照片內容不同），或是照片互相傳來傳去出現重複（檔名相同，照片內容也相同），若將兩人的照片直接複製進同一個資料夾再做整理，有可能出現同檔名但內容不同的照片被覆蓋等問題。這種事當然可以手動處理，但若照片數量很多，我們就想自動化這個任務。

接著，我們更精確描述這個任務，假設有兩個照片資料夾（每個資料夾是一部手機上傳的照片），我們想排除重複內容的照片，然後合併到一個新資料夾中。本範例的圖片格式是 png 圖檔，若您的照片是 jpg 或其它格式也沒關係，只要在程式碼中更改要處理的副檔名即可。

在本書補充資源的 ch9 資料夾中，有兩個圖片子資料夾分別是 pictures1（有 98 張圖片）和 pictures2（有 112 張圖片），我們要將這兩個資料夾內的檔案合併到一個新資料夾中。

已知這兩個資料夾中總共有 210 張圖片，其中各有 10 張在兩個資料夾中都出現（有的檔名相同，有的檔名不同），所以總共只有 200 張內容不同的圖片需要保留下來。例如在 pictures1 資料夾中有一個 1566.png 檔與 pictures2 資料夾中的 2471.png 檔內容相同，就只要保留一張，這正是最讓人感到棘手之處：檔名不同，但內容卻相同。

麻煩不只一處，還有可能是檔名相同但內容不同。例如 pictures1 和 pictures2 兩個資料夾內都有 9595.png 檔，您開啟這兩個檔案就會發現圖片內容並不相同。這種問題在現實生活中確實可能發生。若是沒有小心處理，很可能會將兩個同名檔案都複製到新資料夾中，導致其中一個被覆蓋掉。所以我們需要確保在複製檔案時，不會覆蓋同檔名的不同圖片。

在此用圖 9.3 表示將 pictures1、pictures2 資料夾的照片合併到 pictures_combined 資料夾的狀況，其中包括三種狀況需要特別小心：檔名相同但內容不同、檔名相同且內容相同、檔名不同但內容相同：

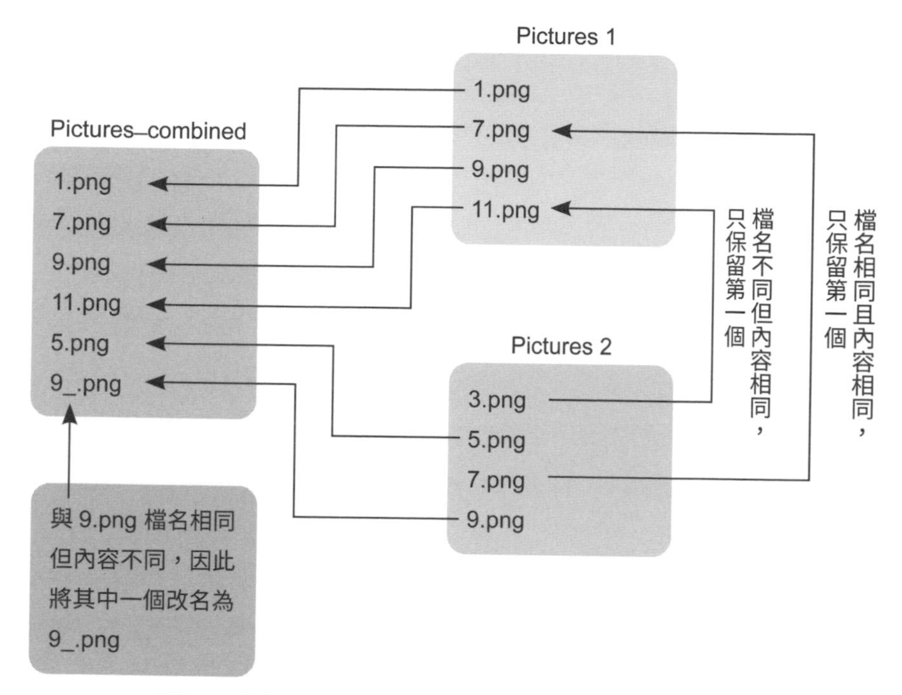

圖 9.3 合併兩個資料夾照片到新資料夾，並管理重複圖片

9.5.1　與 Copilot 交談取得協助

在開始開發此工具之前，我們想先弄清楚兩件事：

1. 如何用 Python 複製檔案？我們之所以用複製檔案，而不是用搬移檔案的方式，是避免開發程式的過程中，萬一發生什麼問題而失去原始檔案。
2. 如何判斷兩個檔案的圖片內容是否相同？

第一次詢問解決方案

首先，詢問 Copilot 如何複製檔案。

對 Copilot 的詢問

I need to write a Python program that copies files. How do I do this? In Traditional Chinese.

Copilot 的回答

你可以使用 Python 中的 shutil 模組來複製文件。以下是一個基本的範例：

```
import shutil

shutil.copy2('{source_file_path}', '{destination_file_
path}')
```

這會將位於 {source_file_path} 的檔案複製到 {destination_file_path}。如果 {destination_file_path} 是一個資料夾，則會在該資料夾中創建一個與原檔案同名的副本。

太好了！我們可以用 shutil 模組的 copy2 函式將來源路徑中的檔案，複製到目標路徑中。而且要注意！若目標路徑中的檔案已存在，則會被覆蓋掉。

第二次詢問解決方案

接下來，要確認 shutil 模組是否是 Python 內建的。

對 Copilot 的詢問

Is this shutil module built into Python? In Traditional Chinese.

Copilot 的回答

是的，shutil 模組是 Python 標準庫的一部分，所以它隨 Python 一起提供，不需要單獨安裝。你可以直接在 Python 程式中載入並使用。

第三次詢問解決方案

接下來要詢問 Copilot，在 Python 要如何判斷檔名不同的 png 檔但內容卻是相同的：

對 Copilot 的詢問

Using Python, how can I determine whether .png files are the same? In Traditional Chinese.

Copilot 的回答

你可以透過比較它們的二進制內容來比較兩個 .png 檔案。以下是一個實現此功能的簡單函式：

```
def are_files_equal(file1, file2):
    with open(file1, 'rb') as f1, open(file2, 'rb') as f2:
        return f1.read() == f2.read()
# 使用例
print(are_files_equal('path_to_file1.png', 'path_to_file2.png'))
```

這個函式以二進制模式打開兩個檔案，讀取它們的內容，並檢查內容是否相同。如果內容相同，它將傳回 True；否則，它將傳回 False。

請將 'path_to_file1.png' 和 'path_to_file2.png' 替換為你的 .png 檔案的實際路徑。

Copilot 的答案是將兩個檔案以二位元格式開啟，然後兩者用「==」比對內容是否相同，若相同則傳回 True，不同則傳回 False。這方法看起來很合理，不過 Copilot 誤解意思了，我們並不只是比較兩個檔案而已。

第四次詢問解決方案

兩個資料夾中的 png 檔可能有數百個，我們想將所有檔案複製到一個新的資料夾，但將內容重複的檔案排除，讓我們再問問 Copilot。

對 Copilot 的詢問

What if I have hundreds of .png files separated in 2 directories and I want to combine all .png files in a new directory but skips duplicates, how can I do? In Traditional Chinese.

Copilot 的回答

如果你有數百個 .png 檔案並且想要找到重複的檔案，將每個檔案與所有其他檔案進行比較將會非常低效。一種更好的方法是計算每個檔案內容的哈希值（如 SHA256）並將其存儲在字典中。具有相同哈希值的檔案就極可能是重複的。

以下是一個 Python 程式，它使用 hashlib 模組在資料夾中找到重複的 .png 檔案：

```
import os              ← 載入 os 模組
import hashlib         ← 載入 hashlib 模組
import shutil          ← 載入 shutil 模組

def calculate_hash(file_path):   ← 為每個檔案計算哈希值
    with open(file_path, 'rb') as f:
        return hashlib.sha256(f.read()).hexdigest()

def combine_files(dir1, dir2, new_dir):   ← 將兩個資料夾內的檔案合併
    hash_dict = {}
    for directory in [dir1, dir2]:   ← 將兩個資料夾的檔案建成字典
        for filename in os.listdir(directory):
            if filename.endswith('.png'):
                file_path = os.path.join(directory, filename)
                file_hash = calculate_hash(file_path)   ← 計算檔案哈希值
```

比較哈希值是否已在字典中

```
                if file_hash not in hash_dict:
                    hash_dict[file_hash] = filename
                    shutil.copy2(file_path, os.path.join(new_dir,
filename))

# 使用例
combine_files('path_dir1', 'path_dir2', 'path_new_dir')
```

將 'path_directory1'、'path_to_directory2' 和 'path_to_new_directory' 替換為你的資料夾路徑。這個程式將從兩個資料夾中複製所有唯一的 .png 檔案到新資料夾。

Copilot 知道我們要比較的檔案有數百個，建議用 hashlib 模組為每一個檔案建立 hash（哈希值）。所謂哈希值是用哈希函數將不論大小的資料加密為固定長度的值，Copilot 的建議是用 SHA256 哈希函數，因此每個檔案加密後會是 256 bits 的字串。不同內容的檔案其哈希值也會不同，若哈希值相同則表示內容相同。在需要比較大量檔案時，這確實是一個頗有效率的方法。

編註：SHA256 可產生 2^{256} 種不同的哈希值，如果有兩個不同的檔案卻有相同的哈希值則稱為**哈希碰撞(hash collision)**，但其機率小到極不可能發生，也因此我們相信哈希值足以判斷檔案內容是否相同。

編註：您發現到了嗎？其實透過與 Copilot 交談後，上面的回答已經可以用了，而我們根本還沒有定義函式與撰寫 docstring 呢！似乎 Copilot 又變得更聰明了。而且前面已經做過許多問題分解的練習，相信 Copilot 也早就會了，因此給出的答案就直接分解成兩個函式：find_duplicates 與 calculate_hash，其中後者是將計算哈希值獨立為一個子函式，讓 find_duplicates 函式單純做檔案比較。

我們說明一下這個程式的重點：

1. 載入必要的模組：包括 os 模組用於資料夾和檔案操作，hashlib 模組用於計算檔案的哈希值，以及 shutil 模組用於檔案複製。
2. 定義 calculate_hash 函式：這個輔助函式用於計算給定檔案的 SHA-256 哈希值。它以二位元讀取模式打開檔案，讀取檔案的內容，然後用 hashlib.sha256 計算並傳回其哈希值。
3. 定義 combine_files 函式：這是主要函式，負責實現檔案複製。
   - 首先，建立一個空字典 hash_dict，用於儲存已處理檔案的哈希值（鍵）和檔名（值）。這樣可以快速檢查一個檔案是否已經複製過，即使是檔名不同但內容相同的檔案也會檢查。
   - 外層 for 迴圈變數 directory 遍歷由 dir1 和 dir2 指定的兩個資料夾。對於每個資料夾中的每個以 .png 結尾的檔案，都呼叫 calculate_hash 函式計算該檔案的哈希值。
   - 如果計算得到的哈希值不在 hash_dict 字典中，表示這是一個獨一無二的檔案（至少在之前處理的檔案中是唯一的）。此時，將該檔案的哈希值作為鍵、檔名作為值存入 hash_dict 字典，然後用 shutil.copy2 將該檔案複製到 new_dir 指定的新資料夾中。

程式碼看起來非常有道理，於是我們在工作資料夾下的 ch9 資料夾中建一個 all_pictures 新資料夾（否則複製的檔案沒地方放），然後將最後一行程式碼改成下面這樣（請用您真正的檔案路徑），並執行：

```
combine_files('ch9/pictures1', 'ch9/pictures2', 'ch9/all_ 接下行
pictures')
```

然後檢查 ch9/all_pictures 資料夾，發現檔案複製過來了，總共有 199 個檔案。

等一下！在第 9.5 節一開頭說過，總共有 210 個檔案，其中兩個資料夾內各有 10 個是內容相同的檔案，所以合併之後應該要有 200 個檔案才對，為何少了一個？

啊！對了！前文還提到有一個 9595.png 在兩個資料夾中都有，但內容不同，所以都應該複製到新資料夾中才對。檢查一下確認 all_pictures 資料夾內只有 pictures1 中的 9595.png，另一個 pictures2 中的 9595.png 被捨棄了，這就是少一個檔案的原因。

第五次詢問解決方案

我們之前對 Copilot 提出的描述不夠明確，才讓它考慮不週。因此我們再度詢問 Copilot，如果遇到檔名相同但哈希值不同的檔案，應該將後者改名後複製進去。

對 Copilot 的詢問

what if 2 files with the same name but different hash values, the later file should be renamed, how do I modify? in Traditional Chinese.

Copilot 的回答

如果兩個檔案名稱相同但哈希值不同，你可以修改 combine_files 函式來重命名後面那個檔案。以下是你可以進行的方式：

```
import os              ←── 載入 os 模組
import hashlib         ←── 載入 hashlib 模組
import shutil          ←── 載入 shutil 模組

def calculate_hash(file_path): ←── 為每個檔案計算哈希值
    with open(file_path, 'rb') as f:
        return hashlib.sha256(f.read()).hexdigest()
```

```
def combine_files(dir1, dir2, new_dir):
    hash_dict = {}
    name_dict = {}  ◀── 多了一個記錄檔名重複的字典
    for directory in [dir1, dir2]:
        for filename in os.listdir(directory):
            if filename.endswith('.png'):
                file_path = os.path.join(directory, filename)
                file_hash = calculate_hash(file_path)
                if file_hash not in hash_dict:
                    hash_dict[file_hash] = filename
                    if filename not in name_dict:
                        name_dict[filename] = 0
                        shutil.copy2(file_path, os.path.
join(new_dir, filename))
                    else:
                        name_dict[filename] += 1
                        name, ext = filename.split('.')
                        new_filename = f"{name}_{name_
dict[filename]}.{ext}"
                        shutil.copy2(file_path, os.path.
join(new_dir, new_filename))

# 使用例
combine_files('path_dir1', 'path_dir2', 'path_new_dir')
```

在這段修改過的程式碼中，name_dict 用於追蹤每個檔名被遇到的次數。如果遇到一個檔名相同但哈希值不同的檔案，一個唯一的標識符(這個檔名被遇到的次數)將被添加到檔名的後面。

Copilot Chat 再一次幫我們修改出可執行的程式了。這次的修改是在原程式的基礎上調整以下幾處：

1. 建立一個 name_dict 字典，用來處理當檔名相同但內容不同時，記錄這種檔名出現的次數。

2. 在原本內層的 if file_hash not in hash_dict 條件下又增加了一層 if-else 條件區塊。用以判斷此檔案若第一次出現在 hash_dict 字典中，而且也不在 name_dict 字典中，則在 name_dict 字典中記錄該檔名出現次數為 0（編註：其實應該是出現 1 次，但為了檔名重複時的檢索才從 0 開始）。
3. 但若檔名曾經出現在 name_dict 字典中，表示是同檔名但內容不同的檔案第 2 次出現，因此將該檔名在 name_dict 字典中的值增加 1。並將該檔名後面補上「_1」，例如第二次出現的 9595.png 就會被改名為 9595_1.png，若第三次出現就會被改名為 9595_2.png。

這次再執行 combine_files 函式，就會在 ch9/all_pictures 資料夾中看到 200 個檔案，而且其中包括 9595.png 與 9595_1.png 檔。

編註：依照作者的正確做法是詢問完 Copilot 之後，回頭選擇模組並將任務做問題分解，也就是從 combine_files 函式分解出 calculate_hash 子函式，然後先實現 calculate_hash 函式，再實現 combine_files 函式。但可能因為 Copilot 更聰明了，在此就省略這個過程。

9.5.2 編註：為函式補上 docstring

在這個例子中，我們僅透過與 Copilot 交談，就得到經過問題分解而且可正確執行的程式。為了完善 calculate_hash 與 combine_files 函式，我們要反向為它們加上 docstring。

除了像圖 8-17 一樣將函式請 GitHub Copilot 寫出 docstring 之外，還可以直接在程式中用註解請 Copilot 生成 docstring。

為 calculate_hash 函式生成 docstring

```
def calculate_hash(file_path):
    # write docstring for calculate_hash function
    with open(file_path, 'rb') as f:
        return hashlib.sha256(f.read()).hexdigest()
```

請加上一行註解

按下 Enter 鍵，就會出現 docstring 開頭的三個雙引號「"""」，此時下方的程式碼會出現紅色波浪線沒關係，按 Enter 鍵讓它繼續往下生成，當出現結尾的三個雙引號，就表示生成完成，如下所示：

```
def calculate_hash(file_path):
    # write docstring for calculate_hash function
    """
    Calculate the hash of a file
    :param file_path: str, the path to the file
    :return: str, the hash of the file
    """
    with open(file_path, 'rb') as f:
        return hashlib.sha256(f.read()).hexdigest()
```

當然也可以請 Copilot 生成中文的 docstring:

```
def calculate_hash(file_path):
    # 請用中文寫出這個函式的 docstring
    """
    計算檔案的 SHA256 雜湊值
    :param file_path: 檔案路徑
    :return: SHA256 雜湊值
    """
    with open(file_path, 'rb') as f:
        return hashlib.sha256(f.read()).hexdigest()
```

請它用中文寫 docstring

雜湊值就是哈希值

為 combine_files 函式生成 docstring

請您用同樣的方式在函式標頭的下一行加上請 Copilot 生成 docstring 的註解，就會自動生成，如下所示。由於前面請 Copilot 用中文撰寫，因此會自動用中文回覆（如果您希望要用英文，只要在該行註解後面加上 in english 即可）：

```
def combine_files(dir1, dir2, new_dir):
    # write docstring for combine_files function
    """
    將兩個資料夾中的檔案合併到一個新的資料夾中
    :param dir1: 第一個資料夾路徑
    :param dir2: 第二個資料夾路徑
    :param new_dir: 新資料夾路徑
    :return: None
    """
    ...
```

如此一來，我們就完成了這個任務，完整程式如 Listing 9.3：

Listing 9.3　合併圖片庫的的函式

```
import os
import hashlib
import shutil

def calculate_hash(file_path):
    # 請用中文寫出這個函式的 docstring
    """
    計算檔案的 SHA256 雜湊值
    :param file_path: 檔案路徑
    :return: SHA256 雜湊值
    """
    with open(file_path, 'rb') as f:
        return hashlib.sha256(f.read()).hexdigest()

def combine_files(dir1, dir2, new_dir):
    # 請用中文寫出這個函式的 docstring
    """
```

```
    合併兩個資料夾中的檔案，如果有重複的檔案，則將檔案複製
    到新資料夾時，檔名加上序號
    :param dir1: 第一個資料夾路徑
    :param dir2: 第二個資料夾路徑
    :param new_dir: 新資料夾路徑
    """
    hash_dict = {}
    name_dict = {}
    for directory in [dir1, dir2]:
        for filename in os.listdir(directory):
            if filename.endswith('.png'):
                file_path = os.path.join(directory, filename)
                file_hash = calculate_hash(file_path)
                if file_hash not in hash_dict:
                    hash_dict[file_hash] = filename
                    if filename not in name_dict:
                        name_dict[filename] = 0
                        shutil.copy2(file_path, os.path.join(new_
dir, filename))
                    else:
                        name_dict[filename] += 1
                        name, ext = filename.split('.')
                        new_filename = f"{name}_{name_
dict[filename]}.{ext}"
                        shutil.copy2(file_path, os.path.join(new_
dir, new_filename))
# 使用例
combine_files('path_dir1', 'path_dir2', 'path_new_dir')
```

我們在本章成功自動化了三項繁瑣的任務，包括清理電子郵件多餘的符號、為上百個 pdf 檔案加上各自的封面，以及將兩個資料夾內的圖片整合在一起。每個任務的進行方式都是多與 Copilot 交談，盡可能探索各種可能，就可以確定方向。

每當您發現要重複相同的工作時，都值得嘗試使用 Copilot 和 Python 來自動化它。除了本章介紹的以外，還有一些模組可以處理 Excel 試算表或 Word 文件、發送電子郵件、從網站上抓取資料等等。只要是一件繁瑣的事，通常都已經有人解決過了，而 Copilot 就能利用前人的智慧結晶幫助您有效開發工具。

本章小結

- 程式設計師經常自製工具來自動化繁瑣的任務。
- 撰寫工具時，通常可利用 Python 模組幫忙。
- 透過與 Copilot 交談確定有哪些模組或套件可用。
- 與 Copilot 交談可了解模組或套件的優缺點。
- 用 pyperclip 模組可存取剪貼簿。
- 用 PyPDF2 套件可合併 pdf 檔案。
- 用 hashlib 模組可以為檔案生成哈希值。
- 用 os、shutil 模組可以存取資料夾中的檔案以及複製檔案。

MEMO

第 10 章

遊戲設計

本章內容

- 在程式中加入隨機性。
- 設計並撰寫猜數字遊戲。
- 設計並撰寫雙人骰子遊戲。

製作遊戲是學習程式設計最吸引人的原因。我們在本章要與 Copilot 合力開發兩款小遊戲：其一是猜數字遊戲，玩家要從線索中找出通關密碼；其二是雙人骰子遊戲，玩家需要平衡風險與運氣，並先於對手達到指定籌碼數。這兩款遊戲都會用文字模式呈現（而非圖形介面），目的是專注於遊戲設計的邏輯。此外，我們也會提供一些提升製作遊戲能力的建議。

10.1 遊戲程式的兩個主要功能

遊戲程式設計通常會包含兩個主要功能：一個是遊戲設置功能，用於遊戲的初始設定；另一個是遊戲進行（更新）功能，用於因玩家採取行動或時限已到而更新遊戲狀態。這兩個功能會用獨立的函式負責。下圖展示出遊戲的基本架構：

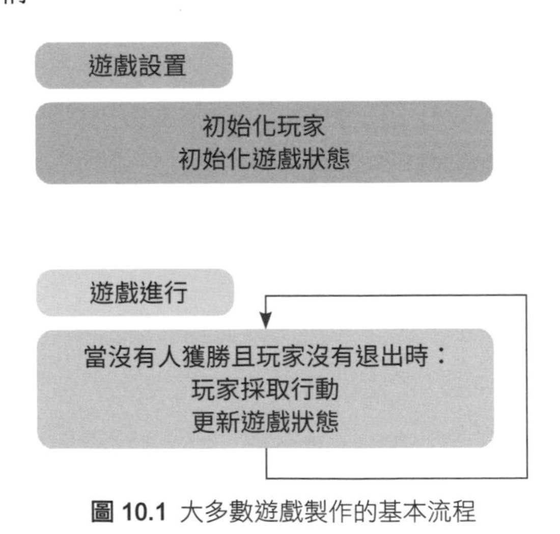

圖 10.1 大多數遊戲製作的基本流程

現在我們聚焦在遊戲進行功能的機制。想像一下，在一款二維遊戲中，玩家採取行動按下向前按鍵，更新功能就會讓玩家的角色前進，同時檢測玩家的移動是否觸發與其它物體的互動。另外，一些遊戲的狀態不僅依賴於玩家的行動，還會隨時間而變化（例如在 Pac-Man（小精靈）遊戲中移動的幽靈）。在這種情況下，遊戲進行函式也需要負責刷新狀態。每到一個時段或玩家行動後，遊戲就會自動檢查是否到達結束條件。

結束條件一般包括以下幾種：

- 玩家達成目標而贏得遊戲。
- 玩家因墜入深淵或撞到怪物等原因輸掉遊戲。
- 玩家選擇退出遊戲。

用於開發遊戲的工具有很多種，對於使用 Python 的開發者，我們認為 pygame 套件是個絕佳的出發點。在您累積了更豐富的程式經驗，想要進一步探索遊戲開發，我們則推薦用 Unity 設計 3D 遊戲。不過，本章將只利用標準的 Python 程式展示如何設計相對簡易的遊戲，而不必涉獵到進階的開發工具。

10.2 為遊戲加入隨機性

許多遊戲（包括本章要製作的兩款遊戲）都依賴隨機性來增加趣味性。在我們的第一款遊戲中，需要電腦隨機生成一組數字，然後我們要來推測這組數字。在第二款遊戲中需要擲骰子，需要生成 1 到 6 的隨機數字。此外，其它遊戲中會出現包括：敵人的行為、謎題的初始排列、攻擊造成的傷害量等都牽涉到隨機性。

因此，我們要能在 Python 程式中生成隨機數字，為了學習如何做到這一點，可以如同上一章那樣與 Copilot 交談。以下我們試試詢問 Copilot 如何生成整數與浮點數的隨機數字：

對 Copilot 的詢問

I need to generate random numbers (integers and floats) in my Python program. How can I do this?

Copilot 的回答

You can generate random numbers in Python using the `random` module. Here's an example of how to generate a random integer between 1 and 10 and a random float between 0 and 1:

```
import random

random_integer = random.randint(1, 10)
random_float = random.random()

print(f"Random Integer: {random_integer}")
print(f"Random Float: {random_float}")
```

In this code, `random.randint(1, 10)` generates a random integer between 1 and 10 (inclusive), and `random.random()` generates a random float between 0 and 1. The generated numbers are then printed to the console.

Copilot 生成的這段程式碼，首先載入用於產生隨機數字的 random 模組，然後用 randint(1,10) 函式隨機生成 1~10 的整數，以及用 random 函式隨機生成 0~1 的浮點數。由於 random 是屬於 Python 內建模組（同樣可藉由詢問 Copilot 得知），在程式中直接載入即可。

這給了我們一個想法，如果要隨機產生 0~9 的整數，就用 randint(0, 9)。若用於擲骰子產生 1~6 點，就用 randint(1, 6)。而 random 函式隨機產生 0~1 的浮點數，可以做為遊戲中某事件發生的機率，數值越大則該事件的發生機率越高。

接下來，我們在 Python 提示符號下試試效果，請按 Ctrl + Shift + P 鍵開啟命令選擇板，執行「Python: Start REPL」命令，然後如下操作（當然您要直接執行上面的 Python 程式也可以）測試 randint 函式：

```
>>> import random
>>> random.randint(0, 9)
6
>>> random.randint(0, 9)
5
>>> random.randint(0, 9)
3
```

同樣也試試用 random 函式生成 0~1 的浮點數：

```
>>> random.random()
0.7536802180141121
>>> random.random()
0.5979310525261938
>>> random.random()
0.019904541049896585
```

10.3 遊戲 1：猜數字遊戲（Bulls and Cows）

我們的第一個遊戲基於一款經典的破解密碼遊戲，名稱為「猜數字」，臺灣也習慣稱為「1A2B」。在此遊戲中，隨機性扮演了關鍵角色。

10.3.1 遊戲玩法

在這款猜數字遊戲中，玩家 1 設置一組由四個數字組合的四位數通關密碼。玩家 2 必須猜出這個密碼。在我們的版本中，電腦擔任玩家 1，而您則是玩家 2。遊戲進行方式如下。電腦隨機選擇四個不同的數字（不允許重複），排列成四位數通關密碼。例如它可能選擇 1862，接著您就要猜這四位數是什麼。

如果猜測的四位數字與密碼的排列位置完全相同，表示正確猜中，例如密碼是 1862，您猜 1862，因為正確猜對則遊戲結束。若猜的次數超過允許的上限，也會結束遊戲。

玩家 2 的每次猜測都會得到兩個提示：位置完全正確的有幾個、有出現在密碼中但位置錯置的有幾個。

如果猜測的數字有出現在密碼中，只是位置錯置，以下同樣以 1862 為密碼，3821 為猜測數字，其中 8 的位置正確，但 1 與 2 有出現在密碼中，只是位置錯置，因此會得到 1 個位置正確與 2 個數字錯置的訊息。然後，玩家 2 就可利用這些線索進一步縮小通關密碼的可能範圍。

如果您沒有玩過猜數字遊戲，可以連上 https://www.mathsisfun.com/games/bulls-and-cows.html 網頁玩玩看，此處用 Bulls 表示正確位置的數字數，Cows 則為錯置的數字數。

在表 10.1 中，我們提供了一個猜數字的互動例子，其中還包括一個判斷欄，表達我們的思考過程以及從每次猜測中學到的東西。這次要猜的密碼先不說，請您跟著下表分析試著猜猜看：

表 10.1 遊戲玩法示範

猜測	正確	錯置	判斷
0123	0	1	0、1、2、3 有一個在答案中，但有錯置。
4567	0	3	4、5、6、7 有三個在答案中，但都錯置。
9045	1	0	因為 0、1、2、3 中的一個數字和 4、5、6、7 中的三個數字在答案中，可知 8、9 不在答案中。前一次猜測顯示 4、5 至少有一個必在答案中，而 0 可能在答案中。1 個正確表示 4、5 應該有一個在正確的位置，另一個不在答案中，0 也不在答案中。

猜測	正確	錯置	判斷
9048	0	0	之前的猜測顯示 8、9、0 不在答案中。0 個正確和 0 個錯置告訴我們 4 也不在答案中。我們現在知道 5 是最後一位。
1290	0	1	回到第一次猜測，我們想知道 1、2、3 中哪個數字在答案中。已知 9、0 不在答案中，所以 1 個錯置表示 1、2 有一個在答案中，可知 3 不在答案中。而且，無論 1、2 哪個在答案中，目前都是錯置。
6715	1	2	因為 4 不在答案中，從第二次猜測可知 5、6、7 在答案中。而這次的猜測告訴我們 1 不在答案中，6、7 在錯誤的位置。由於 1 不在答案中，2 就必須在(根據之前的猜測)。由於 5 在最後一位，我們之前已經在第二和第三位放過 2，且均為 0 正確，所以 2 必須在第一位。由於我們已經在第一和第三位放過 6，且都不正確，可知 6 必須在第二位。這就留下第三位給 7。我們已經得出答案了。
2675	4	0	得到 4 個正確

這個遊戲玩法呈現出如何透過猜測和分析逐步接近答案。玩家需要根據每次猜測的結果來調整策略，嘗試新的數字組合，最終找出正確的數字排列。邏輯推理和策略規劃正是這類遊戲吸引人之處。雖然隨便亂猜最終也可能猜到答案，但此遊戲的挑戰在於要在有限的次數內猜出密碼。

10.3.2 Top-Down 設計

為了撰寫這個猜數字遊戲的程式，我們準備採用 top-down 設計方式。我們需要確定在這個遊戲中有哪些事件一定會發生，才知道如何做問題分解。

將遊戲架構大略畫出來

參考前面描述的遊戲規則，思考遊戲在每個階段要做的事，我們寫下來如下圖所示：

遊戲設置：

隨機生成四位數密碼

遊戲進行：

```
當玩家尚未贏且還有剩餘猜測次數時：
    告訴玩家輸入他們的猜測
    讀入有效的玩家猜測
    將猜測與密碼做比較

  如果 ( 猜測 == 密碼 )：
      玩家贏了，通知玩家
  否則
      給予玩家猜測的回應
  更新猜測次數

玩家猜測次數用盡，告知結束遊戲
```

圖 10.2 猜數字遊戲的過程

開始問題分解

開發此遊戲的第一個階段是遊戲設置，程式必須隨機產生一個四位數密碼。為了確保密碼的四個數字不重複，就必須做檢查，這看起來或許可以獨立成一個函式。

在程式產生密碼之後，就進入遊戲進行階段，也就是玩家開始猜數字了。我們打算直接用 input 函式接受玩家輸入的猜測，不過為了確保玩家輸入的數字剛好是 4 個，而且數字還不能重複，這只靠 input 函式可能做不到，或許可以將此功能獨立成一個函式。

當玩家輸入的猜測數字符合要求之後，程式要確定兩件事：有多少數字位置正確，以及有多少數字位置錯置。我們應該用一個函式來完成這兩個任務，或者要用兩個函式分別處理：一個處理猜測正確的訊息，另一個處理錯置的訊息？

讓我們思考一下。如果把這兩個任務放在同一個函式裡，優點是可以將對玩家的回應集中在一起，如此更容易確認回應是否無誤。另一種考量是，兩個獨立的函式會讓兩種回應類型（正確或錯置）更單純，但代價是把回應的邏輯分散到兩個函式裡。其實這兩種方式都可以，我們在此選擇用單一函式處理，但您可以自行嘗試用兩個獨立的函式實現。

是否還有其它子任務需要分解出來？例如，檢查當玩家猜對密碼時則結束遊戲的函式。不過，我們認為不需要為此準備一個單獨的函式，因為要確定玩家是否猜對密碼，只要用「==」算符即可得知。而要結束遊戲，用 return 關鍵字結束頂層函式，即可結束整個程式。此外，如果玩家用光猜測次數卻仍未猜到密碼，需要提醒玩家並結束遊戲，這也很容易做到，無須額外寫一個函式處理。

分析至此，我們的頂層函式需要三個子任務函式：

- 產生密碼的函式
- 獲取玩家下一個猜測的函式
- 獲取玩家猜測的正確與錯置線索的函式

而這三個子函式是否還需要分解出子子函式呢？答案是可以做也可以不做。如果子函式可以用簡單的方式做到，就沒必要繼續分解下去。

第一個是產生密碼的函式。如果讓函式一次就產生四個數字，那確實需要檢查每個數字是否重複。但如果是每產生一個數字，就排除之前已有的數字，那就不需要另外的函式來處理了。

第二個是獲取玩家下一個猜測的函式。我們可以分割出一個子子函式檢查輸入的猜測是否有效（即長度正確且數字不重複）。雖然我們確實可以這樣做，但這個檢查其實很簡單（比第 7 章強密碼範例單純得多），直接寫在子函式中就好了，不需要獨立出一個子子函式。

第三個是獲取玩家猜測的正確或錯置線索的函式。前面已經討論過，要分解成兩個函式或只用一個函式皆可，我們選擇只用一個函式解決。

我們將頂層函式命名為 play，此函式會呼叫剛剛的三個子函式。我們將第一個子函式命名為 random_string，第二個子函式命名為 get_guess，第三個子函式命名為 guess_result。經過 top-down 設計之後如圖 10.3 所示：

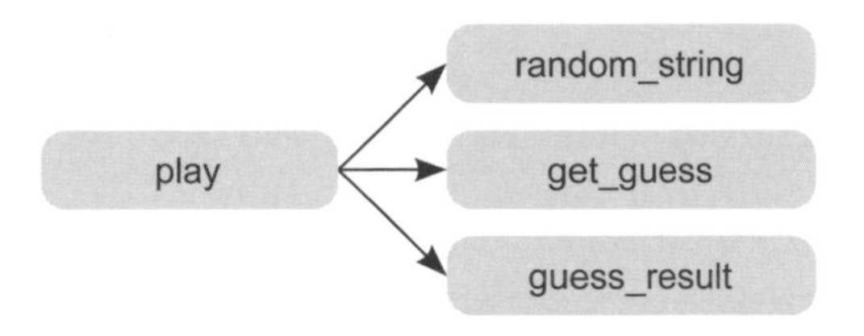

圖 10.3 猜數字遊戲的 4 個函式層級

10.3.3 函式的參數與傳回值資料型別

通常在我們進行函式設計時，會直接定義其參數的類型以及傳回值。但這次我們選擇了另一種做法，將這一個步驟獨立出來，因為這其中有一些微妙的考量。比如說，您可能直覺認為四位數密碼與猜測數字應該可以用整數型別來表示，但事實上這並不是最合適的選擇。因此，在動手寫程式之前，需先對函式要做的處理多加思考，再做出決策。

頂層函式：play

play 函式是頂層函式，也是遊戲的起點，看起來似乎可以不帶任何參數。在此函式中，我們如果直接指定生成的密碼剛好是四位數字，且玩家剛好只有十次猜測機會，這樣就不夠靈活。如果我們想玩七位數字且可以猜一百次呢？那就必須修改函式才行。

因此，為了使遊戲易於配置，我們可為此函式加上參數。例如可以加上設置密碼長度的參數，以及玩家可猜測次數的參數，這樣遊戲的彈性就變得更大了。而且要做的只是在呼叫 play 函式時傳入參數值，不需要動到函式的程式碼。

使用參數與變數，而避免用到魔術數字

程式設計中的一個關鍵原則：盡量避免在程式碼中直接用到具體的數字，而應該使用參數或變數來代替。目的是為了提高程式的靈活性和可讀性。當程式碼中出現直接寫死的數字，如“4”，這樣的數字被稱為“魔術數字”，因為它們缺乏清晰的含義，使得其他程式閱讀者或未來的自己難以理解程式碼的真正意圖。

以猜數字遊戲為例，遊戲規則包括玩家可以猜測的最大次數，以及密碼與每次猜測的數字位數。根據上述原則，這些數值應該被設計為參數，而不是在程式碼中直接寫下具體的數值。這麼做的好處是可以在不修改程式碼本身的情況下，透過改變參數值來調整遊戲的難易度或規則。

例如，當遊戲規則變更，要求玩家的猜測次數從原來的 4 次增加到 6 次，如果這個數字是作為一個參數設置，我們只需要改變傳入函式的參數值就好。相比之下，如果這個數字直接寫在多處程式碼中，那就需要逐一找到這些數字並修改，這無疑增加了工作量且容易出錯。

第一個子函式：random_string

random_string 函式用來生成密碼。為什麼我們為這個函式命名時用 string（字串）呢？難道不應該傳回一個隨機整數嗎？問題在於傳回整數時，以 0 開頭的整數會被少位數，像 0825 這個密碼就會變成 825 三位數了，但用字串型別表示成 '0825' 就沒有問題。除此之外，這個生成的密碼還需要逐碼比對猜測數字，以確定有幾個數字的位置正確或錯置。字串可以利用索引遍歷每個字元，這正是我們需要的。

因此，random_string 函式會接受密碼長度做為參數，並傳回一個與密碼長度參數相符的隨機字串，且字串中的每個字元都是 0~9 的字元。

第二個子函式：get_guess

get_guess 函式是從玩家獲取下一個猜測的四位數。與 random_string 函式一樣也需要知道有效猜測的數字位數，用以檢查玩家的輸入符合位數且都是數字字元，所以我們會將其做為參數。此函式會傳回一個字串，代表玩家猜測的四位數。

第三個子函式：guess_result

guess_result 函式是告訴玩家有幾個數字是正確與錯置的。此函式需要用玩家猜測的字串和電腦生成的密碼字串進行比較，所以需要接受這兩個字串做為參數。然後告知玩家兩個訊息，包括有幾個正確和幾個錯置，所以可以傳回一個包含兩個整數元素的串列，例如 [1, 2] 表示 1 個數字正確、2 個數字錯置。

10.3.4 實現遊戲的函式

決定每個函式需要的參數與傳回值之後，我們就可以開始撰寫每個函式的程式碼了。經過 top-down 設計分解出的函式，要由下層開始往前實現，表示我們要先實現三個子函式，然後再完成頂層的 play 函式。

在這個過程中，需確保每個函式都符合之前設定的參數和傳回值的要求。記得在編寫函式時，應對每個功能單元進行測試，以確保能正確執行指定的任務。如此一來，當所有子函式都做完後，組合成 play 函式也就能依照預期工作。

實現 random_string 函式

我們期望 random_string 函式接受一個密碼長度做為參數，並傳回一個不包含重複數字，且與密碼長度相符的隨機字串。在此函式中，我們希望 Copilot 隨機產生 0~9 且不重複的數字，直到滿足密碼長度的個數為止。我們從 Copilot 得到下面的解決方案：

Listing 10.1　用於產生數字不重複密碼的 random_string 函式

```
import random  ←── 要載入 random 模組

def random_string(length):
    '''
    length is an integer.

    Return a string of the given length, where each character
    is a digit from 0 to 9, and with no repeated digits.
    '''
    s = ''  ←── 將密碼字串 s 初始為空字串
    while len(s) < length:  ←── 迴圈要達到指定的密碼長度
        r = random.randint(0, 9)  ←── 隨機產生 0~9 的整數
        if str(r) not in s:  ←── 如果此整數的字串不存在於 s 中
            s += str(r)  ←── 就將此整數轉為字串型別加入 s
    return s  ←── 最後傳回密碼字串 s
```

此函式會先建立一個空字串 s，並用 while 迴圈讓 random.randint 函式隨機產生 0~9 的整數 r，並用 if 條件式判斷轉換為字串的 str(r) 若不在 s 字串中，表示是不重複的數字，則將 s 字串與 str(r) 字串串接起來。若 str(r) 已出現在 s 字串中，則回到 while 迴圈繼續產生隨機整數。一直到 s 字串的長度符合指定的密碼長度，就將 s 字串傳回。

由於這個函式是產生隨機數字，我們不可能將測試案例連同答案寫進 docstring 中，不過您仍然可以在 TERMINAL 面板中做一些測試。

其實，Copilot 也有其它不同的建議，例如先將 0~9 的數字放入一個串列，再用 random 模組的 shuffle 函式對串列元素隨機洗牌，然後將此串列中前面幾個元素串接成字串，就產生了數字不重複的密碼，如 Listing 10.2 所示：

Listing 10.2　產生數字不重複密碼的另一種方法

```python
def random_string(length):
    '''
    length is an integer.

    Return a string of the given length, where each character
    is a digit from 0 to 9, and with no repeated digits.
    '''
    import random
    digits = list(range(10))  ←── 用 0~9 建出 digits 串列
    random.shuffle(digits)    ←── 用 shuffle 洗牌 digits 串列
    return ''.join(str(d) for d in digits[:length])  ←── 串接前 length 個元素
```

這個方法是將 0~9 的數字建成 digits = [0, 1, 2, 3, 4, 5, 6, 7, 8, 9] 串列，然後用 random 模組的 shuffle 函式將這 10 個數字隨機洗牌，例如 digits 洗牌之後變成 [6, 8, 5, 9, 3, 0, 1, 7, 2, 4]。然後將空字串用 join 函式去串接 for 迴圈從 digits 串列中依序取出的元素（用 str 函式轉換成字串），如此可確保每個數字都不重複。

假設參數值 length 等於 4，for 迴圈則先取出第一個元素數字 6 並用 str 函式轉換成字串 '6'，然後將空字串 '' 與 '6' 串接成 '6'。for 迴圈再取出第二個元素數字 8 並用 str 函式轉換成字串 '8'，再將 '6' 與 '8' 串接成 '68'。接著 for 迴圈繼續取出第三、第四個元素，最後串接出 '6859' 字串。最後用 return 將此字串傳回。您可自行測試這個函式。

編註：有安全性考量的亂數隨機性

提醒讀者，random 模組產生亂數的隨機性可由種子(seed)決定，當未指定種子時，Python 會自己選一個種子來產生亂數，這用於產生遊戲的密碼不會有問題，但同一個種子持續產生的亂數，其隨機性有可能被有心者觀察到。因此，若有安全性考量，建議改用 secrets 模組。我們可在提示詞增加一句安全性描述：

```
def random_string(length):
    '''
    length is an integer.

    Return a string of the given length, where each character
    is a digit from 0 to 9, and with no repeated digits.

    The generated string is cryptographically secure.  ◀── 增加對安全性的描述
    '''
    import secrets  ◀── Copilot 會載入 secrets 模組
    digits = list(range(10))
    secrets.SystemRandom().shuffle(digits)  ◀── 用 secrets 模組的函式洗牌 digits 串列
    return ''.join(str(d) for d in digits[:length])  ◀── 串接指定長度的元素數
```

實現 get_guess 函式

get_guess 函式的功能是依照指定的數字位數，接受玩家的猜測數字，並確認其必須符合指定的數字位數，而且不能有重複數字出現。此函式需要有一個整數參數，才知道應接受幾個位數的輸入值。以下是 Copilot 給我們的程式碼例子：

Listing 10.3　用於取得玩家輸入值的 get_guess 函式

```
def get_guess(length):
    '''
    length is an integer.
    Keep asking the player to enter a string where each character
    is a digit from 0 to 9, until they enter a valid guess.
    A valid guess has the given length and has no repeated digits.
    '''
    while True:  ◀── 直接進入 while 迴圈
        guess = input('Enter a {}-digit guess: '.format(length))  ◀── 接受輸入值
        if len(guess) != length:  ◀── 判斷長度是否正確
            print('Your guess must have', length, 'digits.')
```

```
    elif not guess.isdigit():  ←—判斷是否是數字
        print('Your guess must consist of digits.')
    elif len(set(guess)) != length:  ←—判斷是否有重複
        print('Your guess must consist of distinct digits.')
    else:                    ←—檢查通過
        return guess   ←—傳回輸入值並離開 while 迴圈
```

在 get_guess 函式中，一開始就進入 while 迴圈，並提醒玩家輸入指定位數的數字，接收後會是一個字串 guess，然後做三項排除不合規格的檢查：

1. 用 len 函式檢查輸入字串 guess 的長度，如果不等於指定的長度，則告知玩家長度不足。然後回到 while 迴圈開頭請玩家繼續輸入。
2. 如果長度符合，則用 guess 字串的 isdigit method 檢查輸入值如果不是數字，則告知玩家必須輸入數字。然後回到 while 迴圈開頭請玩家繼續輸入。
3. 如果長度符合，而且也都是數字，則用 len(set(guess)) 判斷數字是否有重複。set(guess) 會產生一個集合，集合中相同的元素只保留一個，因此如果 guess 字串中的數字有重複，其集合的長度 (元素數) 就會小於字串的長度，則告知玩家必須是不同的數字。然後回到 while 迴圈開頭請玩家繼續輸入。

經過前面三項排除不合規格的檢查之後，表示玩家這次的輸入值可以通過，就傳回該字串，離開 while 迴圈並結束函式。

實現 guess_result 函式

guess_result 函式要比對玩家猜測的數字與通關密碼，因此需要接受兩個字串做為參數，第一個字串參數是由 get_guess 函式傳回的玩家輸入值，第二個字串參數是由 random_string 函式產生的密碼。函式會傳回一個串列，包含兩個整數：位置正確的個數和位置錯置的個數。

這個函式在撰寫 docstring 時稍微複雜一點，我們打算在 docstring 中加入幾個測試案例，在閱讀 Copilot 生成的程式碼時可有些幫助。

第一個測試案例是：

```
>>> guess_result('3821', '1862')
```

依據遊戲規則，正確的傳回值應該是 [1, 2]，因為有一個位置正確的數字（8），且有兩個位置錯置的數字（2 和 1）。

第二個測試案例是：

```
>>> guess_result('1234', '4321')
```

這次的正確傳回值會是 [0, 4]，因為沒有位置正確的數字，但猜測的所有四個數字都是位置錯置。

以下是完整的函式定義與 docstring 包括測試案例（編註：由於作者描述兩個字串比對索引位置的英文寫得過於複雜，因此特將其意思改寫為中文便於讀者理解），以及 Copilot 生成的程式碼：

Listing 10.4　用於獲取猜測結果的 guess_result 函式

```
def guess_result(guess, secret_code):
    '''
    傳回一個含有兩個數值的串列：

    第一個數值代表 guess 中，有多少位的數字
    與 secret code 在相同位置上完全相同。

    第二個數值則表示 guess 中，有多少位的數字
    在 secret code 中也出現，但位置錯置。

    >>> guess_result('3821', '1862')
    [1, 2]
    >>> guess_result('1234', '4321')
    [0, 4]
    '''
```

```
correct = 0          ← 正確個數的變數
wrong_place = 0      ← 錯置個數的變數
for i in range(len(guess)):   ← for 迴圈遍歷 guess 字串的每個索引
    if guess[i] == secret_code[i]:   若字元索引位置相同，
        correct += 1                 則正確個數加 1
    elif guess[i] in secret_code:    否則若索引字元有出現在
        wrong_place += 1             secret_code, 則錯置個數加 1
return [correct, wrong_place]  ← 傳回正確與錯置個數的串列
```

在上面的程式碼中，for 迴圈的 i 迴圈變數是做為字串的索引，從 0 開始遍歷 guess 整個字串，並用 guess[i] == secret_code[i] 去比對字串相同索引位置的值，如果相同就表示位置正確，將變數 correct 累加 1。如果不同則看看 guess[i] 是否出現在 secret_code 字串中，如果有出現，就表示該 guess[i] 是位置錯置，則變數 wrong_place 累加 1。如果 guess[i] 都沒出現在 secret_code 中則忽略。

以測試案例中的 guess_result('3821', '1862') 為例。for 迴圈的 i 迴圈變數會從 guess[0]（也就是 '3'）去比對 secret_code[0]（即 '1'），發現不符合之後就看看是否出現在 '1862' 中，也沒有就忽略。i 迴圈變數迭代到 guess[1]（也就是 '8'）去比對 secret_code[1]（即 '8'），發現相符，於是 correct 加 1。接著依序迭代直到 guess 字串的每個字元都比對完之後，就得到 correct 是 1、wrong_place 是 2，然後傳回串列 [1, 2] 。

實現頂層的 play 函式

我們已經完成此遊戲所有三個子任務函式，是時候完成頂層的 play 函式了。

此函式接受兩個整數做為參數：第一個是通關密碼的位數，第二個是玩家可以猜測的次數，而且不需要傳回任何值。當玩家在猜測次數內猜到密碼，或者猜測次數用光，則遊戲結束。此函式的定義與提示詞，以及 Copilot 生成的程式碼如下：

Listing 10.5 啟動遊戲的頂層 play 函式

```
def play(num_digits, num_guesses):
    '''
    生成一個包含 num_digits 位數的隨機字串。
    玩家有 num_guesses 次機會來猜測這個隨機字串。
    每次猜測之後，會告訴玩家有多少位數字猜對了位置，
    以及有多少位數字存在但位置錯置。
    '''
    secret_code = random_string(num_digits)  ◀── 產生通關密碼
    print('I have generated a {}-digit code for you to 
guess.'.format(num_digits))
    print('You have {} guesses to get it right.'.format(num_
guesses))
    for i in range(num_guesses):
        guess = get_guess(num_digits)  ◀── 從玩家取得猜測數字
        result = guess_result(guess, secret_code)  ◀── 比對猜測數字與通關密碼
        print('Result:', result)
        if result[0] == num_digits:  ◀── 串列中的正確位數等於密碼位數則恭喜並結束
            print('Congratulations! You have guessed the code.')
            return
    print('Sorry, you have used up all your guesses.')  ◀── 用光猜測次數告知玩家
    print('The secret code was:', secret_code)  ◀── 並顯示通關密碼
```

我們發現在 play 函式中，Copilot 會依照傳入 play 函式的參數，去呼叫 random_string 函式產生 num_digits 位數的密碼 secret_code。然後請玩家輸入 num_digits 位數的猜測數字，並呼叫 get_guess 函式。在 get_guess 函式中，玩家必須輸入符合三項規則的數字（位數符合、必須是數字、不能重複）才會將玩家猜測的數字傳回給 guess 變數。

接下來，將 guess、secret_code 字串傳入 guess_result 函式，並將每次猜測結果以串列形式傳回給 result 串列變數並輸出讓玩家知道。然後比對 result[0]（也就是正確個數）如果與指定的位數相同，就表示完全猜對，結束遊戲。如果 for 迴圈的 i 迴圈變數跑完最多猜測次數，則同樣結束遊戲。

執行猜數字遊戲

要讓猜數字遊戲得以執行，我們必須呼叫頂層的 play 函式，同時要傳入通關密碼的位數，以及可猜測次數這兩個參數值。請您在 play 函式下面加上這一行程式碼：

```
play(4, 10)    ←── 產生 4 位數的通關密碼，以及可猜測次數為 10 次
```

然後，執行此遊戲的整個程式，就可以開始玩了：

```
I have generated a 4-digit code for you to guess.
You have 10 guesses to get it right.
Enter a 4-digit guess: 0123
Result: [1, 1]
Enter a 4-digit guess: 4567
Result: [1, 0]
Enter a 4-digit guess: 1284
Result: [1, 1]
Enter a 4-digit guess: 1395
Result: [0, 0]
Enter a 4-digit guess: 0268
Result: [4, 0]
Congratulations! You have guessed the code.
```

至此，我們成功設計了一個遊戲，這是與本書前面各章寫過的其它程式截然不同的程式。猜數字遊戲需要與玩家互動、具有隨機性、並有勝利和失敗的條件。我們運用前面各章學到的許多開發程式知識，包括 top-down 設計、撰寫函式、測試函式與閱讀程式，並持續與 Copilot 互動以取得協助，表示您已具備整合這些技術的能力了。

10.3.5 為猜數字遊戲加上圖形介面

我們已經完成猜數字遊戲，雖然它只有文字介面，但我們仍然可以透過與 Copilot 交談，請它幫我們轉換為具有圖形介面的猜數字遊戲。例如

在 GitHub Copilot Chat 交談窗中詢問：「請問如何將這個猜數字遊戲改成圖形介面」，然後將程式碼貼進去，Copilot 就自動利用 tkinter 模組生成簡單的圖形介面版本，如下所示（程式碼不在書中列出）：

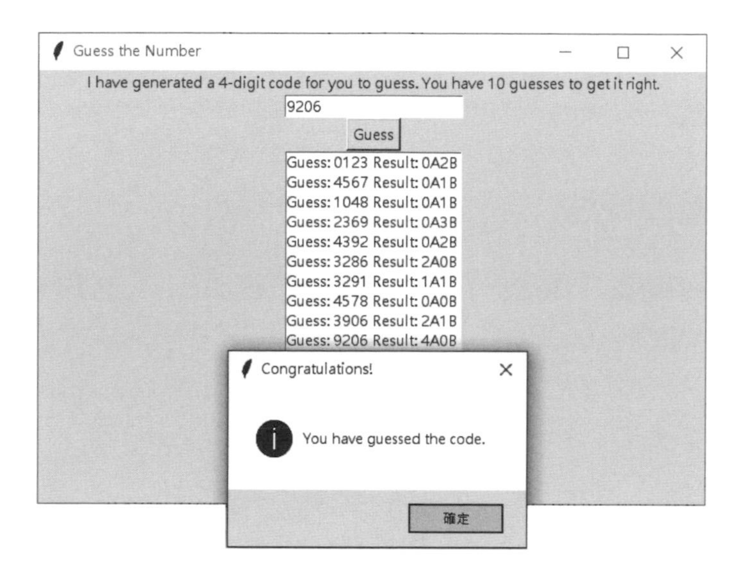

圖 10.4 圖形介面的猜數字遊戲

程式設計師在撰寫圖形介面程式時，會使用事件驅動（event-driven）程式設計的風格，這超出本書的範圍。您在請 Copilot 撰寫圖形介面程式碼之前，最好先閱讀事件驅動程式設計方面的書籍，有個基本的瞭解之後，才看得懂 Copilot 生成的程式碼以及後續的測試與修改。

事件驅動程式設計

這是廣泛用於互動式應用的程式設計模式。應用程式會設定如何與使用者互動，例如點擊按鈕或輸入文字。接著，程式進入等待狀態，準備回應使用者的操作，期間可能會更新狀態。當使用者進行互動，如點擊或輸入時，這些操作被視為事件，每個事件都關聯到特定的程式碼，以便在發生相應事件時執行。例如，當使用者點擊「退出遊戲」按鈕，程式就會執行對應的操作（保存當前遊戲狀態並結束遊戲）。這種設計使得程式能夠動態回應使用者行為，增強應用的互動性和靈活性。

10.4 遊戲 2：雙人骰子遊戲（Bogart）

本章要製作的第二款遊戲是一個雙人骰子遊戲。先前的猜數字遊戲中，一位玩家是程式，另一位則是人類，但在這款遊戲中的玩家是兩位人類。隨機性在這款遊戲中也扮演了關鍵角色。

10.4.1 遊戲玩法

雙人骰子遊戲（Bogart）是一款由 James Ernest 於 1999 年設計的桌遊，著作權屬於 James Ernest and Cheapass Games 所有。Ernest 於 2020 年成立 Crab Fragment Labs 創意平台（https://crabfragmentlabs.com/），裡面提供許多可免費下載的 PDF 桌遊（編註：是指遊戲所需道具與說明書都是 PDF 檔，下載後可列印出來玩）。本書得到許可借用 Bogart 的遊戲規則重製為電腦遊戲，在此向 Crab Fragment Labs 表達深深的感謝。

如果您對此桌遊有興趣，可以到 https://crabfragmentlabs.com/shop/p/chief-herman-1 下載。當然也非常推薦您支持 Crab Fragment Labs 的創新事業。

遊戲開始時，籌碼堆（pot chips）是空的。兩名玩家中隨機選一位開始遊戲，接著雙方輪流進行，直到決出勝負。遊戲流程如下頁圖 10.5 所示。

玩家如何進行一個回合

當玩家的回合開始時，主持人（即電腦）會向籌碼堆（pot chips）中加入一個籌碼（chips），接著該玩家擲一個骰子（dice）。如果骰子擲出 1，則玩家的回合結束，且無法獲得任何籌碼。若骰子不是 1，玩家可以選擇是否繼續回合。如果決定不繼續，他可以獲取籌碼堆中現有的所有籌碼，然後清空籌碼堆。

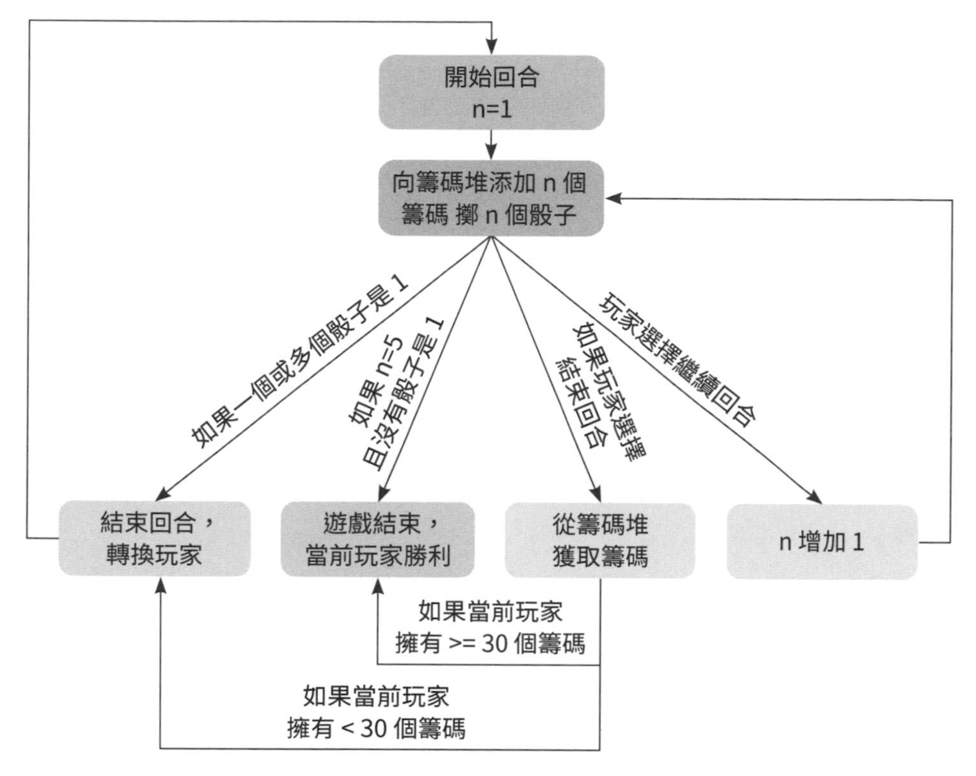

圖 10.5 Bogart 中的玩家回合

如果玩家決定繼續他的回合，主持人會在籌碼堆中再加入兩個籌碼，這次玩家需要擲兩個骰子。如果在這兩個骰子中出現任何一個是 1，那麼玩家的回合就結束了。若沒有擲出 1，玩家可再決定是否繼續回合。若玩家選擇繼續，主持人會在籌碼堆中再加入三個籌碼，接下來玩家要擲三個骰子，然後是四個、五個。玩家無法選擇跳過骰子數量，必須依序從擲一個骰子開始，每次增加一個骰子。

在這個遊戲中，擲出 1 表示回合結束。當只擲一個骰子時，擲出 1 的機率相對較低（16.67%）。然而，當擲兩個骰子時，至少擲出一個 1 的機率就會增加（30.56%）。當擲三個（42.13%）、四個（51.77%）或五個骰子（59.81%）時，出現 1 的機率就節節升高。因此，玩家延長回合的次數越多，最終擲出 1 結束回合而一無所獲的機率就越大，這也就留給對手一舉獲取大量籌碼的機會。整個遊戲的訣竅就是要決定何時該冒險追求更多的籌碼，以及何時該滿足於此回合所獲。

遊戲結束的條件

遊戲在以下兩種情況會結束：

1. 如果一位玩家持有 30 個或更多的籌碼，該玩家獲勝。
2. 另一種獲勝方式是不管持有的籌碼數，只要一位玩家能在一回合內連續擲一個、兩個、三個、四個、五個骰子全都沒有出現 1，則該玩家立即獲勝。

遊戲示範

我們透過幾個回合的示範，來幫助您理解 Bogart 的遊戲過程。

籌碼堆與兩位玩家的籌碼一開始都是空的。假設玩家 1 被隨機選為第一個行動的玩家。主持人在籌碼堆中放入一個籌碼，然後玩家 1 擲出一個骰子，假設點數是 5。現在，玩家 1 需要決定是結束回合並從籌碼堆中拿走這一個籌碼，或是繼續此回合。

假設玩家 1 決定繼續。這時，主持人再向籌碼堆加入兩個籌碼，所以籌碼堆現在有三個籌碼。玩家 1 需要擲兩個骰子，假設點數是 4 和 2。玩家 1 要做的選擇是：結束回合並拿走籌碼堆中的三個籌碼，還是繼續追求更多籌碼。假設他選擇繼續，主持人再向籌碼堆加入三個籌碼，籌碼堆增至六個籌碼。接著，玩家 1 必須擲三個骰子，這次他擲出了 6、5、1。啊！出現 1 了，玩家 1 的回合結束，他也未能獲得任何籌碼，反而留下了六個籌碼的機會給玩家 2。

接著輪到玩家 2。主持人在籌碼堆中加入一個籌碼，籌碼堆現在有七個籌碼。玩家 2 擲一個骰子，假設點數是 2。假設玩家 2 選擇結束回合，則他獲取了七個籌碼。

現在籌碼堆又空了，回到玩家 1。玩家 1 需要追趕，因為他手上還沒有籌碼，而玩家 2 已經有七個。遊戲會繼續到其中一位玩家累積 30 個或更多籌碼，或者在一回合內持續進行到擲出五個骰子且都沒有出現 1 為止。

10.4.2 Top-Down 設計

我們同樣要用 top-down 設計方式來實現 Bogart 遊戲。這種設計方式對於解決複雜問題特別有效，尤其是當遊戲牽涉到許多互動元素時。例如，玩家的回合可能以三種方式結束：獲得籌碼、未獲得籌碼、或立即獲勝。我們需要確定哪種情況發生，並做出相應的動作。此外，每當一位玩家的回合結束後，需要切換到另一位玩家。但若一位玩家回合結束，同時也獲勝，則應立即停止遊戲並宣布贏家。

我們將遊戲的頂層函式命名為 play，下面是分解出的四個任務：

一．初始化籌碼堆，且兩位玩家開始時都沒有籌碼。這是遊戲設置階段。

二．隨機選擇玩家 1 或玩家 2 開始遊戲。這也是遊戲設置階段。

三．進入遊戲進行階段。當遊戲還沒結束時，我們需要做以下幾件事：

　　甲．輸出籌碼堆中的籌碼數，以及玩家 1 和玩家 2 各自的籌碼數。

　　乙．讓當前玩家完成一個完整的回合。

　　丙．若當前玩家贏得籌碼，則將籌碼給予該玩家，重置籌碼堆為零。

　　丁．切換到另一位玩家的回合。

四．在遊戲結束時，輸出贏得遊戲的玩家。

任務一、二、四 都很單純

到了本書的這個階段，我們認為您已對 Copilot 生成程式碼有一定的熟悉度，且具備一個任務是否需要分解出子任務的直覺。以上四項任務中，任務一僅是幾個變數賦值，並不需要建立子函式。任務二也僅是產生亂數決定由哪個玩家開始，呼叫 random 模組的 randint 函式即可。而任務四是將結果輸出而已。這三個任務都很容易解決，真正複雜的是任務三，以下會依序說明。

任務三：當遊戲進行時

在 Bogart 遊戲的設計中，使用一個 while 迴圈來持續遊戲直到結束是一個理想的選擇。為了確定遊戲何時結束，就需要一個專門的函式來評估遊戲狀態，我們將此函式命名為 game_over，基於以下兩個條件決定遊戲是否結束：

1. **玩家 1 和玩家 2 的籌碼數量：**game_over 函式需要檢查兩位玩家中的任一位是否累積至少 30 個籌碼。如果是，則該玩家獲勝，遊戲結束。所以 game_over 函式需要兩位玩家籌碼數的參數。
2. **擲骰子結果：**遊戲的另一個結束條件是一名玩家在單一回合內持續到擲五個骰子而沒有任何一個是 1。為此，game_over 函式需要接受一個擲骰子結果的串列參數，以檢查是否符合此條件。

由以上分析可知，game_over 函式共需要三個參數：玩家 1 的籌碼數、玩家 2 的籌碼數以及擲骰子結果的串列。根據這些傳入的參數值，函式將判斷遊戲是否應該結束。如果應該結束，則函式要傳回 True，否則傳回 False。

其中任務三甲僅是輸出兩位玩家的籌碼數，很簡單就能完成。以下我們從任務三乙開始分析。

任務三乙：讓當前玩家完成一個完整的回合

任務三乙要處理當前玩家完成一個完整回合的所有事情，我們將其命名為 take_full_turn。此函式需要知道目前籌碼堆有多少籌碼，以便根據遊戲進行狀況更新籌碼數。它還需要傳回籌碼堆更新後的籌碼數。除此之外，還有許多事情要管理，因此需要控制這個函式的複雜性。以下是此函式需要做到的 3 點：

1. 允許玩家先擲一個骰子，然後是兩個骰子，依此類推（最多是五個骰子），直到回合結束。
2. 根據這一回合發生的事情更新當前玩家的籌碼數。我們可以用一個傳回值，將回合結束後的籌碼數傳回呼叫此函式的上層函式。
3. 判斷遊戲是否結束。我們可以用一個傳回值：True 表示遊戲結束，False 表示遊戲未結束。

我們最初嘗試用一個函式來完成這 3 件事，但對 Copilot 給的答案不滿意。這不令人意外，因為 Copilot 並不擅長生成功能複雜的函式，這也讓我們回到處理個別的 3 件事。其中第 1 點是最核心的功能，也就是讓回合持續進行，後面再說明。

針對第 2 點，我們想到的方法不是在 take_full_turn 函式裡更新玩家的籌碼數，而是傳回此回合結束時籌碼堆裡的籌碼數，讓上層函式處理。

舉個例子，如果籌碼堆裡原本有 10 個籌碼，而本回合玩家增加了 6 個籌碼，那就在此回合結束後，將籌碼堆當前的 16 個籌碼傳回，至於此位玩家能否得到這 16 個籌碼，取決於此回合如何結束：如果因玩家擲出 1 而結束，則拿不到這 16 個籌碼；若是玩家主動結束回合，則可全拿這 16 個籌碼。此部分不在 take_full_turn 函式中處理，而是由呼叫此函式的上層函式去管理。

至於第 3 點判斷遊戲是否結束，我們的解決方案是讓 take_full_turn 函式將最新的擲骰子結果串列做為傳回值的一部分。然後由呼叫此函式的上層函式依照擲骰子結果串列，判斷遊戲是否結束。

總結以上分析，take_full_turn 函式會接受籌碼堆中的籌碼數做為參數，並傳回包含兩個值：第一個是回合結束時籌碼盒中的籌碼數，第二個是最新的擲骰子結果串列。

任務三乙的子函式：擲骰子與判斷回合是否結束

我們打算將擲骰子的功能從 take_full_turn 函式中分解成一個子函式，稱為 roll_dice。此函式接受骰子數做為參數，並傳回擲骰子的結果串列。例如，要求 roll_dice 函式擲三個骰子，得到 [6, 1, 4] 串列。

而且我們還要能根據最新的擲骰子結果串列來判斷回合是否結束。如果玩家任何一次擲出 1，或者擲到五個骰子都沒有出現 1，那麼回合就結束。我們也將此功能從 take_full_turn 函式中分解出來，稱為 turn_over 函式，它接受擲骰子結果的串列做為參數，若判斷回合結束就傳回 True，否則傳回 False。

如果回合還沒結束，那就需要詢問玩家是否希望繼續此回合，我們可以用 input 函式接受玩家輸入 y 或 n 的回應。如果玩家想要繼續，就再次呼叫 roll_dice 函式。由於不需要一個單獨的函式處理玩家輸入，所以不會進一步分解。

在此做個整理，我們為 take_full_turn 函式分解出了兩個子函式：roll_dice 和 turn_over，這兩個函式不需要進一步分解。roll_dice 函式可以在一個迴圈中用 random.randint 生成需要的擲骰子結果。而 turn_over 函式要依擲骰子結果判斷是否結束回合。這樣的設計有助於讓遊戲的邏輯與各部分的功能界定清楚。

任務三丙：若當前玩家贏得籌碼

一位玩家的回合結束後，我們會知道籌碼堆的籌碼數以及該回合擲骰子的最終結果。要判斷玩家是否贏得籌碼，需看擲骰子結果中是否有 1。如果沒有 1，玩家就獲得籌碼；有 1 則沒有，籌碼仍留在籌碼堆。這我們會用一個函式來處理，命名為 win_chips。此函式會接受最新的擲骰子結果做為參數，並傳回 True（玩家贏得籌碼）或 False（玩家未贏得籌碼）。

任務三丁：切換到另一位玩家的回合

當一位玩家的回合結束，且遊戲尚未達到結束的條件，就要切換到另一位玩家的回合。我們要建立一個 switch_player 函式用於切換玩家，但在切換之前會先呼叫 game_over 函式檢查遊戲是否結束。

switch_player 函式需要四個參數：玩家 1 的籌碼數、玩家 2 的籌碼數、最新擲骰子結果，以及當前玩家是誰（編號 1 或 2）。根據這四個參數，函式會傳回下一位玩家的編號。如果遊戲結束，則 switch_player 函式就不需要切換玩家，也不做任何事。

至此，我們完成了 top-down 設計，圖 10.6 可查看此遊戲的函式架構：

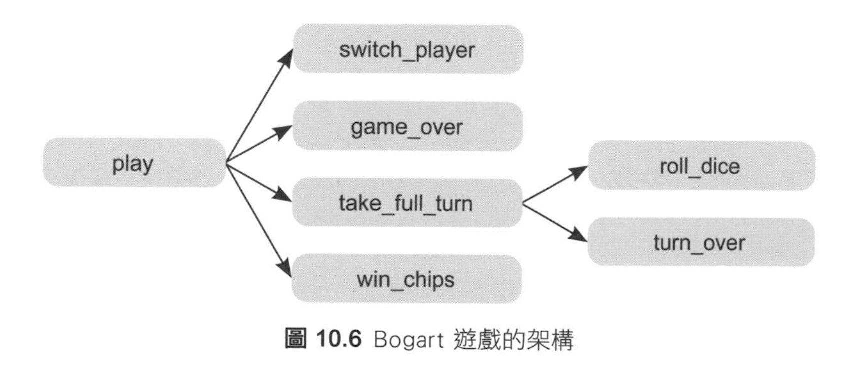

圖 10.6 Bogart 遊戲的架構

10.4.3 實現遊戲的函式

現在，我們要與 Copilot 合作撰寫每個函式的程式碼。照慣例，如果某函式分解出子函式，則需先實現子函式，才會繼續實現上層函式。等到所有子函式都完成之後，再來實現最頂層的 play 函式。

實現 game_over 函式

我們先來實現負責判斷遊戲是否達到結束條件的 game_over 函式。它需要三個參數：玩家 1 的籌碼數、玩家 2 的籌碼數，以及最新擲骰子的結果串列。如果遊戲結束，就傳回 True；如果遊戲尚未結束，就傳回 False。

Listing 10.6　用於判斷遊戲結束的 game_over 函式

```
def game_over(player1, player2, rolls):
    '''
    player1 is the number of chips that player 1 has.
    player2 is the number of chips that player 2 has.
    rolls is the last list of dice rolls.

    Return True if the game is over, False otherwise.

    The game is over if player1 has at least 30 points,
    or player 2 has at least 30 points,
    or there are 5 rolls none of which is a 1.
    '''
    if player1 >= 30 or player2 >= 30:  ← 其中一位籌碼數達到 30
        return True
    if rolls.count(1) == 0 and len(rolls) == 5:  ← 如果擲五個骰子且不包含 1
        return True
    return False
```

由 Copilot 生成的程式碼可以看出，第一個 if 條件判斷：若玩家 1 或玩家 2 其中一位的籌碼數大於等於 30，就傳回 True 表示遊戲結束。第二個 if 條件判斷：若最新擲出的骰子串列是擲五個骰子（用 len(rolls) 計算），且其中不包含 1（用 rolls.count(1) 計算），也傳回 True 表示遊戲結束。若都不符合遊戲結束的條件，就傳回 False，遊戲繼續。

實現 roll_dice 函式

此函式的功用是擲骰子，為遊戲增加隨機性。它以骰子數為參數，並回傳擲骰子的結果串列。我們希望 Copilot 用 random.randint 函式生成隨機骰子數，因此在寫函式定義時也將 import random 寫在函式上方。如果此函式也能顯示每次擲骰子的結果，就可以讓玩家清楚知道擲出了什麼。所以在 docstring 中除了要求 Copilot 傳回擲骰子結果串列之外，還要顯示擲骰子的結果。

Listing 10.7　用於擲骰子的 roll_dice 函式

```
import random
def roll_dice(n):
    '''
    Create a list of n random integers between 1 and 6.
    Print each of these integers, and return the list.
    '''
    rolls = []                          ◄── 建一個 rolls 空串列
    for i in range(n):                  ◄── for 迴圈依骰子個數迭代
        roll = random.randint(1, 6)     ◄── 隨機生成 1~6 的整數
        print(roll)                     ◄── 輸出擲出的數字
        rolls.append(roll)              ◄── 將每次擲出的數字用
    return rolls                            append 附加到 rolls 串列
```

由於骰子擲出的數字可以重複出現，就不需要像猜數字遊戲那樣每個數字都要唯一，如此就簡單多了。

實現 turn_over 函式

這個函式需要傳入最新的擲骰子結果串列，判斷當前玩家的回合是否結束。回合結束有兩種情況：第一種是在擲骰子結果串列中出現 1，第二種是玩家擲出五個骰子（不管五個骰子中是否有 1，玩家這一回合都結束），因為如果有 1 就結束回合，如果沒有 1 直接獲勝也是結束回合。如果回合結束就傳回 True；如果未結束則傳回 False。

Listing 10.8　用於判斷回合是否結束的 turn_over 函式

```
def turn_over(rolls):
    '''
    Return True if the turn is over, False otherwise.

    The turn is over if any of the rolls is a 1,
    or if there are exactly five rolls.
    '''
    if rolls.count(1) > 0 or len(rolls) == 5:  ◄── 若骰子結果中出現 1，或擲五個骰子
        return True  ◄── 表示當前玩家回合結束
    return False  ◄── 回合未結束
```

實現 take_full_turn 函式

這是 play 函式下最複雜的函式，由於已經實現其兩個子函式：roll_dice 與 turn_over，現在就可以實現 take_full_turn 函式了。此函式的參數是籌碼堆目前的籌碼數，它會處理當前玩家整個回合的所有擲骰子結果，然後回傳兩個值給 play 函式，第一個值是籌碼堆目前籌碼數，和最新的擲骰子結果串列。

Listing 10.9　用於完成一個完整回合的 take_full_turn 函式

```
def take_full_turn(pot_chips):
    '''
    籌碼堆中有 pot_chips 個籌碼。
```

```
    為當前玩家進行一個完整的回合，一旦完成，
    傳回兩個值：籌碼堆的籌碼數 pot_chips，
              最後一次擲出的骰子串列 rolls.

    每回合一開始先將 1 個籌碼加入籌碼堆，並擲 1 個骰子，
    如果骰子點數不包含 1，則詢問玩家是否繼續他的回合，
    如果他回答 'n'，則此回合結束，如果他回答 'y'，則繼續此回合，
    然後增加 1 個骰子數，並放入與骰子數相同的籌碼到籌碼堆，再重新擲骰子.
    （例如，如果上次擲 2 個骰子，那麼這次就擲 3 個骰子，
    並將 3 個籌碼加入籌碼堆。）
    如果此回合未結束，重複詢問玩家是否繼續他的回合.
    '''
    rolls = roll_dice(1)          ← 第一次擲 1 個骰子
    pot_chips += 1                ← 籌碼堆加 1
    while not turn_over(rolls):   ← while 若回合未結束
        answer = input('Do you want to continue? ')  ← 詢問是否繼續
        if answer == 'n':         ← 如果輸入 'n'，就離開此函式
            break
        rolls = roll_dice(len(rolls) + 1)   ← 若輸入不是 'n'，就增加骰子數再擲
        pot_chips += len(rolls)   ← 籌碼堆增加與骰子數相同的籌碼
    return pot_chips, rolls       ← while 結束，傳回籌碼堆的籌碼數與最新擲骰子結果
```

編註：docstring 要夠清楚，也務必測試

由於 take_full_turn 函式的功能較為複雜，如果 docstring 對回合進行方式描述得不夠明確，Copilot 生成的程式碼容易出現邏輯錯誤，例如可能變成每次只擲一個骰子或每次只在籌碼堆中加一個籌碼，所以小編將 docstring 改用中文重新描述清楚，以利於 Copilot 生成正確程式碼。此外，take_full_turn 函式中會呼叫前面寫過的子函式 turn_over、roll_dice，建議務必做測試。您可以在編輯區將這些函式選取，然後按 Shift + Enter 鍵複製進 TERMINAL 面板，然後在 Python 提示符號下測試，確認程式邏輯無誤才算完成，例如：

```
>>> take_full_turn(0)        ← 測試籌碼堆一開始是 0 個籌碼
2        ← 第一次擲出 2
Do you want to continue? y        ← 繼續
1
2        擲出 1、2，其中出現 1，因此結束回合
(3, [1, 2])        ← 傳回籌碼堆有 3 個籌碼，與最新擲骰子結果

>>> take_full_turn(10)        ← 測試籌碼堆一開始有 10 個籌碼
5        ← 第一次擲出 5
Do you want to continue? y        ← 繼續
2
4        擲出 2、4，沒有出現 1
Do you want to continue? n        ← 不繼續，結束回合
(13, [2, 4])        ← 傳回籌碼堆有 13 個籌碼，與最新擲骰子結果
```

實現 win_chips 函式

win_chips 函式要判斷當前玩家是否得到籌碼堆中的籌碼。此函式接受擲骰子結果的串列做為參數。如果骰子結果串列中沒有出現 1，則傳回 True 表示玩家可獲得籌碼；若出現 1 則傳回 False 表示玩家得不到籌碼。

Listing 10.10　用於判斷玩家是否可獲取籌碼的 win_chips 函式

```
def win_chips(rolls):
    '''
    Return True if the player wins chips, False otherwise.
    The player wins the chips if none of the rolls is a 1.
    '''
    return not 1 in rolls        ← rolls 串列中未出現 1 則傳回 True
```

此函式的程式碼一行就解決了。將擲骰子結果 rolls 串列傳入 win_chips 函式中，判斷 1 是否出現在此串列中（1 in rolls）。雖然此行程式並未明確寫出要傳回 True 或 False，但因為「not 1 in rolls」是一個邏輯判斷式，只會有 True 或 False 兩種結果，所以用一行就夠了。另外，Copilot 也提供 if-else 的常見風格寫法可選。

實現 switch_player 函式

switch_player 函式會先呼叫 game_over 函式，檢查當前玩家狀況是否符合遊戲結束的條件：若仍未結束則傳回下一個玩家的編號；若符合遊戲結束的條件，表示當前玩家獲勝，不需要切換到下一個玩家，直接傳回當前玩家的編號。此函式共需要四個參數：玩家 1 的籌碼數、玩家 2 的籌碼數、當前玩家最新擲出的骰子結果串列，以及當前玩家的編號。編註：這段英文提示詞很容易懂，就保留原文。

Listing 10.11　用於切換玩家的 switch_player 函式

```
def switch_player(player1, player2, rolls, current_player):
    '''
    player1 is the number of chips that player 1 has.
    player2 is the number of chips that player 2 has.
    rolls is the last list of dice rolls.
    current_player is the current player (1 or 2).

    If the game is not over, switch current_player to the other
    player.
    Return the new current_player.
    '''
    if game_over(player1, player2, rolls):   ← 判斷遊戲是否結束
        return current_player                ← 若結束，表示當前玩家獲勝
    if current_player == 1:      │ 尚未結束，則切換玩家，若當前玩家編號是 1
        return 2                 │ 則傳回 2，否則傳回玩家編號 1
    return 1
```

實現頂層 play 函式

請回顧圖 10.6 的遊戲架構。我們已經完成所有的子函式，是時候實現最頂層的 play 函式了。此函式不需要傳入任何參數，也不傳回任何值。它負責啟動遊戲之後的所有管理工作：

1. 遊戲設置階段：設定遊戲變數的初始值，包括籌碼堆設為 0、兩位玩家籌碼數設為 0，並決定由哪一位玩家先開始。

2. 當遊戲開始，呼叫 game_over 函式判斷遊戲是否結束。若未結束，則每回合一開始先播報籌碼堆目前的籌碼數、兩位玩家各持有多少籌碼，以及現在輪到哪一位玩家。
3. 接著開始進行該位玩家的回合（呼叫 take_full_turn 函式），直到回合結束。然後呼叫 win_chips 函式決定玩家是否可獲得籌碼堆中的籌碼，然後更新玩家籌碼數，並清空籌碼堆。
4. 再來，呼叫 switch_player 函式切換為另一位玩家（其中在 switch_player 函式中也會呼叫 game_over 函式判斷當前玩家是否已達獲勝條件）。
5. 最後，若某位玩家達到遊戲結束的條件，則宣布獲勝者。

編註： 此段 docstring 雖然很長，但內容很容易瞭解，且其中用到許多詞彙，像是 pot chips（籌碼堆）、chips（籌碼）、dice rolls（擲骰子）等，有利於 Copilot 抓到前面的函式名稱與參數名稱，因此保留原文。

Listing 10.12　用於啟動遊戲與播報進度的 play 函式

```
def play():
    '''
    Play the game until the game is over.

    The pot starts with 0 chips, and each player starts with 0
    chips.

    Randomly decide whether player 1 or player 2 goes first.

    Before each turn, print three lines of information:
    1. The number of chips in the pot
    2. The number of chips that each player has
    3. Whether it is player 1's turn or player 2's turn
    Take a full turn for the current player.
    If they won the chips, add the chips in the pot to the
    total for that player
    and reset the pot to have 0 chips.

    Then, switch to the other player's turn,
    and separated by a straight line.
```

```
    Once the game is over, print the current player
    (that's the player who won), and congratulate the winner.
    '''
    pot_chips = 0
    player1 = 0
    player2 = 0
    current_player = random.randint(1, 2)
    while not game_over(player1, player2, []):
        print('Pot:', pot_chips)
        print('Player 1:', player1)
        print('Player 2:', player2)
        print('Player', current_player, 'turn')
        pot_chips, rolls = take_full_turn(pot_chips)
        if win_chips(rolls):
            if current_player == 1:
                player1 += pot_chips
            else:
                player2 += pot_chips
            pot_chips = 0
        current_player = switch_player(player1, player2, \
rolls, current_player)
        print('-------------------------------')
    print('Player', current_player, 'wins')
    print('Congratulations!')
```

籌碼堆設為 0

玩家 1 籌碼設為 0

玩家 2 籌碼設為 0

決定哪位玩家先開始

若遊戲未結束則開始玩家回合

播報目前籌碼堆與兩位玩家的籌碼數

現在是哪位玩家的回合

開始回合

決定是否得到籌碼

籌碼堆歸 0

輪換玩家

執行雙人骰子遊戲

我們現在已經擁有遊戲所需的所有函式，只要在程式最後加上一行呼叫 play 函式，然後執行整個程式就可以玩了：

```
play()
```

不過，由於 Copilot 程式碼中顯示的訊息過於簡略，我們可以加強幾個 print 函式的內容，讓玩家感到更友善。這次不需要修改 docstring 重新產生程式碼，而是直接在程式中修改就好：

Listing 10.13　play 函式的說明加強版

```
def play():
    pot_chips = 0
    player1 = 0
    player2 = 0
    current_player = random.randint(1, 2)
    print()                          ←— 多一個空行隔開
    print('歡迎來到 Bogart 遊戲')      ←— 增加歡迎訊息
    print()                          ←— 多一個空行隔開

    while not game_over(player1, player2, []):
        print('籌碼堆現有籌碼數:', pot_chips)
        print('玩家1 籌碼數:', player1)
        print('玩家2 籌碼數:', player2)
        print('=====玩家', current_player, '的回合=====''')
        pot_chips, rolls = take_full_turn(pot_chips)
        if win_chips(rolls):
            if current_player == 1:
                player1 += pot_chips
            else:
                player2 += pot_chips
            pot_chips = 0
        current_player = switch_player(player1, player2,
rolls, current_player)
        print('-------------------------------')
    print('玩家', current_player, '獲勝')
    print('恭喜您！歡迎再玩!')
```

（修改為更友善的訊息）

鼓勵您回頭將其它函式中的 print 函式也改寫為更友善的說明。例如我們將 take_full_turn 函式中修改了下面這行程式碼：

```
        answer = input('Do you want to continue? ')
```

加上一排星號與前面訊息隔開，並告知目前籌碼堆有多少籌碼供玩家參考是否繼續：

```
        print('*****')
        print('目前籌碼堆有', pot_chips, '個籌碼')
        answer = input('請問是否繼續？(y/n)')
```

另外，在 roll_dice 函式中，原本擲出的骰子數只是一個數字：

```
for i in range(n):
    roll = random.randint(1, 6)
    print(roll)                  ←— 只顯示每一次擲出的點數
    rolls.append(roll)
```

我們強化了這個輸出，呈現每個骰子的順序（其中用到 i+1 是因為 Python 的索引是從 0 開始，因此 i+1 表示從 1 開始）：

```
for i in range(n):
    roll = random.randint(1, 6)
    print('擲出第', i+1, '個骰子點數:',roll) ←— 輸出訊息更明確
    rolls.append(roll)
return rolls
```

經過一番加強後，我們再執行 Bogart 遊戲，如下所示：

```
歡迎來到 Bogart 遊戲

籌碼堆現有籌碼數: 0
玩家 1 籌碼數: 0
玩家 2 籌碼數: 0
=====玩家 1 的回合=====
擲出第 1 個骰子點數: 2
*****
目前籌碼堆有 1 個籌碼
請問是否繼續?(y/n)y
擲出第 1 個骰子點數: 5
擲出第 2 個骰子點數: 1
------------------------------
籌碼堆現有籌碼數: 3
玩家 1 籌碼數: 0
玩家 2 籌碼數: 0
=====玩家 2 的回合=====
擲出第 1 個骰子點數: 3
*****
目前籌碼堆有 4 個籌碼
請問是否繼續?(y/n)y
...
```

```
…（此處省略）
…
=====玩家 2 的回合=====
擲出第 1 個骰子點數: 1
-------------------------------
籌碼堆現有籌碼數: 8
玩家 1 籌碼數: 23
玩家 2 籌碼數: 20
=====玩家 1 的回合=====
擲出第 1 個骰子點數: 4
*****
目前籌碼堆有 9 個籌碼
請問是否繼續？(y/n)n
-------------------------------
玩家 1 獲勝
恭喜您，歡迎再玩！
```

我們在本章藉由 Copilot 的幫助撰寫了兩款遊戲：猜數字遊戲（Bulls and Cows）以及雙人骰子遊戲（Bogart）。徹底運用書中學到的所有技巧，包括問題分解、撰寫明確的 docstring，以及與 Copilot Chat 互動等等。藉由 AI 工具的神助攻，相信您與 Copilot 相處了整本書的時間之後，對於程式設計必然有了全新的認知。

本章小結

- 遊戲設計有一個共通的流程，包括遊戲設置和遊戲進行（更新）。
- 隨機性是許多遊戲的關鍵要素。
- 透過 Python 的 random 模組可以做到隨機性。
- 遊戲設計與 Copilot 合作的工作流程中，問題分解扮演著關鍵角色。

第 11 章

未來的方向

本章內容

- AI 時代的設計模式：提示模式（prompt patterns）
- 生成式 AI 工具的當前限制和未來方向

到了本書的最後一章，我們要介紹使用 GitHub Copilot 和 ChatGPT 這種生成式 AI 工具的創新方法。例如：翻轉劇本讓 Copilot Chat 主動向您提問，以解決您不擅長寫提示詞的麻煩；指定 Copilot 扮演特定的角色，審查您當前的任務。目前這些還不是標準的做法，因此僅做簡單介紹，但我們希望借此機會展示利用 AI 工具的創新力量。後面也會討論一些生成式 AI 工具的當前限制（本書前面已有提過一些），並提出對未來可能發展的期許。

11.1 從設計模式到提示模式

在整本書中，我們傳達出傳統手刻程式與利用 Copilot 輔助之間的巨大不同，也就是說，以後開發程式的重點會**從寫程式轉換為寫提示詞**，然後與生成的程式碼互動，以確定其是否正確，並在需要時修正它。雖然兩種開發方式有很明顯的差異，但也有其相似之處。

目前程式設計師開發新項目的時候，並不會每次都從頭開始發想。研究人員和程式設計師早已建立一系列的**設計模式（design patterns）**，這些是通用的解決方案框架，可以在不同的軟體開發項目中根據具體需求採用或調整。

此領域最著名的一本書是《Design Patterns: Elements of Reusable Object-Oriented Software》，繁體中文版是《物件導向設計模式－可再利用物件導向軟體之要素》由天瓏書店出版。此書也被稱為「四人幫書（Gang of Four）」，因為是由四位在軟體工程和程式設計領域的知名作者撰寫。成千上萬的程式設計師利用這本書中的設計模式，節省了大量的開發時間。不過，閱讀此書需要熟悉物件導向程式設計，在我們這本書中並未介紹，所以要看您本身的程式設計經驗而定。

以設計模式的應用為例，假設您正要開發一款電腦遊戲，遊戲中的人類玩家要與電腦對戰。為了豐富遊戲體驗，會設計數種不同難度等級的 AI 對手，比如說初級、中級、高級及專家級，且每個 AI 對手都需要有自己的運作邏輯，如此可為玩家提供多樣化的挑戰。在實作時，您可能會直覺想到使用 if 條件語句來判斷是哪一種等級的 AI 對手，然後執行它的行為策略，例如：

```
if ai_opponent == 'beginner':
    # 採取初級 AI 對手的行為或策略
elif ai_opponent == 'intermediate':
    # 採取中級 AI 對手行為或策略
......
```

然而，這種方法的缺點主要在組織層面。如果將所有 AI 對手的程式碼集中放置在同一處，會導致管理難度提高。由本書前面獲得的經驗，我們明白設計和測試如此龐大的函式並非易事，不僅難以管理，而且在除錯或增加功能時也會遇到不少挑戰。那該如何進行呢？

要有效組織這種類型的程式，在多種設計模式中就有一種**策略模式**（**Strategy**）可以採用，它提供了一個清楚明確的解決方案，在《物件導向設計模式》一書中已有詳細說明與範例。當然，這只是其中一例，只要程式設計師或軟體工程師瞭解這些設計模式，自然就能在適當的項目中沿用前人的智慧，而不需要從頭發想。

話說回來，研究人員也正在建立生成式 AI 工具（如：GitHub Copilot 和 ChatGPT）適用的設計模式，稱為**提示模式**（**prompt patterns**），指導我們如何精準建構提示詞，以實現特定的目的。其用途類似於設計模式，只是提供的文件與範例並不是程式碼，而是提示詞。遇到可以對應的模式時，就可直接運用某個提示模式來達成需求。

在本書前面，我們主要探討了兩種 AI 的回應方式：一種是透過在 VS Code 編輯環境中寫提示詞，再按下 Tab 鍵接受 Copilot 生成的程式碼；另一種是透過與 Copilot Chat 交談來解釋程式碼或者獲取更多的資訊，但這些都取決於「會不會問問題」。隨著提示模式的出現，就有一些可依循的模式。生成式 AI 工具的真本事就可得到擴展，幫助我們進行原本沒想到的其它用途。

為了讓您初步體驗提示模式的發展，本章會展示兩種提示模式的範例。如果您想深入探索更多這樣的模式，我們建議您閱讀參考文獻中第 11 章的第 2 篇，不過這是一篇學術文章，並非初學者指導手冊，期待以後會有針對初學者的書籍出現。

Copilot Chat 持續接受新的提示模式

Copilot Chat 仍在持續進步中，相信它對一些提示模式的反應也會越來越好。萬一您與 Copilot Chat 的交談與程式設計無關，或者與 Copilot 的互動未能達到預期效果，可以考慮試試轉向 ChatGPT 詢問。

11.2 翻轉互動模式 - Flipped interaction pattern

目前使用 Copilot 時，人類一直是提問方，而 Copilot 則是回答問題的一方，但萬一我們連問都問不清楚的時候怎麼辦？翻轉互動模式就可以將劇本翻轉，幫助我們在不知道 AI 需要什麼資訊才能完成任務時與之互動。其動機來自於 AI 接受任務後，在沒有得到充分資訊的情況下，為了解決問題會主動跟人類溝通，這比我們一直用不完整或無幫助的提示詞向 Copilot 提問來得有效。

翻轉互動模式提示詞結構如下：

- **英文**：「I would like you to ask me questions to achieve X. You should ask questions until we achieve this goal, where X is the goal we would like to achieve.」
- **中文**：「我想請你透過提問來幫助我實現 X 目標 . 請持續提問 , 直到我們共同達到這個目標為止 . 這裡的 X 代表我們欲達成的具體目標 .」

這段提示的核心概念是：我們希望驅動 AI 主動提問，並在達成設定的目標之前不要停止提問。也就是希望 AI 透過對我們提問，瞭解我們的需求，才能協助達成目標。

我們在第 3 章編寫過一個判斷強密碼的函式，並要求使用者不斷輸入直到符合強密碼的條件為止。以下就要利用翻轉互動模式來完成這個函式。

人類

我想請你透過提問來幫助我實現撰寫一個判斷強密碼函式的目標 . 請持續提問 , 直到我們共同達到這個目標為止 .

GitHub Copilot

好的，讓我們開始。在你的情況下，強密碼的標準是什麼？

人類

至少一個大寫英文字母 , 至少一個數字 , 至少一個特殊字元

GitHub Copilot

了解了。那麼，對於密碼的最小長度有什麼要求呢？

人類

我不曉得，你有什麼建議？

GitHub Copilot

一般來說，密碼的長度越長，其安全性就越高。許多專家建議密碼的長度至少為 12 個字符，這可以提供足夠的複雜性來抵禦大多數的攻擊。然而，這也需要考慮到用戶的便利性。如果密碼太長，用戶可能會覺得難以記住。因此，一個平衡的建議可能是將最小長度設定為 10 或 12 個字符。

人類

好，那我選擇 10

GitHub Copilot

了解了。那麼，當用戶輸入一個強密碼後，你希望函數返回什麼？或者你希望它做什麼？

人類

請輸出那個強密碼是什麼

GitHub Copilot

好的，我們已經有了所有需要的信息來創建這個函數。以下是一個 Python 函數，它將持續要求用戶輸入密碼，直到他們提供一個強密碼為止。當用戶輸入一個強密碼後，函數將輸出該密碼：

```
import re

def ask_for_password():
    while True:
        password = input("Enter a strong password: ")
        if len(password) < 10:
            print("Password should be at least 10 characters long.")
```

```
        elif not re.search("[A-Z]", password):
            print("Password should contain at least one uppercase
letter.")
        elif not re.search("[0-9]", password):
            print("Password should contain at least one digit.")
        elif not re.search("[!@#$%^&*()]", password):
            print("Password should contain at least one special
character (!@#$%^&*()).")
        else:
            print("Strong password created: " + password)
            break

ask_for_password()
```

人類

你 import re 是什麼東西？

GitHub Copilot

`re` 是 Python 的一個標準庫，全名是 Regular Expression，中文名稱是正則表達式。它提供了一種靈活的方式來搜索或匹配（通常比較複雜的）字符串模式。

在這個密碼檢查函數中，我們使用 `re.search()` 函數來檢查密碼是否包含至少一個大寫字母、一個數字和一個特殊字符。這些都是強密碼的標準。

例如，`re.search("[A-Z]", password)` 會在 `password` 字符串中搜索任何大寫字母。如果找到，則 `re.search()` 會返回一個匹配對象；如果沒有找到，則返回 `None`。這就是我們如何使用 `re` 模組來檢查密碼是否符合特定條件。

人類

那我想試試看剛才的程式是否有用

GitHub Copilot

當然，你可以將上述程式碼複製並粘貼到你的 Python 環境中，然後運行它。請注意，由於這個函數使用了 `input()` 函數，所以它需要在一個可以接受用戶輸入的環境中運行，例如 Python 的交互式環境或一個 Python 腳本。

當你運行這個函數時，它會要求你輸入一個密碼。如果你輸入的密碼不符合強密碼的標準，它會告訴你需要改進的地方，然後再次要求你輸入。這將持續進行，直到你輸入一個符合標準的強密碼。

接下來，我們在編輯區開一個新 Python 檔，然後滑鼠在 Copilot Chat 產生的程式碼上停住，按下 Insert at Cursor 鈕就可將程式碼貼進編輯區。執行此程式，確實成功了。

人類

確實可以

GitHub Copilot

很高興聽到這個函數對你有所幫助。如果你有其他有關 Python 或其他編程問題的問題，請隨時提問。我很樂意幫助你。

這個翻轉互動模式確實可行。如果還有其它要求還可以繼續與它交談，Copilot Chat 就會依照交談內容修正程式碼。比如說，想修改密碼的長度，Copilot Chat 就會主動詢問密碼要改成多長。

11.3 角色模式 - Persona pattern

角色模式的目的是讓 Copilot 扮演特定的角色或觀點。為什麼會有這樣做的動機呢？我們舉個例子：假設您是一位 Python 初級程式設計課程的學生，課程中允許學生使用 Copilot，但老師禁止使用一些尚未教到的功能。此時，您就可以要求 Copilot 扮演那位老師的角色，幫助您檢查程式碼，找出並在必要時改掉任何不被允許的 Python 進階寫法。

角色模式提示詞結構如下：

- **英文**：「From now on, act as persona X. Provide outputs that persona X would create.」
- **中文**：「從現在開始，扮演 X 角色，並提供該角色所應產出的回答或資訊.」

讓我們用 Python 初級課程老師的角色來試試這個提示模式。我們會要求 Copilot 扮演這個角色，禁止使用一些指定的 Python 寫法。

人類

從現在開始，扮演初級 Python 程式設計老師的角色。在你所教的課程中，以下 Python 功能是不被允許的：list comprehensions, generators, “lambda”, and re module。我會提供程式碼，你將審查程式碼是否有任何不被允許的 Python 功能，並建議如何重寫程式碼以避免使用這些功能。

GitHub Copilot

當然，我很樂意幫助你審查程式碼並提供修改建議。請提供你想要我審查的程式碼。

讓我們將上一節中的 ask_for_password 函式提供給 Copilot。這個函式中有用到 re 模組，所以我們就將其做為測試之用。根據賦予角色的規則，並不允許使用 re 模組。我們來看看 Copilot 會如何扮演這個審查角色，以及如何幫助我們修改程式。

人類

```
import re

def ask_for_password():
    while True:
        password = input("Enter a strong password: ")
        if len(password) < 10:
            print("Password should be at least 10 characters
long.")
        elif not re.search("[A-Z]", password):
            print("Password should contain at least one
uppercase letter.")
        elif not re.search("[0-9]", password):
            print("Password should contain at least one digit.")
        elif not re.search("[!@#$%^&*()]", password):
            print("Password should contain at least one special
character (!@#$%^&*()).")
        else:
            print("Strong password created: " + password)
            break
ask_for_password()
```

GitHub Copilot

這段程式碼使用了 `re` 模組，這是你規定的不允許使用的功能之一。我們可以使用 Python 的內建函數來重寫這段程式碼。以下是一個例子：

```
def ask_for_password():
    special_characters = "!@#$%^&*()"
    while True:
        password = input("Enter a strong password: ")
        if len(password) < 10:
            print("Password should be at least 10 characters
long.")
```

```
        elif not any(char.isupper() for char in password):
            print("Password should contain at least one 
uppercase letter.")
        elif not any(char.isdigit() for char in password):
            print("Password should contain at least one digit.")
        elif not any(char in special_characters for char in 
password):
            print("Password should contain at least one special 
character (!@#$%^&*()).")
        else:
            print("Strong password created: " + password)
            return password

password = ask_for_password()
print("The strong password is: ", password)
```

由於原本的 ask_for_password 函式中用到 re 模組，這是指定角色審查程式碼時需要排除的寫法，因此被 Copilot 挑出來，並用 Python 內建函式改寫。接下來就請您自行測試此函式。編註：測試函式時，任何時候想中斷程式執行，可以按 Ctrl + C 鍵回到 Python 提示符號下。

11.4 AI 工具的限制和未來方向

在我們與 Copilot（以及學生）合作，以及閱讀新發表的研究報告過程中，我們觀察到一些生成式 AI 模型的限制和未來可能性，在此分享一些觀察。

11.4.1 Copilot 目前面臨的困難

我們發現 Copilot 可能會在三種類型的情境中掙扎：人為設定的問題、定義不明確的問題和大型任務。

人為設定的問題

在 ChatGPT 和 GitHub Copilot 風靡全球後不久，程式設計課程的老師們為了避免以後學生的作業都變成 AI 在寫，紛紛思考如何讓出的作業難倒 AI 工具。

早期的一個提議是用人為設定的方式：將作業刻意設計得晦澀且繁瑣，試圖誤導像 Copilot 這樣的工具生成錯誤的程式碼。但我們認為，這樣對學生很不公平，其出發點是老師不願意接受 Copilot 這類工具帶來的教學顛覆，而想挑戰 Copilot。我們認為，隨著模型的不斷改進，所有人為設定的刁難都會被 Copilot 解決。而若仍有難以解決的問題，通常也表示該問題根本不重要。

定義不明確的問題

一個定義不明確的問題是指沒有被準確指定的問題（這表示我們不完全知道或還沒有決定在所有情況下應該做什麼）。例如，要求 Copilot 為判斷強密碼提供一個函式，在我們未定義強密碼的意思之前，就是屬於定義不明確的狀態。

您或許認為 Copilot 在解決這種定義不明確的問題上會失敗，畢竟如果連我們自己都難以準確定義想要的行為，又怎麼可能對 Copilot 溝通所需的行為呢？定義不明確的問題對 Copilot 來說確實具有挑戰性，但並非不可能解決。還記得第 11.2 節介紹的翻轉互動模式嗎？也許不久的將來，只要 Copilot 沒能從您那裡獲得準確訊息時，就會自動切換到這種模式，強迫您非回答不可，否則拒絕處理。

大型任務

在整本書的學習過程中，我們致力於教導透過 top-down 設計方法做問題分解，並將分解之後的各個小函式組合起來以解決大問題。之所以採取這樣的做法，是因為當面對一個大又複雜的任務時，Copilot 往往表現不理想。這是否代表此類工具存在固有的侷限，或者 AI 終將突破這一點？就目前來說，我們還無法給出答案。

當前 Copilot 在問題分解方面尚存在困難；即便它能夠準確執行，成功的機率也並不夠高。具體而言，它寫出的程式碼越多，出錯的可能性就越大。舉例來說，如果它需要撰寫二十個函式來完成一項任務，每個函式大約十幾行程式碼，它幾乎肯定會在某個地方出錯。但隨著 Copilot 學習機制的不斷進步，或許這個目標並不像看上去那麼遙不可及。

編註：或許未來的 Copilot 能夠對測試案例自我測試，通過之後才將程式碼交給人類。例如正在編輯此書時發佈的 Devin，其角色功能就是一位軟體工程師，能夠自行分析複雜的問題，不僅能生成程式碼，還會自我測試與除錯。

11.4.2　程式語言會被自然語言取代嗎？

當我們使用像 Python 這類程式語言編寫電腦程式時，背後實際上有個解譯器（interpreter）或編譯器（compiler）將程式碼轉換成電腦能夠理解的組合語言或機器碼。未來是否有一天，AI 工具已經強大到能獨自完成任務，人們僅需透過**大型語言模型（LLMs）**與電腦互動，而不再需要 AI 生成人類看得懂的程式碼？對於這個問題，正反意見都有，讓我們探討可能的答案。

為什麼 LLMs 可能不會取代程式語言

許多人認為 LLMs 未必會演變成人類與電腦溝通的主要介面，理由在於 LLMs 本身並非一種規範嚴謹的程式語言。我們之所以信任解譯器或編譯器，是因為每一種程式語言都有其明確的語言規範，且對於每一行程式碼的行為有明確的預期。

然而，LLMs 並不具備此類特性。它基本上只是接受自然語言對其提出的要求，但對自然語言的解讀沒有固定的模式，也不會依據任何嚴謹的規範輸出結果。不確定性的特質表示它的每次回答可能不同，也可能出錯。相比之下，解譯器或編譯器經過很長一段時間的發展，已成為成熟可靠的技術，沒有不確定性的問題。

為什麼 LLMs 可能會取代程式語言

然而，也有理由相信 LLMs 會不斷進步並最終成為人類與電腦溝通的主要介面。實際上，在資料科學領域這種轉變已經出現。

正如我們在書中觀察到的，與 Copilot 合作時的一大挑戰是判斷生成的程式碼是否正確。從某種意義上來說，這對非程式設計專業的人並不公平：我們用自然語言與 Copilot 溝通，而它卻回給我們非自然語言的程式碼。如果能夠跳過程式碼的階段，不僅用自然語言與 Copilot 溝通，也用自然語言接收答案，那就非常理想了。

事實上，研究人員已開始在特定領域探索這種可能性。比如說，資料科學家透過探索資料、視覺化資料和進行預測，其所做的事情包括合併表格、清理資料並進行分析，其中 pandas 就是最廣為使用的 Python 函式庫。

資料科學領域的人在使用 pandas 做資料分析時，就成功地「跳過了程式碼」。以下是其一般工作步驟：

1. 使用者用類似英語的自然語言表達意圖。
2. AI 在內部生成 Python 程式碼並執行以獲得結果（例如分析的結果表格）。重要的是，使用者看不到中間的 Python 程式碼。

3. AI 將程式碼轉換回自然語言，並將其（而不是 Python 程式）呈現給使用者。使用者獲得的自然語言格式一致，且具備可解釋性。讓使用者很容易瞭解何種查詢方式能發揮最佳效用。
4. 如果步驟 3 得到的答案不如預期，使用者可以重新編輯提示詞，重複這個循環。

研究人員提供的一個例子說明了這個過程。假設我們有一個表格，其中每一列代表一位太空人的記錄。每列有三個欄位：太空人的姓名、在太空中停留的時間，以及參與過的任務（此欄中用逗號分隔每項任務）。我們想計算每位太空人的平均任務時長：

- 第一步：使用者輸入像是「calculate average mission length」（計算平均任務時長）的提示詞。
- 第二步：AI 在內部生成與該提示詞對應的程式碼，執行之並在表格中新增一個包含平均任務時長的新欄位。
- 第三步：AI 將程式碼轉換為接近自然語言，例如：

  1 Create column “Mission Length.”

  2 Column “Space Flight(hr)” divided by (count “,” from column “Missions” + 1).

- 第 4 步：使用者可以編輯第 3 步中的自然語言，並提供更新後的提示詞。

除了 pandas 之外，這種跳過程式碼的行為能否擴展到更多領域中？目前要下定論還為時尚早，畢竟處理資料的過程，能透過視覺化表格或圖表向使用者展示結果，使用者容易直觀判斷是否為所需的結果，或是否需要進一步調整提示詞。然而，對於非資料型態的領域，並沒有那麼容易實現。

我們可以預見的未來，雖然人類依然承擔著問題分解、訂出程式的明確行為、撰寫測試、設計演算法等關鍵任務，但編寫函式可完全依賴 LLMs。人類只需要向 AI 工具闡述程式需要完成的任務並提供測試案例，AI 便能基於這些訊息生成可執行的程式。然後，人類只需要驗證執行的正確性，而不必親自查看或編寫任何程式碼。

對於 LLMs 是否將取代程式語言的另一種觀點，我們推薦由程式設計與編譯專家 Chris Lattner 撰寫的部落格文章（見本章參考文獻 4）。Lattner 認為至少在短期甚至可能更長時間內，程式語言都不會消失，畢竟 LLMs 生成的程式碼多少會有細微的錯誤。

如果程式語言還將存在一段時間，那麼問題就是：我們應該使用哪種程式語言？ Lattner 表示：「對 LLMs 來說，最佳的語言是對人類高度可用、易於閱讀，且其應用可擴展到更廣泛的領域」。現有的語言是否達到這個目標？我們是否能設計出比 Python 更容易閱讀的程式語言呢？請繼續關注！

那麼，程式語言是否會消失，或許會，或許不會；它們可能會經歷變革。那麼，程式設計師是否會被 AI 取代？我們認為尚未到此地步，因為寫程式並非程式設計師的唯一功用，他們還需要與客戶討論以確認需求，規劃程式功能及其相互之間的配合。他們也負責檢查系統的性能和安全性問題，並與其他團隊合作協調龐大的軟體項目。如果寫程式過程變得更便利，那他們就能去做更多有價值的事情。

編註： 言下之意，程式設計師不能僅靠寫程式維生，而且要想提高開發效率，傳統手刻程式的工作方式也必須轉變為本書介紹的各項技能，跟得上新時代的人才不會被淘汰。

11.4.3　一個令人期盼的未來

雖然我們對程式設計的未來還抱持著許多疑問，但可以確定的是：LLMs 將對程式世界帶來深遠的變革。目前，它們只是輔助程式設計師高效達成任務的工具，然而五年後呢？絕大多數的軟體或許將由 LLMs 編寫。無論最終結果如何，變革正以驚人的速度逼近，預計這也將讓更多非資訊領域的人願意投入。

在當前這個時期，有人悲觀地認為「程式設計師末日降臨！」或者堅持「程式設計不死！」但最關鍵的是，我們希望您有足夠的資訊做出自己的決定，要繼續堅守傳統程式設計的方法，或是願意接受 LLMs 擔任強大的助手，學習掌握新技能將危機變成轉機。

請自己評估這些觀點及變化，可能對我們關心的人事物產生的影響。這些 AI 工具能幫助我們嗎？若相信它們可以，那就應當負責任地好好利用。是否存在顧慮？是的，正如本書中探討過的，我們確實有顧慮，那就應該採取適當措施，例如進行嚴格的測試和除錯以減輕這些顧慮。

本書的教學方法是以往程式設計書中從未出現過的，老師們也正在思考以後課程該如何進行，才能趕上這劃時代的變革。但我們想強調，無論您是偶爾在工作中寫程式以自動化繁瑣工作，或是計劃以程式設計師、軟體工程師為業，您都已從本書打下新技能的基礎，這將帶您順利進入 AI 程式開發的新境界。

本章小結

- 提示模式（prompt patterns）是範本，幫助我們建構提示詞以達到特定目標。
- 翻轉互動模式反轉了劇本，改由 Copilot 向人類提問。
- 翻轉互動模式在我們不知道如何有效提問時特別有用。
- 角色模式用於讓 AI 扮演特定角色或特定觀點。
- 角色模式在我們希望 LLMs 從特定角度回應時很有用。
- Copilot 目前在處理人為設定的、定義不明確的或大型任務時還有困難。
- 一些人認為 LLMs 將取代程式語言；另一些人則認為程式語言將長期存在。
- 自然語言對資料科學很有幫助，甚至不需要接觸 Python 程式碼。
- 程式語言可能不會消失，但會轉變為更適合人類閱讀的型態。

參考文獻

前言

[1] M. Kazemitabaar, J. Chow, C.K.T.M., B. Ericson, D. Weintrop, and T. Grossman. "Studying the Effect of AI Code Generators on Supporting Novice Learners in Introductory Programming." ACM CHI Conference on Human Factors in Computing Systems, April 2023.

導讀

[1] D. M. Yellin. "The Premature Obituary of Programming." *Commun. ACM*, 66, 2 (Feb. 2023), 41–44.

[2] XKCD. "Real Programmers." https://xkcd.com/378/. Accessed Feb. 1, 2023.

Chapter 1

[1] G. Heyman, R. Huysegems, P. Justen, and T. Van Cutsem. "Natural Language-Guided Programming," In *2021 Proc. ACM SIGPLAN Int. Symp. on New Ideas, New Paradigms, and Reflections on Programming and Software* (Oct. 2021), 39–55.

[2] N. A. Ernst and G. Bavota. "AI-Driven Development Is Here: Should You Worry?" IEEExplore.https://ieeexplore.ieee.org/document/9713901/figures#figures. Accessed Feb. 7, 2023.

[3] M. Chen, J. Tworek, H. Jun, Q. Yuan, H.P.D.O. Pinto, J. Kaplan, et al. "Evaluating large language models trained on code," 2021. arXiv preprint. https://arxiv.org/abs/2107.03374. Accessed February 7, 2023.

[4] R. D. Caballar. "Ownership of AI-Generated Code Hotly Disputed > A Copyright Storm May Be Brewing for GitHub Copilot." Spectrum.IEEE.org. https://spectrum.ieee.org/ai-code-generation-ownership. Accessed Feb. 7, 2023.

[5] P. Denny, V. Kumar, and N. Giacaman. "Conversing with Copilot: Exploring Prompt Engineering for Solving CS1 Problems Using Natural Language," 2022. arXiv preprint. https://arxiv.org/abs/2210.15157. Accessed February 7, 2023.

[6] A. Ebrahimi. "Novice Programmer Errors: Language Constructs and Plan Composition," *Int. J. Hum.-Comput. Stud.* 41, 4 (Oct. 1994), 457–480.

[7] A. Zilber. "AI Bot ChatGPT Outperforms Students on Wharton MBA Exam: Professor." *New York Post*, Jan. 1, 2023. https://nypost.com/2023/01/23/chatgpt-outperforms-humans-on-wharton-mba-exam-professor/. Accessed February 7, 2023.

[8] A. Mitchell. "ChatGPT Could Make These Jobs Obsolete: 'The Wolf Is at the Door.'" *New York Post*, Jan. 25, 2023. https://nypost.com/2023/01/25/chat-gpt-could-make-these-jobs-obsolete/ Accessed Feb. 7, 2023.

Chapter 2

[1] C. Alvarado, M. Minnes, and L. Porter. "Object Oriented Java Programming: Data Structures and Beyond Specialization." https://www.coursera.org/specializations/java-object-oriented. Accessed Apr. 9, 2023.

[2] S. Valstar, W. G. Griswold, and L. Porter. "Using DevContainers to Standardize Student Development Environments: An Experience Report." In *Proceedings of 2020 ACM Conference on Innovation and Technology in Computer Science Education*, July 2020, pp. 377–383.

[3] Visual Studio Code. "User Interface." https://code.visualstudio.com/docs/get-started/userinterface Accessed Apr. 9, 2023.

[4] Kaggle. Kaggle Inc. https://www.kaggle.com/ Accessed Apr. 9, 2023.

Chapter 3

[1] J. Sweller. "Cognitive Load Theory." *Psychology of Learning and Motivation* (Vol. 55, pp. 37–76). Academic Press, 2011.

Chapter 4

[1] R. Lister, C. Fidge, and D. Teague. "Further Evidence of a Relationship between Explaining, Tracing and Writing Skills in Introductory Programming." In *ACM SIGCSE Bulletin,* 41, 3 (Sept. 2009), 161–165.

Chapter 5

[1] R. Lister, C. Fidge, and D. Teague. "Further Evidence of a Relationship between Explaining, Tracing and Writing Skills in Introductory Programming." *ACM SIGCSE Bulletin,* 41, 3 (Sept. 2009), 161–165.

Chapter 6

[1] R. D. Pea, "Language-Independent Conceptual 'bugs' in Novice Programming." *Journal of Educational Computing Research,* 2, no. 1, pp. 25–36. 1986.

Chapter 7

[1] M. Craig, "Nifty Assignment: Authorship Detection." http://nifty.stanford.edu/2013/craig-authorship-detection/. Accessed Apr. 9, 2023.

Chapter 8

[1] "Debugging." https://code.visualstudio.com/docs/editor/debugging. Accessed June 7, 2023.

[2] "Python Tutor" https://pythontutor.com/. Accessed June 7, 2023.

[3] J. Gorson, K. Cunningham, M. Worsley, and E. O'Rourke. "Using Electrodermal Activity Measurements to Understand Student Emotions While Programming." In *Proceedings of the 2022 ACM Conf. on Intl. Comp. Education Research,* 1 (Aug. 2022), 105–119.

Chapter 9

[1] M. Odendahl. "LLMs Will Fundamentally Change Software Engineering." https://dev.to/wesen/llms-will-fundamentally-change-software-engineering-3oj8. Accessed June 2, 2023.

Chapter 10

[1] Pygame. https://www.pygame.org/. Accessed July 20, 2023.

[2] Unity Real-Time Development Platform. https://unity.com/. Accessed July 20, 2023.

[3] A. Sweigart. *Invent Your Own Computer Games with Python, 4th Edition.* No Starch Press, 2016.

Chapter 11

[1] E. Gamma, R. Helm, R. Johnson, and J. Vlissides. *Design Patterns: Elements of Reusable Object-Oriented Software.* Addison-Wesley Professional, 1994.

[2] J. White, Q. Fu, S. Hays, M. Sandborn, C. Olea, H. Gilbert, et al. "A Prompt Pattern Catalog to Enhance Prompt Engineering with ChatGPT." https://arxiv.org/abs/2302.11382. Feb. 2023.

[3] M. X. Liu, A. Sarkar, C. Negreanu, B. Zorn, J. Williams, N. Toronto, et al. "'What It Wants Me To Say': Bridging the Abstraction Gap Between End-User Programmers and Code-Generating Large Language Models." In *Proc. of the 2023 CHI Conf. on Hum. Fact. in Comp. Syst.,* 598 (Apr. 2023).

[4] C. Lattner. "Do LLMs Eliminate the Need for Programming Languages?" https://www.modular.com/blog/do-llms-eliminate-the-need-for-programming-languages. Accessed July 4, 2023.

[5] A. J. Ko. "Large Language Models Will Change Programming ... A Little." https://medium.com/bits-and-behavior/large-language-models-will-change-programming-a-little-81445778d957. Accessed July 4, 2023.

**感謝您購買旗標書,
記得到旗標網站
www.flag.com.tw
更多的加值內容等著您…**

- FB 官方粉絲專頁:旗標知識講堂、從做中學 AI
- 旗標「線上購買」專區:您不用出門就可選購旗標書!
- 如您對本書內容有不明瞭或建議改進之處, 請連上旗標網站, 點選首頁的 聯絡我們 專區。

若需線上即時詢問問題,可點選旗標官方粉絲專頁留言詢問, 小編客服隨時待命, 盡速回覆。

若是寄信聯絡旗標客服 email, 我們收到您的訊息後, 將由專業客服人員為您解答。

我們所提供的售後服務範圍僅限於書籍本身或內容表達不清楚的地方, 至於軟硬體的問題, 請直接連絡廠商。

學生團體　訂購專線:(02)2396-3257 轉 362
　　　　　傳真專線:(02)2321-2545

經銷商　服務專線:(02)2396-3257 轉 331
　　　　將派專人拜訪
　　　　傳真專線:(02)2321-2545

國家圖書館出版品預行編目資料

AI 神助攻!程式設計新境界 – GitHub Copilot 開發 Python 如虎添翼:提示工程、問題分解、測試案例、除錯 / Leo Porter, Daniel Zingaro 作, 施威銘研究室 編譯.
-- 臺北市:旗標科技股份有限公司, 2024.04　面;　公分
譯自:Learn AI-Assisted Python Programming: With GitHub Ciopilot and ChatGPT

ISBN 978-986-312-790-1 (平裝)

1. CST: Python(電腦程式語言) 2. CST: 電腦程式設計
3. CST: 人工智慧 4.CST: 自然語言處理

312.32P97　　113004051

作　者/ Leo Porter, Daniel Zingaro

發行所/旗標科技股份有限公司

台北市杭州南路一段 15-1 號 19 樓

電　話/(02)2396-3257 (代表號)

傳　真/(02)2321-2545

劃撥帳號/1332727-9

帳　戶/旗標科技股份有限公司

監　督/陳彥發

執行企劃/孫立德

執行編輯/孫立德

美術編輯/陳慧如

封面設計/陳慧如

封面角色/飛天胖虎

校　對/孫立德

新台幣售價:560 元

西元 2024 年 4 月 初版

行政院新聞局核准登記-局版台業字第 4512 號

ISBN 978-986-312-790-1